国内工业遗产更新的实践与后评价

Guonei Gongye Yichan Gengxin de Shijian yu Houpingjia

刘力　等著

中国建筑工业出版社

图书在版编目（CIP）数据

国内工业遗产更新的实践与后评价 / 刘力等著 . —
北京：中国建筑工业出版社，2021.7
ISBN 978-7-112-26450-6

Ⅰ. ①国… Ⅱ. ①刘… Ⅲ. ①工业建筑—文化遗产—研究—中国 Ⅳ. ① TU27

中国版本图书馆 CIP 数据核字（2021）第 159526 号

责任编辑：杨　虹　牟琳琳
书籍设计：康　羽
责任校对：王　烨

国内工业遗产更新的实践与后评价
刘力　等著
*
中国建筑工业出版社出版、发行（北京海淀三里河路 9 号）
各地新华书店、建筑书店经销
北京雅盈中佳图文设计公司制版
北京富诚彩色印刷有限公司印刷
*
开本：787 毫米 × 1092 毫米　1/16　印张：$16^1/_2$　字数：270 千字
2022 年 8 月第一版　2022 年 8 月第一次印刷
定价：68.00 元
ISBN 978-7-112-26450-6
（37958）

前 言

本书紧密围绕“工业遗产更新”这一当前我国城市建设中的热点问题，对已实施的工业遗产更新案例展开评价，试图发现相关实践中存在的问题。全书共分 6 章，其中第 1 章主要介绍了当前我国工业遗产更新实践的类型、规模等基本情况及相关案例，第 2 ~ 6 章则分别论述了工业遗产更新项目的社会影响后评价、社区活力后评价、建成环境后评价、公众满意度后评价以及工业遗产类创意产业园更新项目适应性后评价等方面的内容。

本书的各章分工为：第 1 章由刘力、张瑶、郝亚萍、张海强所著；第 2 章由刘力、吕贺、刘静雅所著；第 3 章由刘力、杨炳晔所著，第 4 章由刘力、杨楠、刘俊鹏所著；第 5 章由刘力、侯岳申所著；第 6 章由刘力、霍金鑫、高佳玥所著；刘力所著总字数约为 20 万字。

此外，本书的写作过程中得到了天津城建大学、天津大学、天津市建筑设计院、铁道第三勘察设计院集团有限公司、天津市市政工程设计研究院、天津市天友建筑设计股份有限公司等单位技术及管理人员的大力支持与帮助；张瑶、郝亚萍、张海强等为本书的出版做出了大量的文字整理工作；中国建筑工业出版社的各位编辑也为本书的出版付出了辛苦的劳动。同时，本书的写作过程中还参考了部分专家、学者的研究成果及文献资料，在参考文献中注明，在此一并向他们表示衷心的感谢。

由于作者水平有限，书中不足之处，敬请广大读者批评指正。

作者
2020 年 12 月

目　录

第1章

国内工业遗产更新综述

Summary of Domestic Industrial Heritage Renewal

1.1 工业遗产更新的背景

迄今为止，现代文明即工业文明是最富活力和创造性的文明。这源于18世纪中叶，从英国开始的工业革命将人类从农业社会带入了工业社会。在世界范围内，工业文明给几乎所有国家和地区都带来了不同程度的影响。工业革命以机器取代了人力，以大规模工厂化生产取代了个体工厂手工生产，创造出了巨大的生产力。随之也出现了大量的工业用地以及用于生产制造的工业建筑。

工业化给人类带来了现代文明，同时也带来了严重的环境问题（图1-1）。20世纪60年代以后，随着经济复苏与各地重建工作的完成，欧美一些国家出现了环境、资源、生态、社会等一系列的危机，这使人们开始反思工业化和科技进步所带来的影响，随着丹尼尔·贝尔明确提出和界定“后工业社会”的概念，21世纪世界正逐步由工业文明走向后工业文明。

与工业社会的以经济增长为核心不同，后工业社会以理论知识为中轴。这就导致了城市的发展将产生巨大的变化，产业结构的调整及升级、城市职能的转变造成了大量的工业用地闲置。同时，随着城市居民对生态环境要求的日益提高，这也要求原本位于城市核心地段的污染企业必须迁出城市的中心。这些闲置、废弃及迁移的工业建筑占据着宝贵的城市用地却无法再创造价值，因此，采用何种方式对其进行更新就成为一个亟待解决的现实问题。

图1-1 工业区的污染问题
（图片来源：https：//www.vjshi.com/）

国际上对工业遗产保护的研究始于 20 世纪 50 年代英国的民间研究团体，他们基于“工业考古学”对工业革命以后的工业遗迹、遗存做了一定的调查和研究工作。在此影响下，1973 年英国工业考古学会成立，并在英国峡谷铁桥（Iron Bridge Gorge）博物馆召开了第一届工业纪念物保护国际会议。1978 年在瑞典举行的第三届工业纪念物保护国际会议上成立了世界性的工业遗产组织——国际工业遗产保护委员会，通过举办会议加强工业遗产调查、记录、整理、保护的专题研究讨论和信息交流，推动了工业遗产保护的国际合作。

从 20 世纪 70 年代中期到 20 世纪 80 年代后期兴起了广泛的城市中心复兴运动，其中对工业遗产改造再利用占有相当的比例。在此期间，1976 年的《内罗毕建议》，1977 年的《马丘比丘宪章》，1987 年的《华盛顿宪章》提出对自然景观整体环境的维护保存，强调保护具有历史意义的城市、街区、城镇的具体建议，并同时提出对于历史遗存需同时思考保存与牺牲部分的双重性务实态度，这些都对工业遗产的改造与再利用起到了指导和推动作用。1979 年，澳大利亚根据本国的历史背景和文化状况，编制了《巴拉宪章》，明确提出了“改造性再利用”的概念，即对某一场所进行调整，使其容纳所有的重要性得以最大限度地保存和再现，对重要结构的改变降低到最低限度并使这种改变可以得到复原。城市更新理念也在这一时期发生了巨大转变，以建筑再利用为核心的城市中心复兴运动广泛开展。

1996 年国际建筑师协会第 19 届大会重点讨论了“模糊地段”问题。“模糊地段”包含了城市中诸如工业、铁路、码头、滨水地带等被废弃地段，大会讨论了此类地区的保护、管理和再生问题，认为“模糊地段是提供认同性的场址，是过去与现在的交点”“是作为记忆的经验，作为一种对缺席的过去的浪漫主义留恋，作为对庸俗的、生产主义的现在相对立的一种批判性的保障。”“只有对记忆和缺席的价值与创新的价值给予了同等的注意，才能使我们对复杂而多元的城市生活维持信心。”

2003 年 7 月，在俄罗斯下塔吉尔召开的 TICCIH 第 12 届大会上通过了国际工业遗产保护的纲领性文件——《关于工业遗产的下塔吉尔宪章》，宪章提出：“为工业活动而建造的建筑物、所运用的技术方法和工具，建筑物所处的城镇背景，以及其他各种有形和无形的现象，都非常重要。

它们应该被研究，它们的历史应该被传授，它们的含义和意义应该被探究并使公众清楚，最具有意义和代表性的实例应该遵照《威尼斯宪章》的原则被认定、保护和维修，使其在当代和未来得到利用，并有助于可持续发展。”宪章主要内容包括工业遗产的定义，工业遗产的价值，工业遗产认定、记录和研究的重要性，立法保护，维修与保护，教育与培训，介绍与说明等 7 项内容。宪章的发布标志着国际社会对工业遗产保护达成了普遍共识。

在实践方面则实施完成了包括德国鲁尔区的 IBA 计划（1989—1999 年），瑞士温特图尔苏尔泽工业区和苏黎世工业区改造、英国伦敦码头区、美国纽约 SOHO 区、Gentry 公园、加拿大温哥华的格兰维尔岛等。著名建筑师赫佐格和德姆龙设计完成的英国泰晤士河畔的热电厂厂房改造、福斯特等完成的德国埃森关税联盟 12 号煤矿厂房改造则为建筑层面的保护和再利用积累了成功的经验。

随着我国城市建设及产业结构调整的不断深入发展，工业遗产的更新已成为当前很多城市正在面临的紧迫问题，越来越多的废弃工业厂区处于闲置、荒废的状态亟待得到关注与更新利用。在此背景下，很多学者进行了若干关于工业遗产更新的研究，例如王建国，戎俊强在其论文《城市产业类历史建筑及地段的改造再利用》中较系统地阐述和剖析了世界城市产业类历史建筑及地段的基本概念，分类，再开发利用的方式和改造设计的技术措施；庄简狄，李凌在其论文《旧工业建筑的再利用》中，通过对 101 厂再利用案例设计过程的分析,对旧工业建筑再利用的目标、更新程序、方式、策略等方面进行具有可操作性和推广性的探索；孙峰在其论文《我国旧工业建筑改造的现状与不足》中，通过对国内旧工业建筑改造现状的分析研究及对国外作品的解读，总结概括了国内旧工业建筑改造设计的现状与不足，并提出了一些主张和建议；刘伯英，李匡在其文章《北京工业遗产评价办法初探》中对北京工业遗产的价值所在、评价标准、分类方法等进行了探讨，为其他城市工业遗产的评价提供了积极借鉴等，上述的研究在一定的意义上对我国旧工业建筑改造事业提供了理论指导。

近年来，对近现代工业遗产的保护与利用工作得到我国有关部门和地方政府的重视。继 2001 年大庆油田第一口油井和青海省中国第一个核武器研制基地成为首批进入全国重点文物保护单位的工业遗产后，2006 年 4

月，又有 9 处近现代工业遗产入选第六批全国重点文物保护单位[1]。同时，中国首届工业遗产保护论坛在江苏省无锡市召开并通过了有关工业遗产保护的重要文件《无锡建议》，提出了我国工业遗产的内容、面临的主要问题以及工业遗产保护的实现途径。

2006 年 5 月，国家文物局向各省区市文物和文化部门发出《关于加强工业遗产保护的通知》，通知中明确提出工业遗产保护的重要性和紧迫性，指出各地普遍存在对工业遗产保护重视不够、家底不清、界定不明、认识不足、措施不力等问题。我国工业遗产的保护利用已从思想、概念和方法的引介进入实质性的研究和实施阶段。

国内相关实践个案近年也有所启动并取得一定成效，如王建国等完成的广州五仙门电厂、上海世博会规划设计中江南造船厂地段等产业建筑和地段保护再利用研究；俞孔坚等完成的广东中山岐江船厂改造；常青等完成的数项涉及工业遗产的保护实验个案；鲍家声等完成的原南京工艺铝制品厂多层厂房改造；崔愷等完成的北京外研社二期厂房改造；张永和等完成的北京远洋艺术中心以及“798”工厂改造等案例。登琨艳完成的上海苏州河畔旧仓库改造获得了亚洲遗产保护奖，增进了人们对产业建筑文化价值及其再利用意义的认识。

从以上国内外工业遗产相关理论及实践的发展中不难发现，该领域的发展和工业社会的没落与信息社会的兴起紧密相关，相关的理论产生于实践，并且在一定程度上为后续的建筑设计实践指明了方向，避免了从理论到理论的空洞，因而具有较强的创新性。工业遗产更新实践的蓬勃开展也必将为理论的发展提供新的广阔空间。

1.2　国内工业遗产更新项目的统计

据作者的不完全统计，在最近 20 年的时间内，国内共有 300 余项工业遗产更新的案例得以完成，这还不包括为数众多的正在策划、设计乃至建设的项目。因此，工业遗产的更新毫无争议地成为近年来城市建设领域的热点之一。

[1] 分别为汉冶萍煤铁厂矿旧址、南通大生纱厂、中东铁路建筑群、青岛啤酒厂早期建筑、石龙坝水电站、个旧鸡街火车站、钱塘江大桥、黄崖洞兵工厂旧址、酒泉卫星发射中心导弹卫星发射场遗址。

那么，在工业遗产更新这20余年的快速发展中，究竟呈现出了什么样的特点？这其中有什么可以吸取的经验，又有什么改进的地方？带着这样的问题，作者通过实地踏勘以及期刊查询[1]的方式对2014年底以前国内已完成的368项涉及工业建筑再利用的工业遗产更新案例进行了资料的收集与整理[2]，初步建立了已实施的工业遗产更新的案例数据库，试图对我国工业遗产更新的发展历程进行梳理，希望能够从中总结经验、发现问题。

对工业遗产已更新案例数据库的一个最基本的应用即为对现状的总结，以下即从项目的建成时间、地点、规模、业态以及建筑年代五个方面对已实施的更新案例进行系统的梳理，希望能从整体上对国内工业遗产更新实践的特点有所把握。

1.2.1 建成时间

从项目建成时间的角度来看（图1-2），国内的工业遗产更新项目的建成时间主要集中于2000年以后。其中，2001—2005年、2006—2010年、2011—2014年三个时间段所完成的项目较多，分别占到了总项目数的18%、39%、35%，而建成时间在2000年以前的项目却只占到了总数的8%。由此可以看出：我国工业遗产更新的实践发端于1995年前后，而最近15年左右的时间则是项目建设的集中发展期。

1.2.2 项目地点

从项目的建设地点来看（图1-3），北京、上海、广东以及江苏四个地区完成工业遗产更新项目较多，约占国内已完成项目总数的45%，而其中上海、北京两地完成的项目数占全国总数的25%。造成这种现象的原因：其一在于上述地区在20世纪80年代以前即具备较为完善的工业基础，具有较多的可供改造、更新的“目标”；其二在于以上四个地区也是近十几

---

[1] 对文献的查询主要通过CNKI中国科技论文数据库进行，共查询相关期刊35种，查询的时间范围从1990—2014年共25年的时间，上述期刊中刊登的涉及工业建筑改造的工业地段更新项目全部收录在本数据库之中。

[2] 这里所说的工业地段更新已实施案例是指在更新中涉及工业建筑的再利用的项目，对整个建筑予以全部拆除，只是单独变更土地性质的项目不在本研究统计的范围之内。

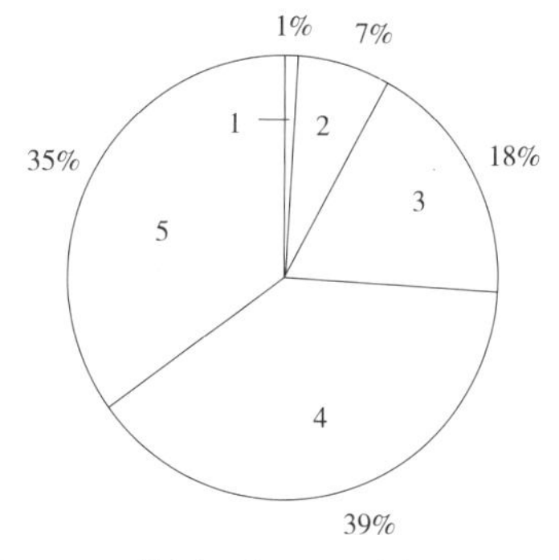

图 1-2　工业遗产更新项目的建成时间分布
1—1995 年以前；2—1996—2000 年；3—2001—2005 年；4—2006—2010 年；5—2011—2014 年
（图片来源：作者自绘）

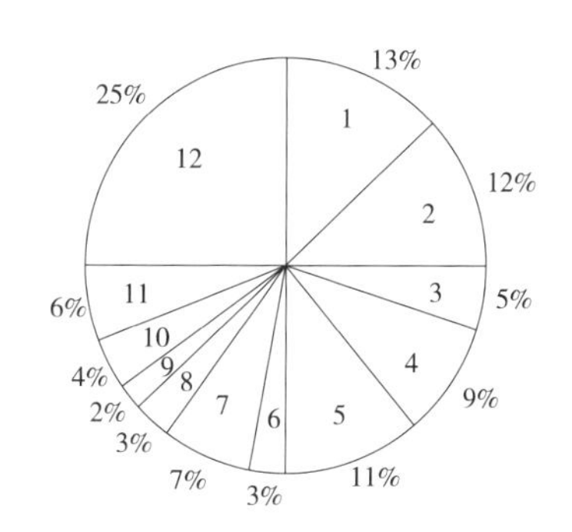

图 1-3　工业遗产更新项目的建设地点分布
1—上海；2—北京；3—辽宁；4—广东；5—江苏；6—河北；7—湖北；8—四川；9—重庆；10—浙江；11—陕西；12—其他
（图片来源：作者自绘）

年来国内经济发展较为迅猛的地区，多年发展积累的人力、资金等资本可以较好地承托工业遗产的改造项目。因此，上述四个地区在项目数量上领先于其他地区也是在情理之中的。除此之外，陕西、四川、辽宁、河北、湖北、重庆等地区也有一定数量的更新案例完成。

1.2.3　项目规模

在项目规模的比较中，选择了项目的占地规模作为比较的标准，而非建筑面积规模，这是因为占地规模这一指标更能体现更新项目对城市整体的影响以及其在城市中的地位。从总体上看（图 1-4），在国内已完成的工业遗产更新项目中，占地规模在 $10hm^2$ 以下的中小型项目在整体中占有较大的比例，而其中又以占地在 $1\sim5hm^2$ 的项目最多，在总体数量上所占比例达到 30%，$20hm^2$ 以上的大型项目相对较少，在整体中所占比例不足 10%。造成这一现象的原因在于较小的项目在更新的过程中牵涉的因素较少，项目周期短，见效快，因而更易于实施。

1.2.4　业态选择

工业遗产更新项目的业态选择一直是本领域的一个核心的问题，它关

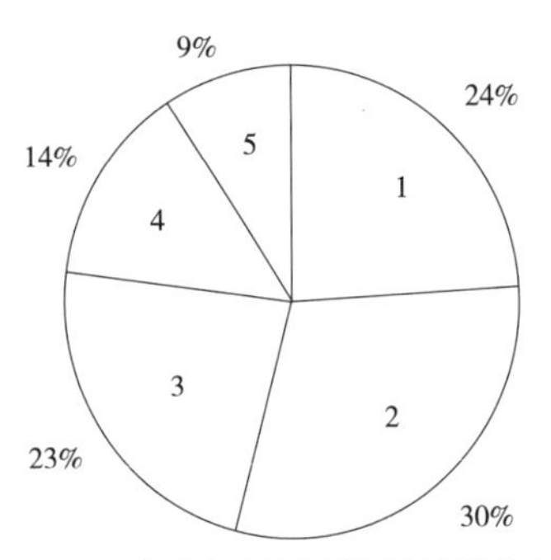

图 1-4　工业遗产更新项目的占地规模分布

1—1hm² 以下；2—1~5hm²；3—5~10hm²；4—10~20hm²；5—20hm² 以上

（图片来源：作者自绘）

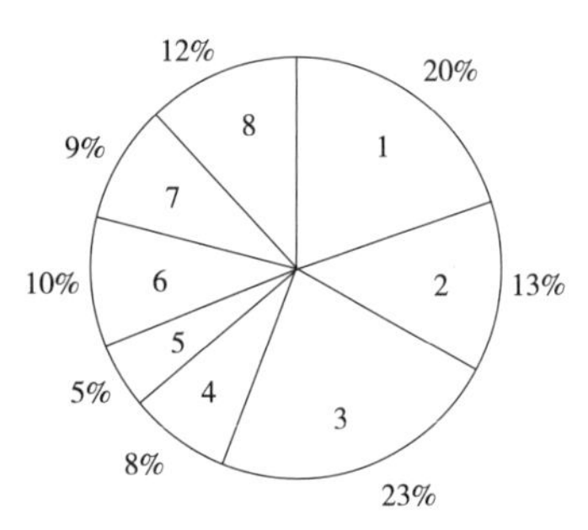

图 1-5　工业遗产更新项目业态类型分布

1—博物馆类建筑；2—办公建筑；3—创意产业园；4—居住区；5—都市工业；6—公园；7—城市公共设施；8—其他

（图片来源：作者自绘）

系到更新后的项目能否真正地被市民接受并融入市民生活。以国内现有的实践来看（图 1-5），创意产业园区是国内工业遗产更新项目的业态首选，占据了项目总数的 23%，其次为博物馆类建筑、办公类建筑以及城市公园类，其所占比例分别为 20%、13%、10%，反映了国内工业遗产更新项目较为单调的业态类型。虽然旧工业建筑与创意产业园区及博物馆类建筑具有较好的契合点，但过于依赖这两种更新方式将使工业遗产更新的全面展开受到较大的限制。

1.2.5　项目年代

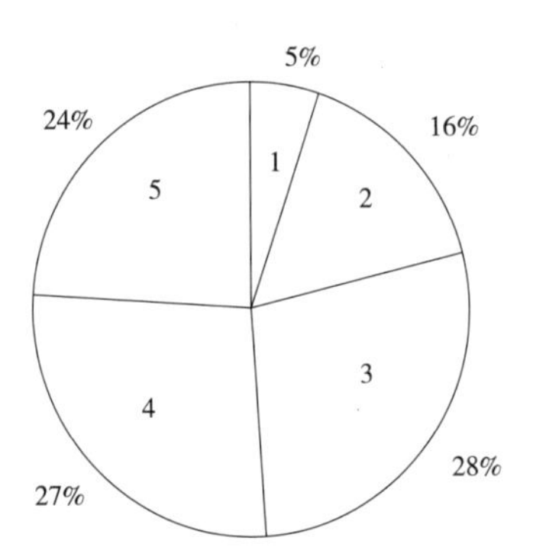

图 1-6　工业遗产更新项目的建造年代分析

1—1900 年以前；2—1901—1925 年；3—1926—1950 年；4—1951—1975 年；5—1975 年以后

（图片来源：作者自绘）

对工业遗产更新项目原有建造年代的分析，可以在一定程度上反映出选择改造对象范围的宽窄程度。从旧工业建筑的原始建造年代来看（图 1-6），目前国内已完成的工业遗产更新项目的初始建造时间主要集中在 20 世纪 20 年代中期以后，其中建于 20 世纪 20 年代中期至 20 世纪 50 年代初的项目在总数中的占比达到 28%，从中华人民共和国成立初期至 20 世纪 70 年代中期的项目约占全部数量的 27%，而

1975 年以后的项目在总体中的占比达到了 24%，其余的项目零星分布于 20 世纪中期以前，而 1900 年以前的建设项目被改造的相对较少。

1.3　国内工业遗产更新项目的发展过程

前文对工业遗产更新的分析从整体上可以对国内工业遗产更新项目的一些特点进行把握，成为工业遗产更新 20 年的发展过程的一个总结，但对工业遗产更新发展趋势的把握还需对其发展过程有所了解，在前文分析的工业地段更新实践特点的基础上，下面按 1996—2000 年、2001—2005 年、2006—2010 年、2011—2014 年 4 个时间段进行划分，试图能对工业遗产更新实践的发展脉络进行更加细致地梳理，从而为今后的实践指明发展方向。

1.3.1　项目地点的发展过程

从项目的建造地点来看（图 1-7），在 1996—2000 年，工业遗产的更新项目主要集中在北京、上海以及广东等有限的几个城市内，项目的分布极为集中。在 2001—2005 年，项目的分布有所扩展。天津、江苏、浙江等地区也有少量的工业建筑更新项目分布。到 2006—2010 年，更新项目的分布进一步扩散。湖北、河北、重庆、四川等地区也均有更新项目出现，但直到这一时期，北京、上海两个地区在项目的总数上仍然位于前列，只是由于总的基数变大，所以上述两个城市在项目的总数上所占的比例越来越小。到 2011—2014 年，工业遗产更新项目分布就更加广泛，除了青海、西藏等少数省份外，几乎国内所有的省域均有工业遗产更新项目的出现。而如果我们把观察的范围缩小至城市一级的范围内的话，可以发现在这一时期，工业遗产的更新项目除了出现在北京、上海、天津以及省会城市外，传统的非经济发达地区的城市例如黄石、抚顺等也均有工业遗产更新项目的出现。

从以上的论述不难发现，国内工业遗产更新的项目由北京、上海等城市发端，经过近 20 年的发展逐步扩展至全国。在发展的态势上，其主要经历了由东部发展至西部、由一线城市发展至二、三线城市的过程，这基

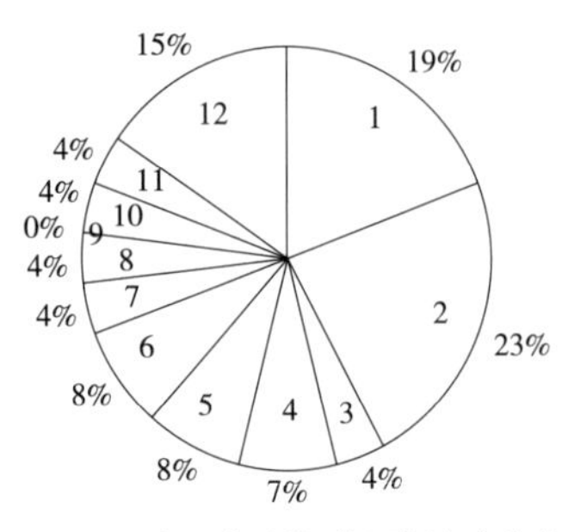

1996—2000年工业地段更新项目各省份分析

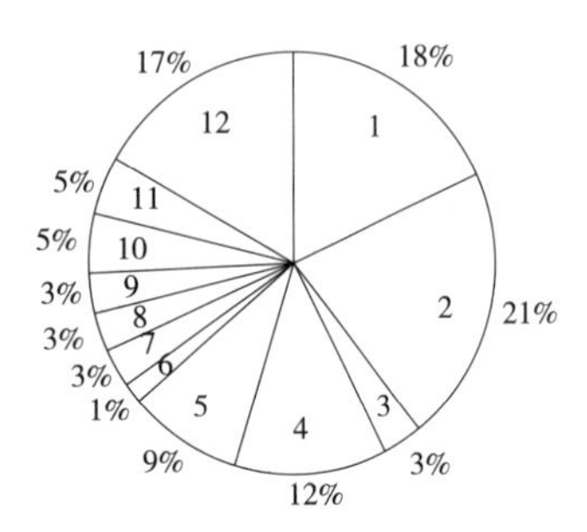

2001—2005年工业地段更新项目各省份分析

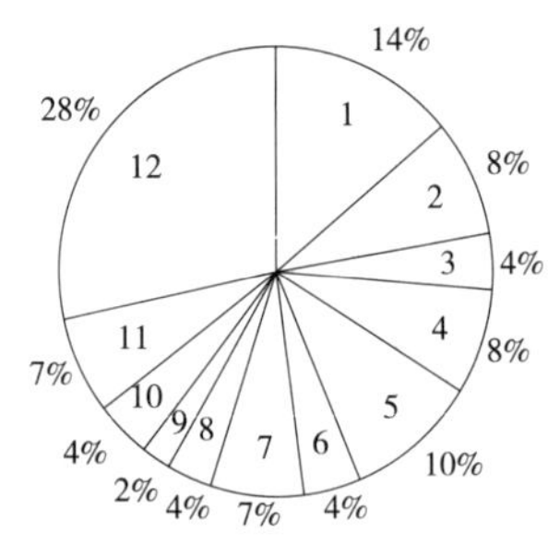

2006—2010年工业地段更新项目各省份分析

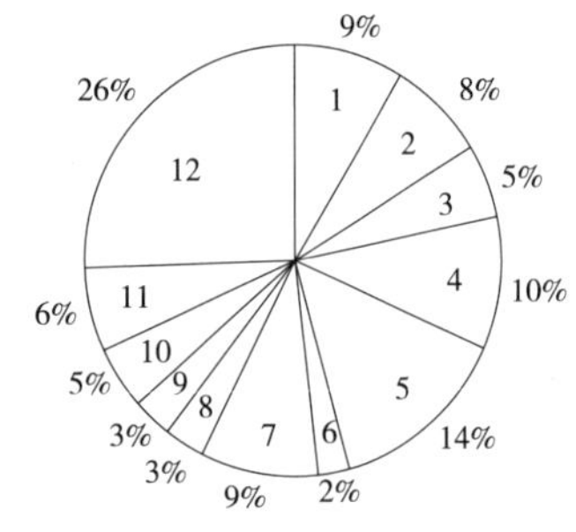

2011—2014年工业地段更新项目各省份分析

图 1-7　工业遗产更新项目的建造地点变化趋势

1—上海；2—北京；3—辽宁；4—广东；5—江苏；6—河北；7—湖北；8—四川；9—重庆；10—浙江；11—陕西；12—其他

（图片来源：作者自绘）

本也与国内经济发展的态势相重合。因此，我们可以说，工业遗产的更新是经济发展到一定阶段的产物。其一，经济发展产生了工业遗产更新的需要。其二，经济的发展也为工业遗产的更新提供了必要的资金、技术乃至人力的支持，以保证工业遗产的更新能够顺利地进行。考虑到传统的经济发达城市未更新的工业遗产存量不足，因此，在未来相当长的一段时间内，二、三线城市将成为国内工业遗产更新的“主战场”。

1.3.2　项目规模的发展过程

从项目的建造地点来看（图 1-8），在 1996—2000 年，国内工业遗产更新项目的规模全部集中于 10hm^2 以下，并且以 1hm^2 以下的项目为主，这也体现了这一时期的工业遗产更新项目主要处于尝试的阶段，较小的项目易于实施，但同时对城市的影响力也偏弱；到了 2001—2005 年，国内

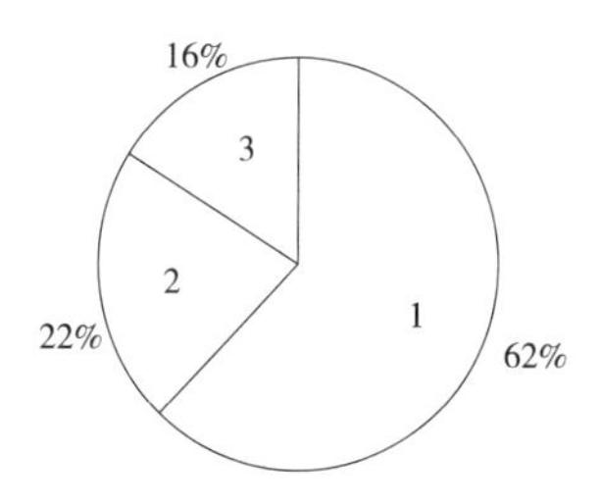

1996—2000年工业地段更新项目占地规模分析

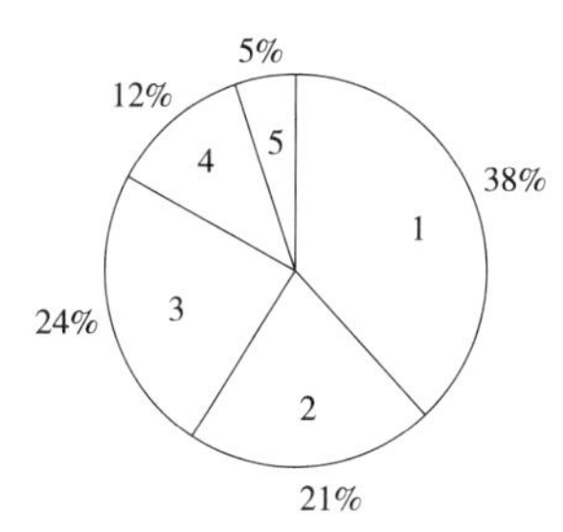

2001—2005年工业地段更新项目占地规模分析

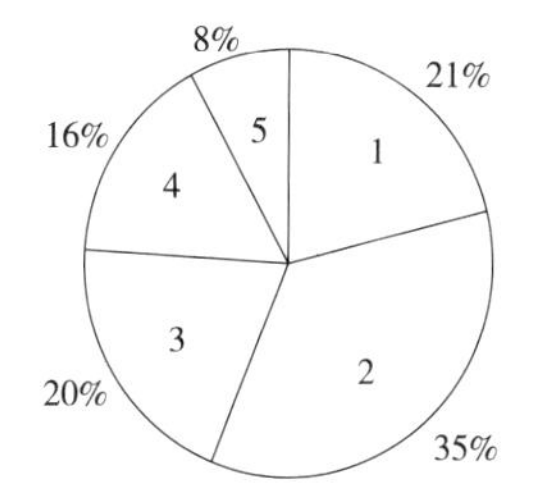

2006—2010年工业地段更新项目占地规模分析

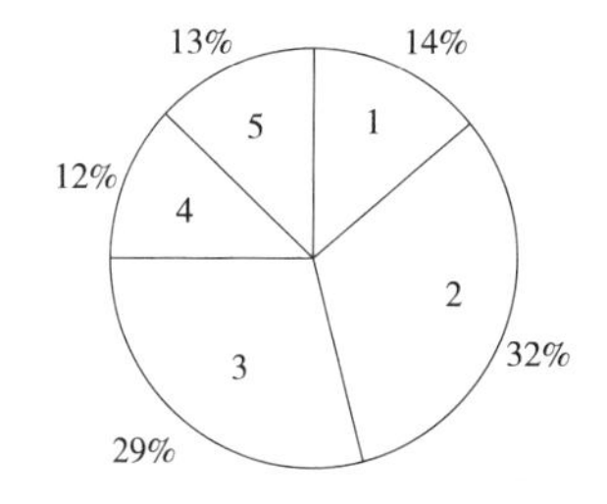

2011—2014年工业地段更新项目占地规模分析

图 1-8 工业遗产更新项目的占地规模变化趋势

1—1hm² 以下；2—1~5hm²；3—5~10hm²；4—10~20hm²；5—20hm² 以上

（图片来源：作者自绘）

的工业遗产更新项目的占地规模虽然仍以 1hm² 以下为主，但其所占的比例已明显降低，这一时期，随着一些创意产业园区的建立，占地规模在 20hm² 以上的项目已经出现；至 2006—2010 年，国内工业遗产更新项目的占地规模得到了进一步的变化，此时占地规模在 1~5hm² 的项目成了主体，首次超过了 1hm² 以下的项目所占的比例，这反映了这一时期的工业遗产更新在前期工作的经验基础上，已不再单纯地追求项目的可操作性，而是在寻找可操作性与效益之间的平衡点。至 2011—2014 年，国内工业遗产更新项目的占地规模进一步平衡，虽然 5hm² 以下的项目依然构成了主体，但规模较大的项目所占的比例明显上升，这与这一时期国内一批国家矿山公园的建立紧密相关。

从以上的分析可以看出，国内工业遗产更新项目的占地规模从整体上经历了以小的项目开始，小项目带动大项目的发展过程。随着工业遗产更新领域技术及模式的成熟，资本进入的意愿更加强烈，因此，难度与效益相对平衡的中等规模的工业遗产将是未来发展的重点，而在一些重点城市也将有一些由政府主导的大型甚至超大型项目的产生。

1.3.3 业态选择的发展过程

工业遗产更新项目的业态选择是衡量其更新质量的一个重要的标准。从国内工业遗产更新近20年的发展来看（图1-9），一个明显的特点即是博物馆类、创意产业园类模式成为其更新类型的主体。虽然随着时间的变化，上述两种更新类型的所占比例呈现下降的趋势，但仍是该阶段国内工业遗产更新项目的主要选择。同时，由工业建筑更新为办公建筑的类型在20年中呈现一种上升的态势，这主要是因为工业建筑高大、开敞的空间为其改造为办公类建筑提供了多种可能性。除了上述三种主要的更新类型外，类似于都市工业、公园、城市公共设施等类型的更新方式虽然在20年中有所发展，但进展缓慢，所占比例仍处于整体的平均水平以下。

国内工业遗产更新项目在业态选择上所呈现出的发展过程与国外的实践具有较为明显的差异。国外工业遗产更新在经历了初期的主要集中于博物馆类建筑后，迅速地扩展到较为全面的更新类型，并且各种类型所占的比例较

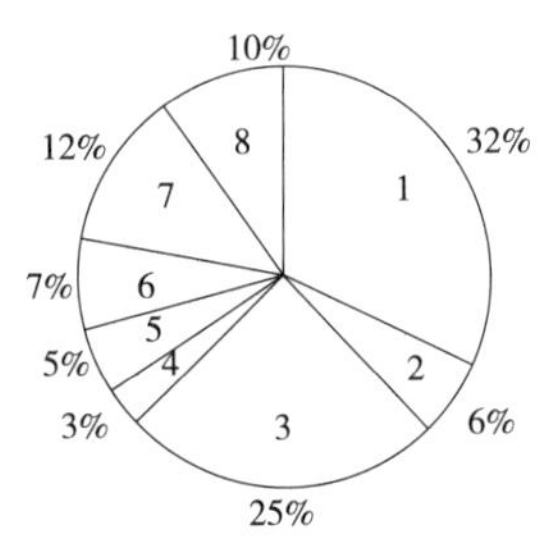

1996—2000年工业地段更新项目业态类型分析

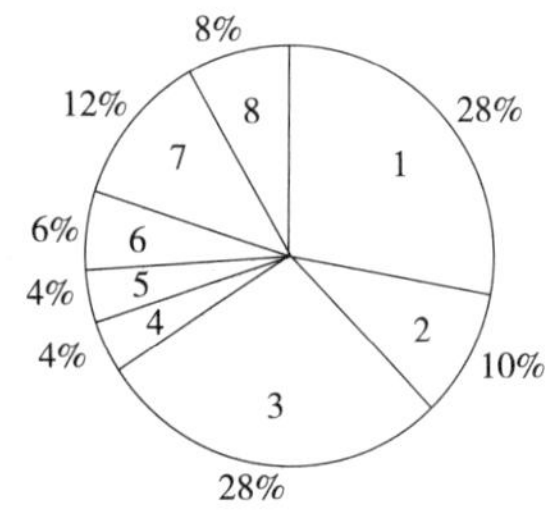

2001—2005年工业地段更新项目业态类型分析

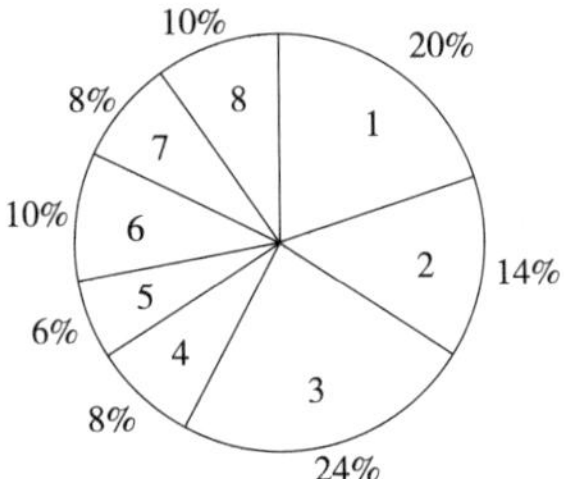

2006—2010年工业地段更新项目业态类型分析

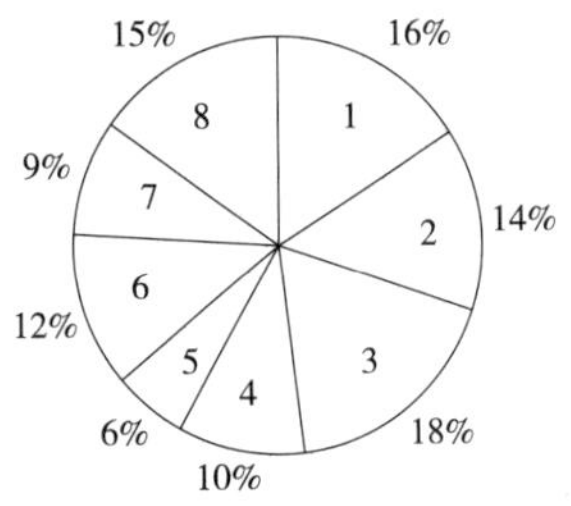

2011—2014年工业地段更新项目业态类型分析

图1-9 工业遗产更新项目的业态选择变化趋势

1—博物馆类建筑；2—办公建筑；3—创意产业园；4—居住区；5—都市工业；6—公园；7—城市公共设施；8—其他

（图片来源：作者自绘）

为均衡，博物馆类的更新已不再是工业遗产更新的主要方式[1]，相反，城市公共设施的更新方式在整体中占据了比较重要的位置。这也决定了国外的工业遗产更新相对更贴近于市民的生活，因而也就具有更加强大的生命力。从整体上讲，一个城市对博物馆类建筑以及创意产业园的需求总体有限，以上述两种方式作为主体的工业遗产更新延续性不足，当城市的需求达到饱和后，工业遗产的更新将无法进一步地展开。因此，扩展工业遗产的更新方式，尤其是大力发展将工业遗产更新为城市公共设施的方式，将工业遗产的更新与普通市民的生活紧密地联系在一起，将是国内工业遗产更新下一步的工作重点。

1.3.4　项目年代的发展过程

对国内工业遗产更新中工业建筑的初始建造时间的追踪有助于我们从整体上理解把握工业遗产更新在目标选择上的广度。从 20 年间的实践来看（图 1-10），在 1996—2000 年间，国内工业遗产更新对象的建成时间基本位于 20 世纪 20 年代中期至 20 世纪 70 年代中期这 50 年的范围之内，超过 80% 的项目的初始建成时间均位于此范围；到 2000—2005 年，工业遗产更新对象初始建造时间的选择范围逐步扩展，虽然 20 世纪 20 年代中期至 20 世纪 70 年代中期建成的建筑仍为主要的改造对象，但这一时间段之前及之后的建筑也都已经出现在改造对象之中；而在 2006 年至今的十余年中，工业遗产更新项目的初始建成时间进一步得到平衡，可见在这一时期对被改造的对象的选择范围相当自由，这也从侧面印证了这一时期的工业遗产的更新获得了极为快速的发展。

对工业遗产更新中工业建筑的初始建成时间的分析可以解读出更多的内容：一般来说，建成时间越早的工业建筑其质量偏低，历史价值较高，而建成时间越晚的建筑其历史价值偏低，建筑质量较高。因而，在工业遗产更新初始发展的十年中主要选择在 20 世纪 20 年代中期至 20 世纪 70 年代中期这 50 年的范围内项目绝不是一种巧合，总体来说，这一阶段的建筑在建筑质量与建筑的历史价值、文化价值之间达到了平衡，随着经验的

[1] 该结论来源于作者对国外工业地段更新案例的统计，统计结果显示，国外工业地段更新案例的业态选择方面，博物馆类建筑（13%）、办公建筑（13%）、创意产业园（12%）、居住建筑（15%）、都市工业（11%）、公园（13%）、城市公共设施（14%）、其他（9%）等方面基本呈现较均衡的状态。

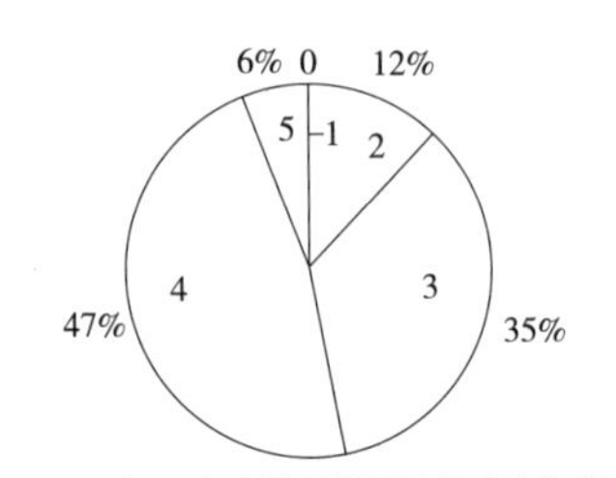

1996—2000年工业地段更新项目的建造年代分析

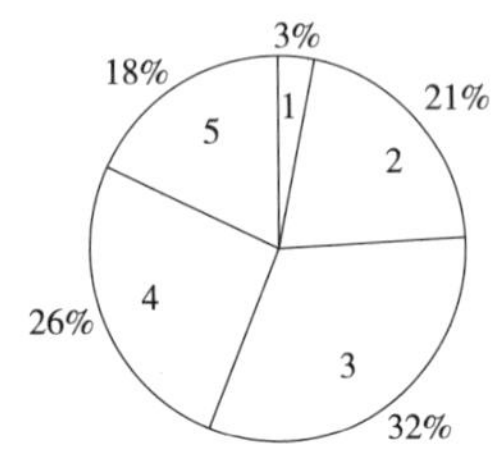

2001—2005年工业地段更新项目的建造年代分析

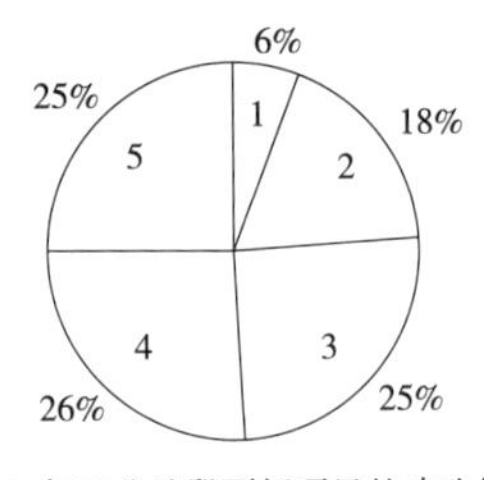

2006—2010年工业地段更新项目的建造年代分析

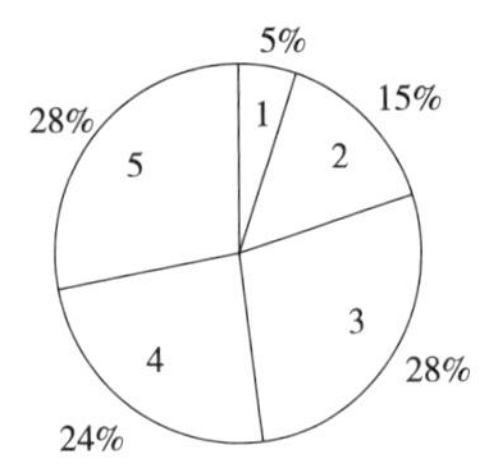

2011—2014年工业地段更新项目的建造年代分析

图 1-10　工业遗产更新项目的建造年代变化趋势

1—1900 年以前；2—1901—1925 年；3—1926—1950 年；4—1951—1975 年；5—1975 年以后

（图片来源：作者自绘）

积累以及技术水平、资本投入的进一步发展，对更新项目的初始建成时间的选择范围扩大，这也是工业遗产更新走向成熟的标志之一。因此，在今后的实践中，更新对象的建造年代将不会成为明显的障碍，相信各个年代建造的工业建筑都会出现在更新的范围之中。

1.4　国内工业遗产更新项目案例

从业态类型上说，国内工业遗产目前主要包括了博物馆类、文创类、办公类、公园类、酒店类、居住类、商业类等几种主要类型。近些年，随着工业遗产更新的深入发展，涌现出了一大批优秀的实践案例。

1.4.1　博物馆类

（1）水井坊博物馆[1]

水井坊遗址博物馆坐落在成都市锦江区水井街 19—21 号，占地面积为 16148m^2，建筑面积为 8670m^2，是一座以传统工业遗址和酒文化为展示

---

[1] 刘家琨 . 传统的创造性转换——水井坊遗址博物馆 [J]. 室内设计与装修，2016（3）：103-107，101.

主题的博物馆（图 1–11）。

水井坊博物馆的前身是全兴酒厂曲酒生产车间，酒厂在扩建时发现了水井坊遗址。作为我国乃至世界上首例发掘的古代白酒酿造遗址，遗址较完整地展现了中国古代传统的蒸馏酒的制作工艺过程，具有突出的历史价值、艺术价值和科学价值。

在遗址上建成的水井坊遗址博物馆由家琨建筑设计事务所设计，经过两年时间的建造，于 2013 年建成并开馆。整体建筑以水井街传统街区内的民居建筑尺度为基础，采用聚合的小体量与周边的历史街区的肌理进行呼应拼接。博物馆的屋顶以周边民居的屋顶为原型，进行一定的错动变形成为连续折线的坡屋顶，形成与民居肌理一致的第五立面景观，使博物馆能更好地融入水井坊历史文化街区内。场地内部的文物建筑——民国时期的酿酒厂房车间和明清时期晾堂挖掘遗址现场，一起构成了博物馆的遗址展示区，是博物馆展示工业文明遗产的重要部分。对待文物遗址，设计师用保护与尊重的态度进行稳妥谦逊的加建设计，以“衬托”的原则，利用纵横街巷作为新建部分与老作坊之间的保护带，以“合抱”的姿态对酒坊遗址展示区进行保护（图 1–12）。

开馆后的水井坊博物馆因完整保留了其作为原酒生产车间的功能，并且利用酿酒的工艺流程作为一种活的展示而深受普通大众和专业人士的喜爱。在酒坊遗址的保护与展示的策略上，博物馆始终贯穿一个理念，即恢复完整的酿酒工艺流程，并且兼具展示和生产的功能，同时也是企业的形象展示平台。围绕着这个理念，水井坊博物馆不但能够完成一部分的原酒生产，还能通过其生产的过程向参观者全面、原真地呈现和展示酿酒的技艺（图 1–13）。

图 1–11　水井坊博物馆外观

（图片来源：https：//image.baidu.com/）

图 1–12　新老建筑“合抱”形态

（图片来源：https：//image.baidu.com/）

图 1-13 水井坊博物馆工人生产区
（图片来源：https：//image.baidu.com/）

图 1-14 上海当代艺术博物馆
（图片来源：https：//image.baidu.com/）

水井坊遗址博物馆作为一个由企业主导修建和运营的民营博物馆，对工业遗产文化的“保护”和“利用”做出了很好的示范。博物馆在延续酿酒工艺的历史发展脉络的同时，也在其保护、展示、生产和交流工业遗产文化中作出了突出贡献，使水井坊遗址成为活着的文化遗产。

（2）上海当代艺术博物馆❶

上海当代艺术博物馆坐落在黄浦区花园港路 200 号，占地面积 $19103m^2$，建筑面积 $41000m^2$，主体建筑高度 49.8m，其北侧有一座直径 16.8m、高 165m 的巨型烟囱。博物馆提供了 15 个不同类型的展览空间，并且拥有大量的开放式展示空间以及大型室外平台，向参观者展示了多样的当代艺术作品以及多种公共交流活动。

上海当代艺术博物馆建筑（图 1-14）由原上海南市发电厂改造而来，有着八十余载火力发电史的南市发电厂是中国第一家华资电厂，见证了上海整个工业时代的崛起和变迁，是科学技术价值和历史价值的体现。1985 年建成的巨大烟囱、大体量的主体厂房、外露的粉煤灰分离器等显明又独具特色的工业符号，成了发电厂的标志之一，具有艺术审美的价值。博物馆从最早的上海南市发电厂到上海世博会的城市未来馆，再到如今的上海当代艺术博物馆，经历了功能置换转型和适应性再利用，完成了其从工业时代的地标到市民公共活动场所的华丽蜕变。

上海当代艺术博物馆的最终蜕变设计出自于上海原作设计工作室，主创者章明善于挖掘文化的脉络并作为改造和植入部分的依据和基调，让新旧的元素在同一场景中对话，唤起对历史与现在的思辨。建筑师以尊重文

❶ 朱羿郎．为了艺术而转身——浅析上海当代艺术博物馆的设计策略 [J]. 西安建筑科技大学学报（社会科学版），2018，37（2）：72-82.

脉和利用既有的态度，审慎地挑选并保留原有电厂带有工业符号的建筑构件，例如烟囱、煤粉分离器、吊车梁、鸡腿柱、钢结构支撑等，它们既是当地工业文化的见证者和参与者，同时也是可供欣赏的巨大的当代艺术作品。其中最典型的就数第三层平台上 4 个被粉刷成橘红色的粉煤灰分离器，其凭借着突出的形体成了建筑南立面主要的构图元素，与烟囱、输煤栈桥一起，为原本简洁单调的建筑增加了视觉冲击力（图 1–15）。

在设计手法上除了有原有构件的保留，建筑师在空间和材料上也有许多创新的探索。在空间上，由于原厂房内部多台煤炭发电机组占据了很大比例的室内空间，建筑师将这些机组拆除，换来了 2000 多 m^2 的通高大厅，成了博物馆气势磅礴的入口展厅（图 1–16）。在材料上，建筑师对新建部分使用了石膏板分隔空间，金属板来勾勒楼板边界，并且施以白色，与保留部分的灰色调做对比，使得内部空间显得更加明快而纯粹。

上海当代艺术博物馆经历从工业厂房到艺术乐园的转身，由内至外地从空间造型、元素运用、工业文化等方面去考量，使博物馆自身成了一件城市艺术展品，使人们能更亲切地感受到工业建筑与艺术相交织的魅力，也为艺术博物馆在探讨工业建筑与当代艺术结合上提供了有价值的参考。

（3）景德镇陶瓷工业遗产博物馆 [1]

景德镇陶瓷工业遗产博物馆（图 1–17）位于“中国瓷都”江西景德镇市新厂西路 150 号陶溪川文创街区内，占地面积 15hm^2。它的前身原为景德镇著名的“十大瓷厂”之一的宇宙瓷厂的烧炼车间，是“十大瓷厂”中建设规模最大、区位最大，也是工业遗产价值最为典型的瓷厂。景德

图 1–15　粉刷成橘红色的粉煤灰分离器
（图片来源：https：//image.baidu.com/）

图 1–16　上海当代艺术博物馆入口展区
（图片来源：https：//image.baidu.com/）

图 1–17　景德镇陶瓷工业遗产博物馆
（图片来源：https：//image.baidu.com/）

[1] 胡建新，张杰，张冰冰 . 传统手工业城市文化复兴策略和技术实践——景德镇“陶溪川”工业遗产展示区博物馆、美术馆保护与更新设计 [J]. 建筑学报，2018（5）：26–27.

镇陶瓷工业遗产博物馆利用宇宙瓷厂的旧厂房，打造出独特的文化体验空间，游客可以通过馆内一系列展览，了解景德镇近现代陶瓷工业的变迁发展。

在经历了 20 世纪 90 年代国有企业改革、1996 年工厂废弃后，直到 2012 年，景德镇开始尝试将宇宙瓷厂旧厂区改造作为城市复兴的带动点。经过改造后的宇宙瓷厂厂房是以陶瓷工业为主题的博物馆，展现了景德镇作为享誉世界之陶瓷制作中心的卓越地位。

博物馆内部围绕着两个倒焰窑以及两套第二代生产线的工业遗产，以瓷厂工人与工厂百年沧桑为线索进行设计。所有展陈设计在营造氛围的同时，均达到对工业遗产零破坏的要求（图 1–18、图 1–19）。原有瓷厂的屋顶钢木构架破损严重修复，因此按照原有的结构形式和尺度采用钢材替换。建筑室内的加建部分运用可逆性的钢结构设计，尽量减少和避免对遗存的破坏，有利于历史遗存信息的保护。在整个宇宙瓷厂的改造中，原厂房中最具特色的筛料漏斗结构在设计中也被保留了下来。经过改造后的漏斗上方设计了玻璃地板，置入了咖啡馆功能，漏斗下方摆放钢琴，整个形成一个巨大的混响音箱效果。此外，建筑师还对原建筑撤换下来的外墙砖和窑砖进行了收集与整理，并运用在环境铺装中以及外墙砌筑中（图 1–20），新旧砖的交替对比使建筑展示出强烈的时代印记。

图 1–18　倒焰窑外观

（图片来源：https：//image.baidu.com/）

图 1–19　窑坑内景

（图片来源：https：//image.baidu.com/）

图 1–20　博物馆外墙
（图片来源：https：//image.baidu.com/）

景德镇陶瓷工业遗产博物馆的成功改造斩获了 2017 年度亚太地区文化遗产保护创新奖。正如其颁奖词所述："基于遗产保护的最少干预原则，改造选择的改进型现代工业美感呼应了 20 世纪中叶旧厂房工业建筑的形态和气息，制造出柔和的背景，而将各时期的窑炉遗存置于舞台中心。当代材料的色调组合与原本砖结构的并置，创造出戏剧性的反差。新的设计不仅尊重原先工厂的形式和尺度，也创造了与著名陶瓷生产设备的全新对话方式。"

1.4.2　文创类

（1）成都东郊记忆

成都东郊记忆建成于 2009 年，位于成都市东二环外侧建设南支路 1 号，是国内首家数字音乐产业聚集区和以音乐为主题的体验公园（图 1–21）。

东郊记忆其前身是成都国营红光电子管厂，20 世纪 50 年代由苏联援建，主要生产示波器和显像管，诞生了中国第一支黑白显像管和第一支投影显像管。

按照"修旧如旧、旧房新用"的原则，成都东郊记忆在尽量保持原

图 1-21　成都东郊记忆
（图片来源：https：//image.baidu.com/）

图 1-22　东郊记忆中央大道
（图片来源：https：//image.baidu.com/）

貌的基础上进行创意性艺术改造。改造后的东郊记忆基本遵循了原红光厂的布置格局，园区以两条平行的步行街为主要轴线，呈鱼骨状分布[1]（图 1-22）。在建筑风格上，东郊记忆实现工业传统与音乐时尚的共融，不仅能全方位体验音乐的魅力，还能近距离感受城市的变迁。结合了计划经济时代工业美学与现代商业建筑功能，营造了东区兼具怀旧和时尚气息的艺术氛围。大车间被改造为影院和剧场；直径达 16m 的氢气罐打造为国内一流视听空间；多夹层、多管道的厂房，化身为艺术展示殿堂；烟囱、传送带、锅炉等巨大构筑物围合而成的独特区域，已成为国内最具特色的音乐酒吧区。[2]

项目在旧厂房的基础上成功改造，最大化地保留了原有的建筑尺度以及建筑形态，对不同年龄段的人群都形成了一定的吸引力；植入音乐创意主题，并围绕该主题不定期举办歌迷见面会、小型音乐会、音乐节等各类型活动，吸引全城关注，积攒了一定的人气，得到了成都市民的认可和青睐；在业态上抓住了当前成都人的休闲消费习惯，设置了大量的水吧、酒吧等都市休闲业态，客户捕捉率具有一定保证；动线明确简单，便于游览，且在不同的区域设置主题不同的小型广场用来集聚人群，提高人群的驻足时间。

（2）广州 TIT 创意园[3]

广州 TIT 创意园（图 1-23）的前身是建于 1956 年的广州纺织机械厂，

---

[1] 毛颖，陈岗. 成都市东郊记忆空间形态分析 [J]. 城市建设理论，2014（9）.

[2] 欧阳铭骏. 融合与共生——浅析成都“东郊记忆”旧工业建筑更新与再利用 [J]. 艺术科技，2013（9）：232.

[3] 郭艳云. 文化创意产业与城市文化品牌塑造研究——以打造广州“创意之城”为例 [D]. 广州：广州工业大学，2015.

位于广州市海珠区新港东路 397 号，是一个以服装、服饰为主题，集时尚、文化、艺术、创意、设计、研发、发布、展示功能为一体的创意产业平台。

图 1-23　广州 TIT 创意园
（图片来源：https：//image.baidu.com/）

在改造过程中，创意园一直坚持修旧如旧、尊重历史的原则，保留了纺织机械厂的生态原貌和纺织工业元素，是广州市中心难得的一块原生态创意园区，也是广州市旧厂房改造项目的样板。

广州 TIT 创意园由品牌设计区、跨界创意区、商业文化区、展示发布区、配套服务区、休闲红酒区等功能板块组成。除了创作设计最时尚的款式，园区还具备品牌展销功能和高端奢侈品定制功能，为国内外知名服饰服装品牌与品牌加盟商、名家设计师、高端消费者之间搭建产品销售和体验平台，第一时间呈现出中国最尖端的新潮流，成为引领时尚文化的风向标。

整个园区的东侧是保存比较完好的厂房区，这些厂房大部分建于 1956 年，具有一定的历史文化价值。根据要求，这些旧厂房在保留历史风貌的基础上进行改造。这一片区的功能主要是用于企业的研发办公、校企合作的实训基地，以及供部分服装企业进行作品展示。南部有许多独栋的小别墅，设计为品牌工作室、名牌俱乐部。位于西侧的则是一条名店街，主要经营世界顶级奢侈品，定位主要为满足高端需求。北部主要提供给服装企业办公，包括一些美术、雕塑、摄影、广告等配套机构。中部靠北地区设置为生活配套区，建有酒楼、公寓、会所、豪华红酒窖等设施。

原纺机厂铸造车间被改造为时尚发布中心，铸造车间原来是全厂最黑但空间又最大的地方，改造后的时尚发布中心共 4300 多 m^2，集 T 台、文化艺术展示、服装发布等功能于一身，各种大型活动的举办使这里成为名模、名流、名人云集、群星辉映的地方，是 TIT 创意园镁光灯的聚焦点。

广州 TIT 创意园既为城市增添了色彩，很好地改造了老旧的厂房，改善了周围居民的生活环境，同样也填补了相关产业的空白，可以说创意园本身就是一个一举多得的创意，而这个创意也改变了老纺织机械厂的命运。

（3）上海 1933 老场坊[1]

上海 1933 老场坊位于上海虹口区，外滩隧道海宁路入口，连接外滩滨江沿岸和延安路高架，毗邻人民广场。老场坊初建于 20 世纪 30 年代（图 1–24），出自英国建筑设计大师巴尔弗斯之手，结合古典英式建筑特质和古罗马巴西利卡式元素的魅力风格，整体建筑外方内圆、高低错落，布局宛若迷宫，空间却又次序分明。

老场坊改造的 1 号楼即当年的远东第一屠宰厂旧址，建筑最上方有一个直径 6m 的大型顶棚，光线由此渗透进整个楼房。现在顶棚下方，改造了一个占地 981m^2 的中心圆大剧院，其余空间为主要公共创意空间。2 号楼建于 1935 年，作为宰牲场的化制间，现改建成公馆，北侧屋顶中部有一个高耸的烟囱，现在是整个“1933”的制高点。3 号楼原来是工人宿舍，现在是设计制作中心。4 号楼是过去的仓库，现在是设计与教育中心。

原有内墙有许多已经被拆除，增加了许多新的分隔。现根据“时尚中心”的定位，拆除大部分后期增建的内隔墙，根据新的功能定位采用轻质隔断划分空间，使空间更灵活，方便艺术展示之用。廊桥空间（图 1–25）是该建筑最具有特质的特征之一，其独具的魅力均来自于由其形成的建筑光影所形成的神秘而富于变化的空间。外廊桥空间含有四层外廊和相互连接的 26 座斜桥，目前大多数保存较为完好，在改造过程中被修缮。内廊桥空间具有魔幻气质，设计中力求保留其原有的气氛，功能定位为交易展示空间。“空中舞台”可以说是老场坊最具特色的地方（图 1–26），它位

图 1–24　改造后的上海 1933 老场坊
（图片来源：https：//image.baidu.com/）

图 1–25　改造后的廊桥空间
（图片来源：https：//image.baidu.com/）

图 1–26　改造后的空中舞台
（图片来源：https：//image.baidu.com/）

[1] 聂波 . 上海近代混凝土工业建筑的保护与再生研究（1880–1940）——以工部局宰牲场（1933 老场坊）的再生为例 [D]. 上海：同济大学，2008.

于老场坊的四楼，8m 挑高的空中舞台的中央有 600m^2 面积悬空而设，全部用钢化玻璃制成，每平方米玻璃可承重 400kg。加上圆形穹顶的结构增加了视觉冲击，更具空间感。

建筑室内空间设计的塑造重点是将廊桥和柱帽的韵味融合在“时尚创意产业中心”商业场所的公共空间装饰设计中。目前该建筑的空间魅力已经让人赞叹，因此设计手法以“不为”或者“少为”为原则，不强调装饰材料的豪华，而是采用水泥这一原设计中的材料类型来重现原设计的特点，墙面也强调不用涂料，而使用打磨的方式，呈现它 70 年的历史痕迹。

对于旧工业建筑的改造，建筑本身具有很强的魅力和独特的价值。在整个改造中，上海 1933 老场坊的改造注意扬长避短，注重对历史建筑的保护，恰如其分地处理好了新与旧的关系，实现了自身的价值。

1.4.3　办公类

（1）天友绿色设计中心[1]

天友绿色设计中心（图 1-27）是由一座多层电子厂房改造成为设计院自用的绿色办公建筑。设计以“问题导向的技术集成”为原则，针对性地选择能够降低成本的技术集成，实现了低能耗的实际运营与绿色建筑技术的融合。这个项目还荣获亚洲建协可持续建筑金奖、绿色建筑创新奖一等奖和中国建筑设计奖。

在改造天友绿色设计中心时，设计师主要是在原有建筑形体上采用加法的设计手法，将节能技术附加在建筑中，尽量避免结构的拆改。在建筑屋顶加建一些轻质感的结构，建筑南侧加入中庭和边庭、增加特朗伯墙和能够活动的外遮阳结构，建筑东西两侧分层种植一些垂直绿化，建筑北侧设置挡风墙。通过以上手法，形成了能够完全应对不同朝向的气候特点的建筑形体。建筑南面的外保温系统、垂直绿化、钢制格栅、聚碳酸酯等材料共同构成了超节能的外表皮结构（图 1-28）。

该项目中还有许多创新性实验技术：建筑顶层以“天窗采光 + 水强蓄热”的原理，将建筑原有的屋顶设计为南向倾斜天窗，并以聚碳酸酯材料代替传

[1] 任军，王重，丘地宏，等 . 超低能耗既有建筑绿色改造的实验——天友绿色设计中心改造设计 [J]. 建筑学报，2013（7）：91-93.

图 1-27 天友绿色设计中心
（图片来源：https：//image.baidu.com/）

图 1-28 天友绿色设计中心外立面
（图片来源：https：//image.baidu.com/）

图 1-29 天友绿色设计中心图书馆
（图片来源：https：//image.baidu.com/）

统的玻璃材料，为下面的图书馆（图 1–29）提供漫反射光线。水墙的处理方式是在玻璃格中种植水生植物，提供蓄热水体的同时还形成了植物景观，功能与美观共存。绿色设计中心还针对寒冷的气候特点研发了垂直绿化—艺术型分层拉丝垂直绿化系统，在充当外遮阳系统的同时也成为建筑立面的造型要素之一。建筑屋顶设计成为农业屋顶，利用模块化蔬菜盆栽使屋顶绿化丰富多样，蔬菜的构图是经过农业专家根据蔬菜的生态特性以及颜色进行设计。

为员工打造绿色健康的办公环境是绿色设计中心的核心思想，设计师在声、光、热、风等各个方面综合考虑，设计出健康舒适的工作空间。利用地板辐射供热制冷的方式，实现无风、无声、无形的空调系统。建筑室内以零甲醛释放的麦秸板为隔墙，提供了健康的室内环境。麦秸板与空心砖砌块搭接，中间种植绿植，为公共区域提供了绿色分隔，员工在健康绿色的环境中进行头脑风暴。此外，绿色设计中心还通过楼梯间的光影设计，打造有趣的空间来鼓励员工多走楼梯少坐电梯，绿色节能。

天友绿色设计中心以打造超低能耗的绿色建筑为出发点，针对天津的气候特点进行节能技术创新，同时技术与艺术表达相结合，打造出绿色节能与艺术并存的超节能建筑。

（2）北京墨臣设计公司办公楼

北京墨臣办公楼（图 1–30）位于北京西城区南部的佟麟阁路 85 号，它的前身是北京电视研究所。

由于项目身处周围的建筑类型复杂、极具多样性，设计者一方面要考虑新办公楼与周围建筑的共容，也要考虑办公环境的隔离感，所以设

图 1-30 北京墨臣设计公司
（图片来源：http：//www.mochen.com/）

图 1-31 开放办公空间
（图片来源：http：//www.mochen.com/）

计者保留原本的院落设计。墨臣认为这是一种对于历史的尊重，同时这样相当于与外界形成了一道屏障。地面的处理利用了草地绿化和硬质铺装混合的材质，对原有大门进行了简单的粉刷改造，保留原来入口体量关系的同时做简单的处理增强进入场所的领域感[1]。设计者只对原本的砖墙进行灰色的粉刷，保留了原有的历史味道和厚重感。与这灰色呼应的是现代而轻盈的“黑匣”，这层外面装饰表面是黑色的鱼鳞穿孔板，内里相称白色的骨架，黑色与白色的视觉冲突，增加了现代感，也增添了层次感。[2]它不仅增添了通透阳光的作用，同时也增加了遮挡水平视线的隐蔽性，可谓一举两得。

办公楼内部的设计（图 1-31）相较于外部的黑与灰，墨臣使用了较为抽象的手法来表达了一种对传统文化的敬畏与热爱。如里面包含了山、水、竹、庭院等传统的运用，是其一直以来追寻的对中国传统文化在精神层面上的表达。

北京墨臣设计公司办公楼作为一个旧建筑改造的现代办公楼宇，真正做到了延续原有建筑已经形成的秩序，包容每一个片段，将它们作为一段历史。在北京这个历史与新生、古老与现代不断碰撞的城市，给人以大气和包容的姿态。

（3）原作工作室——上海鞋钉厂的改造[3]

原作工作室（图 1-32）位于上海市杨浦区昆明路 640 号，占地约 1000m^2，前身为始建于 1937 年的上海鞋钉厂，经过了 70 多年的风雨，依然安静地藏匿于杨浦区的弄堂中，充满历史的沧桑感。

---

[1] 北京墨臣建筑设计事务所．北京墨臣建筑设计事务所办公楼 [J]. 世界建筑导报，2006（7）：58-65.
[2] 武勇．在岁月的长河中徜徉——北京墨臣建筑事务所办公楼改造项目 [J]. 时代建筑，2010（6）：78-83.
[3] 章明，王维一．原作设计工作室，上海．中国 [J]. 世界建筑，2015（4）：70-76，137.

在对旧厂房挖掘的过程中，设计师意识到，建筑的性质在场所中生成、变换、成长才是建筑存在的自由方式。所以在改造过程中，设计师保留了连续存在的木屋架，通过物理打磨（图 1-33），除去木屋架及檩条禁烟尘浸染呈现出的黑灰色，还要保留木筋的肌理感。厂房原有的 3 个院落，是“去顶成院”的结果，但原有空间的木屋架仍被保留，这种空间外化的状态有一种微妙的融合与对峙并存的关系，所以，设计师延续了这种风格，改造形成了另外两处院落。

在改造过程中，设计师没有固守于新旧融合的理念，而是采用了一种锚固与游离并存的新理念，更加关注局部的位置、连接的方式和相互的关系。设计师用微锈的钢板设计了 3 个带状的空间，穿插在新老厂房之间，划分出独立的办公（图 1-34）、储存和后勤空间，保持着与原有厂房的锚固关系，但金属固有的冷峻又提示着它与原有厂房的游离。改造时，设计师并没有简单粗暴地将新老厂房结合的部分设计成上下两层，而是在新老厂房的交界处用 5m 宽的阶梯连接起来，保留了一跨通高的空间，用于活动和休憩。设计师在改造的过程中，表现出一种顺应和梳理的理念，让局部得以自由地接入总体中来，而设计师所做的是关注并梳理他们之间的关系。

上海鞋钉厂的改造是一个成功的范例，它充满着历史的韵味和刻痕，却又满足了一个现代办公场所的一切需求，这是一种跨时代的融合，得益于设计师崇尚自由又充满诗意的设计理念。

图 1-32　原作工作室
（图片来源：https：//news-caup.tongji.edu.cn/d8/25/c10923a120869/page.htm）

图 1-33　打磨后的木屋架
（图片来源：https：//news-caup.tongji.edu.cn/d8/25/c10923a120869/page.htm）

图 1-34　办公空间
（图片来源：https：//news-caup.tongji.edu.cn/d8/25/c10923a120869/page.htm）

1.4.4　公园类

（1）黄石国家矿山公园

黄石国家矿山公园（图 1–35）位于湖北省东南部的黄石市，公园规划面积为 30km²。“矿冶大峡谷”是黄石国家矿山公园的核心景观，形如一只硕大的倒葫芦，东西长 2200m，南北宽 550m，最大落差有 444m，坑口面积达 108 万 m²，被誉为是“亚洲第一天坑”。[1] 黄石国家矿山公园是我国首座国家矿山公园，国家 4A 级景区，是黄石工业遗产利用的最成功的案例，成为黄石工业以及工业遗产旅游的“领头羊”。

黄石国家矿山公园的场地历史文化丰富，人文色彩浓厚，其中矿产地质遗迹和矿业生产遗址尤为突出，极具观赏科研价值。山上保存的侵华日军碉堡、体现掠采罪行的炸药峒、汉冶萍时期的麻雀垴山隧道等都是场地的历史人文特色的体现。

为了能够延续黄石的矿业文明，激活场地的活力，整体规划以“以发展旅游促遗迹保护、以遗迹保护带动旅游发展”为理念，[2] 设计师通过对场地现状条件及历史人文特征的把控，制定出能够充分利用遗迹资源，体现场地的地域特色，利用公园的更新建设以促进矿山遗迹的保护的原则。并且在该原则的指导下，通过科学的、艺术的设计手法对场地进行改造，赋予场地景观以文化内涵，延续了矿业文明（图 1–36）。在旅游规划理论的

图 1–35　黄石国家矿山公园

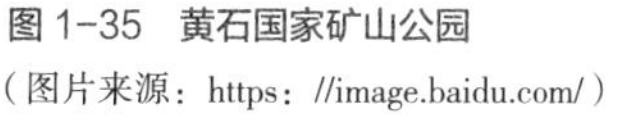

（图片来源：https：//image.baidu.com/）

图 1–36　日出东方广场

（图片来源：https：//image.baidu.com/）

---

[1] 陈世华，田大佑 . 黄石市矿山公园建设初探 [J]. 资源环境与工程，2005（3）：252–255.

[2] 李军，胡晶 . 矿业遗迹的保护与利用——以黄石国家矿山公园大冶铁矿主园区规划设计为例 [J]. 规划设计，2007（11）：45–48.

指导下，设计结合各种景观元素，形成景点，并对其进行整体布局，完善成为一条完整的旅游线路。

黄石国家矿山公园通过利用场地的自然生态特色、尊重场地的历史人文特征、结合场地的地域文脉以实现以发展旅游促遗迹保护、以遗迹保护带动旅游发展的目标，同时矿山公园的开发还带动了周边经济的发展。

（2）上海辰山植物园矿坑花园[1]

上海辰山植物园矿坑花园（图 1–37）原址属百年人工采矿遗迹，设计者通过生态恢复的景观设计手法来恢复矿山自然生态和人文生态。该花园根据矿坑围护避险、生态修复要求，结合中国古代“桃花源”隐逸思想，通过对现有深潭、坑体、迹地及山崖进行改造，深化人对自然的体悟，形成以个别园景树、低矮灌木和宿根植物为主要造景材料，构造景色精美、色彩丰富、季相分明的沉床式花园。矿坑花园充分展示了具有数千年悠久历史的中国矿业文化，为人们提供一个集旅游、科学活动考察和研究于一体的场所，实现了人与自然和谐共处，共同发展的主题。

公园设计中，设计师对矿坑附近的废弃建筑、构筑物进行再创造，使人们发现以前工业景观的痕迹并解读矿山历史。对质量较好的建筑予以保留并进行重新设计，对于存留的台地边缘挡土墙，设计者用锈钢板（图 1–38）这种带有工业印记的材料，对其进行包裹，改进空间布局，扩大游览区域，使之形成有节奏变化和光影韵律的景观界面。

矿坑花园总体面积为 4.3hm^2 左右，由高度不同的 4 层构成：山体、台地、平台、深潭。它如实反映了当时矿山工人们的生产和生活，是他

图 1–37　上海辰山植物园矿坑花园
（图片来源：https：//image.baidu.com/）

图 1–38　锈钢板
（图片来源：https：//image.baidu.com/）

[1] 李瑞琪，王琴．矿山废弃地生态恢复与景观设计初探——以上海辰山植物园矿坑花园为例 [J]. 现代园艺，2016（12）.

图 1-39　景观浮桥
（图片来源：https：//image.baidu.com/）

图 1-40　落云梯
（图片来源：https：//image.baidu.com/）

们归属感的基础。同时，该矿坑也是独特的地质场地，其自身亦具有内在的独特性。为了体现对这一历史痕迹的充分尊重，设计中设置了多个观景点来观赏矿坑。如景观浮桥（图 1-39）、用装矿渣箱子改造的缸筒、东侧山壁上开辟的山瀑、落云梯（图 1-40）等，为从不同角度欣赏矿坑提供了场所。

矿坑花园的改造，代表着花园本身的工业气息，作为一项历史悠久的工业活动，采石业伴随着漫长的文明进程而发展，见证了人类活动对自然的干扰、掠夺和破坏。这是矿区经人工开凿后又生态恢复的景观，反映了矿区工人的毅力和坚韧的精神。

（3）黄浦江两岸工业博览带[1]

杨浦滨江岸线位于黄浦江岸线东端，其绵长的滨江岸线长达 15.5km。杨浦滨江岸线主要分为南、中、北三段，前期开发的杨浦滨江南段（图 1-41）岸线全长约 5.5km。杨浦滨江见证了上海工业的百年发展历程，是中国近代工业的发祥地，有一批极具特色的工业遗产。例如，中国最早的钢筋混凝土结构的厂房、中国最早的钢结构多层厂房、近代最高的钢结构厂房。这些遗存都是中国近代工业史留下的重要遗产。黄浦江沿岸的杨浦老工业区，被联合国教科文组织专家称为“世界仅存的最大滨江工业带”。

从宏观设计再到微观设计，杨浦滨江的更新都围绕工业传承这个核心展开。从总体布局到章节段落再到特色节点，在充分调研工业遗产场地的基础上，提炼出包括“十八强音”在内的工业遗产改造新亮点（图 1-42、图 1-43）。目的是体现节点设计的趣味性、开放性与互动性。

---

[1] 张强，谭柳．滨水工业遗产街区城市更新策略研究——以上海杨浦滨江地区为例 [J]. 中国城市规划设计研究院，2015.

图 1-41 杨浦滨江南段二期鸟瞰
（图片来源：https：//www.gooood.cn/）

图 1-43 水厂栈桥
（图片来源：https：//www.gooood.cn/）

图 1-42 生态栈桥
（图片来源：https：//www.gooood.cn/）

场地原生性的锚固、海绵城市理念指导下的生态修复、营造极具后工业景观特色的滨水区风貌区是总体的设计理念。按照这些设计原则，团队尽可能地保留场地上原有乔木，新增植物选择滨江场地原生的植物品种。由于杨浦滨江焕新设计贯彻的是海绵城市理念。场地铺装系统均采用透水铺装，并结合绿化和地形条件设置下凹绿地、滞留生态沟、雨水花园、雨水湿地等，还在有条件的地方设置雨水收集和回用装置。区内景观用地总体实现了渗、蓄、滞、净、用、排 6 项功能，雨水经渗透、储蓄、滞留、净化、再利用之后，多余水量再通过排水系统输出到市政管网中。

独特的工业遗存使得黄浦江两岸工业博览带的公共空间充满着历史的记忆，深受人们的喜爱。通过更新再利用的滨水景观空间，形成了功能复合、设施完善、富有文化内涵的滨水生活岸线，创造了宜漫步、可阅读、有温度的世界级滨水公共空间，是黄浦江沿岸一道美丽的风景线。

1.4.5　酒店类

（1）阿丽拉阳朔糖舍酒店[1]

阿丽拉阳朔糖舍酒店（图1–44）位于广西壮族自治区阳朔县漓江边一处山坳。该地区是喀斯特地貌最具代表性的区域之一。场地内自然景观丰富，并保留有20世纪80年代建造的老糖厂和同时期用于蔗糖运输的工业桁架。老糖厂被视为一代人的生活记忆和情感载体，并将其定义为未来酒店建筑群落中的核心领袖。

在场地布局设计上，标准客房楼体与别墅分别位于老糖厂两翼，使得老糖厂和工业桁架在最终的布局中占据整个酒店建筑群的中心轴线位置。在建筑材料运用上，建筑师试图寻找新老之间的含蓄的连续性，而非简单的复制与模仿。设计采用了混凝土“回”字形砌块与当地石块的混砌方式，不仅在材质肌理和垒砌逻辑上与老建筑的青砖保持一致，而且通过当代的构造技术使其呈现出了更为灵动、通透的视觉效果，同时也提升了建筑的通风、采光性能。

整个场地可为一个可游走的空间系统：老糖厂工业桁架（图1–45）与新体量在其中共同界定出或封闭，或开敞的空间。公共步道系统独立于水平向的客房功能走廊系统。受喀斯特地貌地区挖进山体的山道系统与溶洞启发。渐渐爬升的线性公共步道串联起3个带有强烈空间指向性的“溶洞”空间。3个“溶洞”在不同高度上呈现出不同的与自然山体岩石的对景关系，漫步于度假酒店中，人们可不断体验到空间明与暗、高与矮、远与近。

图1–44　阿丽拉阳朔糖舍酒店鸟瞰
（图片来源：https：//image.baidu.com/）

图1–45　泳池与工业桁架
（图片来源：https：//image.baidu.com/）

[1] 董功，何斌，王楠，等. 阿丽拉阳朔糖舍酒店[J]. 城市环境设计，2018.

酒店在改造上结合了原有场地的地形，通过新与旧的结合、可游走空间的创造、人与自然的结合等手法，成功地将原来废弃的糖厂改造为酒店，实现了其原有的价值和资源的整合利用。

（2）“仓阁”假日酒店[1]

“仓阁”假日酒店是北京首钢老工业区的项目改造，酒店的设计始于2015年11月，项目竣工于2018年7月。改造项目位于首钢的老工业区的北部，前身为高炉空压机站、返焦返矿仓、低压配电室、转运站等工业建筑，设计改造后成了一座精品的酒店，同时也为2022年冬奥会的办公员工提供了住宿服务（图1–46）。

“仓阁”假日酒店的设计以最大限度地保留了原有的废弃与拆除对的工业建筑及其空间、结构和外部的形态，并且将新的结构植入原有建筑并将其叠加数层。“仓”即为下部的大跨度厂房作为公共活动空间，“阁”即为上部的客房层。将被保留的“仓”与叠加上的“阁”上下并置，形成新与旧的强烈对比。

除此之外，“仓”的局部还增加了新的构件——金属雨篷与室外楼梯，而“阁”在运用玻璃和金属的材质上，还在其上部使用了木材等材料，营造一种人工与自然、工业与居住、历史与未来的平衡感。在设计过程中还对原有的建筑进行了检测，合理地确定拆除、加固、保留的结构处理方案，并且采用粒子喷射技术对需要保留的涂料外墙进行清洗，以此保留了数十年形成的岁月的痕迹和历史的信息。

“仓阁”的南区是由原返焦返矿仓、低压配电室、转运站改造而成，三个巨大的返矿仓金属料斗和检修楼梯被保留在了全日的餐厅内部，料斗下部的出料口改造成为一个空调风口和照明光源，上方料斗的内部被改造为酒吧廊，客人可以在里面穿行（图1–47）；上面的客房层出檐深远，形成舒展的水平视野，可以在阳台上凭栏远眺，同时也可以俯瞰西十冬奥广场和远处的石景山。

“仓阁”假日酒店是西十冬奥广场各单体中旧建筑保存最完整的一座，其设计尊重工业遗产的原有的真实性，延续了首钢老工业区的历史气息，通过新与旧的结合碰撞和功能与形式的结合互动，使酒店蕴含的诗意和张力得以呈现。

---

[1] 曹阳．工业遗址利用实践——以“仓阁”首钢工舍精品酒店改造为例[J]. 城市住宅，2019.

图 1-46 “仓阁”假日酒店
（图片来源：https：//image.baidu.com/）

图 1-47 “仓阁”酒吧廊
（图片来源：https：//image.baidu.com/）

1.4.6 居住类

（1）天津拖拉机厂融创中心[❶]

天津拖拉机制造厂地块位于天津市南开区的西部，占地 78 万 m^2，始建于 1937 年。天津拖拉机制造厂生产了中国第一台中马力轮式拖拉机和中国第一辆吉普车，在中国重工业发展的历史上写下了辉煌的篇章。2013 年，天房融创携手以 103.2 亿元的高价竞得该地块，天拖融创在此地块诞生。

在天拖地块上最先开放于城市的是融创中心（图 1-48）项目，基地位于该地块的东部，也是原旧厂区东门轴线序列起始端的重要位置。建筑东边紧邻红旗南路，南边靠近保泽路，建筑面积 3664m^2，于 2014 年建成启用。该项目是在旧厂区的老厂房原址上重建而来，厂房的结构、空间秩序、材质感甚至是色彩和光影都被重新构建，设计师对工业痕迹的展现和创新作出了努力与尝试。

建筑南侧沿着厂区原有道路边的 3 棵杨树和 4 棵老槐树被设计保留，构成了进入场地内的自然节奏。而旧厂房的南立面经过重新设计，柱墙形式的构图关系，与立面前保留的树构成了一种新的韵律与节奏。建筑东侧面向城市道路，用高 15m、宽 36m 的 M 形屋架作为入口的灰空间，结合入口前面开放的景观广场，与城市道路形成自然的过渡关系。而整个建筑的屋架截面也设计成 M 形（图 1-49），向老厂房标志性的桁架符号致敬。在材料的选择上，设计确定了用原有旧厂区特有的砖红色作为标志色，选用陶土烧结砌块作为建筑的主材料。建造技术上通过建模模拟等手段，采

❶ 任治国，杨佩燊，刘振，等 . 时光之钥——天津拖拉机厂融创中心 [J]. 建筑与文化，2016（4）：21-31.

图 1-48　天拖融创中心
（图片来源：https：//image.baidu.com/）

图 1-49　天拖融创中心 M 形屋架
（图片来源：https：//image.baidu.com/）

用一种规格的陶土砌块钢龙骨干挂，进行干施工。在砌块的组合上，设计师运用了错缝搭接、扭转 45° 上下错搭、错缝平砌三种方式，消除了大尺度的砌块墙面带来的单调视觉感。

尽管天拖融创中心是在老厂房的原址上重建的项目，但是不难看出设计师从建筑空间到建筑材料都在极力地追求着场所记忆在新时代环境下的重现。从整个天拖地块的规划来看，沿用原有厂区街道肌理的道路规划以及后期部分老厂房的改造给该地块保留了些许工业历史的真实感。

（2）天津万科水晶城[1]

天津万科水晶城（图 1-50）位于天津河西区与津南区的交界处，规划总占地面积 50.72hm^2。规划区内原为天津玻璃厂厂址，万科对于该地块

图 1-50　天津万科水晶城鸟瞰效果图
（图片来源：https：//image.baidu.com/）

[1] 天津万科水晶城 [J]. 城市环境设计，2006（1）：88-105.

的开发立足于延续历史的角度，对原有场地的工业遗产进行利用与改造，创造出了具有场所记忆的居住环境。

天津玻璃厂的历史悠久，其在天津市的工业发展史上占有一定的地位，具有一定的工业遗产的魅力。在被开发为水晶城住宅区时，其建设用地上有着丰富的现状资源。比如用地内有 600 多棵成年大树，有可改造的大跨度的老厂房，有几条废弃的铁路以及极具工业语汇的消防栓、灯塔、铁架等。它们在万科水晶城的规划设计中都被巧妙地利用了起来，融入新的建筑环境当中。

设计保留了规划区内的数百棵大树，对场地东侧原大任庄路进行了改造，但道路两边的行道树被完全地保留下来。设计中保留并改造了原有的厂房作为水晶城小区的中心会所，它由原玻璃厂区内最大的工业建筑——吊装车间改造而来。车间原有的巨大的钢筋混凝土框架被完整地保留下来，框架中插入新的建筑形体，加以钢材和玻璃。新与旧的对比、不同材质的叠加使中心会所的工业风味颇具有现代感，给人以强烈的视觉冲击。

设计中还保留了场地内废弃的铁路。铁路轨道这一具有工业象征意义的符号元素被设计成为小区内东西向步行街上的景观节点，给街道添加了一丝历史的韵味。轨道边上还布置了一系列名为《日子·记忆》的雕塑作品以及在步行街尽头的一台老式蒸汽火车。这样一组景观节点的设置使轨道的工业氛围更加的强烈，步行街也更具有场所感（图 1–51）。

万科水晶城的规划充分地利用了场地的资源，通过保留建筑的肌理脉络以及场所元素，融入新的规划设计中，将工业时代的美感与现代社会的生活气息巧妙地结合在一起，使人们在新的规划小区中仍旧能体会到工业历史的余味。

图 1–51　铁路轨道景观节点
（图片来源：https：//image.baidu.com/）

图 1-52 上海国际时尚中心
（图片来源：https：//image.baidu.com/）

1.4.7 商业类

上海国际时尚中心[1]（图 1-52）位于上海市杨浦区的杨树浦路，紧邻黄浦江的北岸。其前身是国棉十七厂。该改造项目以纺织产业为基本，以时尚为主题，将基地打造为 21 世纪的上海国际时尚中心，包括时尚精品仓、多功能秀场、时尚创意办公、时尚餐饮娱乐、时尚会所和时尚公寓办公等六大功能。

建筑师对保护建筑全部保留，对其他建筑根据需要适当保留，同时加入一些新的建筑。根据保护建筑的格局，建筑师对原有建筑进行逐一考察和比较，最终确定将一部分非保护建筑拆除后留下的空间用作中心广场、小广场和巷道等有序列有层次的空间。通过这样的梳理，形成一条重要的空间轴线，贯穿南北中心并延伸到黄浦江边。在一些特别重要的公共空间，建筑师更多采用了新旧结合的手法，在整体风格尊重原貌的基础上，恰如其分地加入新的元素，使新和旧有机地结合在一起，以新的元素唤醒旧建筑的精华。例如多功能秀场的处理，为了满足国际一流秀场的规模和格局要求，该秀场建筑采用局部加建的方法以实现一个大空间。在外观处理上

---

[1] 周雯怡，皮埃尔·向博荣．工业遗产的保护与再生——从国棉十七厂到上海国际时尚中心 [J]. 时代建筑，2011.

通过后退、沿用锯齿屋顶等手法，使之完全融合在整体建筑群中。而秀场入口保留原来的建筑空间和立面，同时精心设计了一扇高大且可以完全拉开的时尚大门，其图案来自织物的纹理，以暗色铜片编织，简约而富有肌理。局部有些精心设计的元素可以起到非常有意义的作用，如园区围墙处的设计以纺织肌理为母体，具有特殊的金属编织效果，成为上海国际时尚中心专有的符号元素。

上海国棉十七厂改造项目借鉴了欧洲建筑遗产保护和改造的理论及手法，以充分体现工业建筑遗产的结构美和空间魅力为出发点，强调园区公共空间的完整和多样性，改造后将成为上海国际时尚中心。单体改造根据不同情况分别运用体现原貌、新旧结合、新旧对比等手法，“为建筑遗产吹入生命的气息”。

第2章

工业遗产更新项目社会影响后评价

Post-evaluation of the Social Impact of the Industrial Heritage Renewal Project

近年来随着国内外学者对工业遗产更新项目的后评价研究不断深入，工业遗产更新项目后评价的研究工作取得了较大进展。社会影响作为能够直接反映更新项目对社会文化、政治、环境、人们生活方式等的影响的因素之一，对已更新的工业遗产项目进行社会影响后评价就显得尤为重要。因此，为了进一步探究更新后的项目能否很好地满足社会的需求，我们需要建立一个科学、系统、完善的工业遗产更新项目社会影响后评价模型，来评价更新完成后的项目对城市产生的正面或负面的影响。

2.1 缘起

2.1.1 研究背景

我国正处于产业转型、结构调整的进程中，由于城市发展更新的需求，工业遗产的更新已成为城市建设的热点之一。与此同时，产业结构的调整及升级、城市职能的转变造成了大量的工业用地闲置。同时，城市居民对生态环境要求的日益提高，这也要求原本位于城市核心地段的污染企业必须迁出城市的中心。这些闲置、废弃及迁移的工业地段及建筑占据着宝贵的城市用地却无法再创造价值，因此，采用何种方式对其进行更新就成为一个亟待解决的现实问题。从总体上看，我国对旧工业建筑及地段的更新始于20世纪80年代后期，经过近40年的发展，已取得了相当的进展。据作者不完全统计，截至2014年底国内已实施的旧工业地段更新项目共有348个，而这一数字还不包括为数众多的尚在策划、设计以及施工中的项目。因此，毫不夸张地说，工业地段的更新是当前乃至今后一段时间内许多城市必须要解决的问题之一。

虽然我们已经在旧工业地段项目更新方面作出了一定的成绩，但也存在着一些问题。比如在旧工业地段项目更新初始的决策阶段，由于缺乏相应依据及对项目更新后的社会影响考虑不足，导致被更新的项目类型大都一致，功能也比较单一，不能满足城市市民的多样化的需求。通过作者所做的调查统计显示，我国已实施的旧工业地段更新中，有将近70%的旧工业地段或建筑都被更新为创意产业园或文化展览型的建筑。那么，我们的城市真的需要这些类型的改造吗？这些更新完成后的旧工业地段项目究竟给城市带来了哪些正面和负面的影响？为了探究这些问题，对已实施的旧工业地段更新项目加以分析总结，发现规律，从而获取经验，对其进行社会影响后评价就显得十分必要了。

2.1.2　研究的目的与意义

在目前对项目后评价的研究中，往往比较注重设计层面和经济层面的问题，而对社会层面的问题考虑不够全面。作者通过已进行的实地调研，发现有些改造后的项目在人口和就业，或者社会文化等方面并不能很好地满足社会的需求，造成资源的浪费，同时也给工业遗产项目更新的发展造成很大困扰。因此，对这些项目进行社会影响后评价十分必要。

通过对已经更新完成并投入使用的工业遗产改造项目进行社会影响方面的针对性调查研究，总结分析使用者在使用过程中出现的反馈信息。利用工业遗产更新项目社会影响后评价体系对项目进行社会影响后评价，总结其中的规律，为城市的决策者、项目的投资者在今后该类项目建设时提出社会影响方面的合理性建议，为日后相关学者提出一套综合完整的工业遗产更新开发策略做一部分工作，使经济、环境和社会这三方面稳定、持续和协调的发展，保证工业遗产更新项目能够真正地融入社会生活，这也是对工业遗产更新项目进行社会影响后评价的主要意义。

2.2　社会影响后评价的涵盖范围

2.2.1　社会影响评价的理论内涵

（1）什么是社会影响

根据博格（Rabel J.Burdge）在其专著《The Concepts，Process and Methods of Social Impact Assessment》中的描述，社会影响是项目的产生或改变对人们的生活方式、文化、所居住的社区、政治体系、环境、健康、财产和担忧与渴望带来的全部或部分方面的影响。

（2）什么是社会影响评价

社会影响评价（Social Impact Assessment，SIA）是社会科学的一个次级学科。它是一套对影响预先做出评估的知识系统，对因拟建项目或政策改变造成的环境变化进而导致的对社区和个人日常生活品质的影响进行评价。社会影响（影响，也可是结果或后果）指的是预计行动而产生的变化，包括个人或社区日常的生活、工作、娱乐、与他人互动的方式、满足需求的方式以及通常作为社会成员的适应方式的变化。

社会影响也涵盖了文化影响，包括：道德、价值观以及信仰（它们指导并将人们对自身和社会的认知合理化）的改变，还包括对心理的影响、对健康的影响。

2.2.2 社会影响后评价的概念

研究社会影响后评价的首要任务是分清其与社会影响前评价的区别与联系。不同于社会影响（前）评价，社会影响后评价发生在项目结束后并已经投入使用中，其属于使用后评价（POE）中的一项内容。那么，作为使用后评价的一部分，社会影响后评价主要评价项目在投入使用一段时间后，对人和社会造成的影响，其中主要包含三个方面：一是项目对社会发展目标的贡献；二是项目对社会发展目标的影响；三是项目与社会环境的相互影响。

不同类型的项目对社会造成的影响有其特殊性，故其社会影响的范围和内容也有各自特定的方向，在只考虑其共性的情况下，国内外专家学者分别对社会影响后评价的内容做了定义。例如，泰勒把社会影响评价的内容分为人口影响、生活方式、信仰和价值、社会组织这四个方面。伯奇在此基础上提出了五部分内容，分别为：人口影响、社区与制度安排、地方居民与移民之间的冲突、对家庭生活水平的影响和社区基础设施的需求。弗兰克对社会影响评价的内容进行了细致的描述，列出的条目有17项之多，其中包括：确定受影响的人群、促进并协调利益相关者的参与、记录并分析规划干预的地方历史背景、收集基准数据、确定并描述可能产生影响的行为、预测和分析可能的影响以及不同利益相关者的回应方式、帮助评价并选择替代性方案、帮助进行基地选址、提出负面影响的缓解措施等。“社会影响评价指导原则跨组织委员会”更是详细列出了五大类共32项社会影响评价的指标体系。国内专家学者对于社会影响评价内容的概括相对简洁。例如，王朝刚等人提出社会评价的三个重点内容是：对与项目相关的利益相关者的评价、对项目地区人口生产活动社会组织的评价、项目文化可接受性及其预期收益者需求的一致性评价。施国庆等人将其概括为六个方面：项目区社会经济调查及初步社会文化分析、项目利益相关者分析、脆弱群体分析、项目机构与管理分析、持续性评价和公众参与分析。我国现有的社会影响评价内容，大多借鉴欧美国家和国际组织的评价指标和标准，还存在如何针对特定项目进行内容确定的问题。

2.2.3　社会影响后评价国内外研究现状

（1）国外社会影响后评价研究动态

世界经济的发展和文化的交流促进了项目后评价理论和方法的产生与发展，项目后评价始于 20 世纪 30 年代美国经济大萧条期间的“新分配”计划，在这 80 多年的发展历程中，其理论和方法的进步经历了四个阶段：1950 年以前，能够产生最大化的物质利益是各界对项目投入使用后的统一追求，继而出现了财务评价；1950—1970 年，西方国家开始注重公共项目产生的效益对国民经济的影响，在此背景下，基于社会费用效益分析法产生了投资项目经济评价并迅速推广开来；1970—1990 年，随着人们对环境的日益重视，项目环境评价的理论和方法逐渐形成并得到发展；1990 年以后，各种社会影响评价的理论和方法才逐渐形成和发展，并且得到国际社会的重视。投资项目评价从最初的单纯追求利益最大化的财务评价发展到综合考虑经济、社会和环境的社会影响评价。

西方国家日益发展壮大的工业带来的社会问题和环境问题也越来越多地被人们发现和重视。20 世纪 60 年代末，拥有发达工业的国家开始对实际项目进行社会影响评价。美国政府对这一现象率先作出了反应，其根据自身国情颁布了《国家环境政策条例》，指出主管部门需组织专门人员评价项目产生的社会影响并做出相应的社会影响评价报告；随之发布的《城市及社会影响分析》公文又进一步指出对项目进行社会影响评价的必要性。在欧洲范围内，以英国为首的国家主要针对社会环境及自然环境来研究相应的评价体系。加拿大推行的社会影响评价，不仅包括项目对分配效果的影响，甚至涉及项目对环境的影响以及对国防能力的提高是否有益等方面。世界银行、亚洲开发银行、英国国家开发部在发展中国家援助的项目中，不仅要求在项目的可行性研究中要进行社会影响评价，在项目后评价中也要开展社会影响评价，极大地促进了社会影响评价在发展中国家的实施。社会影响评价的重要性被越来越多的认识和肯定。

（2）国内社会影响后评价研究动态

项目社会影响后评价在我国起步较晚，与日渐成熟和完善的项目经济评价相比，其评价理论和评价方法都有待于进一步的发展。

在 20 世纪 80 年代以前我国基本没有项目社会影响评价的理论和方法，改革开放以后，伴随着我国经济的高速发展，与世界的联系日益密切，国家和有关部门逐渐认识到对重大项目进行社会影响评价的重要性。在水利、油田开发、民航、铁路、公路等部门都进行过项目社会影响评价的研究和应用。在 2000 年前后，我国不同组织部门先后发布了《水利建设项目社会评价指南》《民用机场建设项目评价方法》《铁路建设项目社会评价办法》等一系列文件，为社会影响评价理论的发展奠定了基础。

在国内对于社会影响后评价具体研究的文献中，赵丽奇、黄有亮、刘华兴、谢政民在《工程项目社会影响评价新方法研究》中基于变量分析方法研究了传统指标方法人为赋权的主观性等问题，采用一系列变量，较全面地体现项目干预所引发的当地社区生物—物理环境变化和社会变革过程；刘佳燕在《社会影响评价在我国的发展现状及展望》中探讨了关于其范式界定、评价变量选择以及和公众参与的关系等方面的具体问题；李强、史玲玲在《“社会影响评价”及其在我国的应用》中阐释了社会影响评价的内容与方法，分析了我国社会影响评价的现状以及急需解决的几个问题；张登文在其硕士论文《旧工业建筑改造再利用项目社会影响评价研究》中构建了旧工业建筑改造再利用项目社会影响评价指标体系，选取了模糊综合评判法作为旧工业建筑改造再利用项目社会影响评价的方法。

综上所述，虽然我们在工业遗产更新项目后评价领域的研究做了一些工作，但也存在一些问题，这就需要有人来对其更加深入的探索，以此来完善或深入此领域的研究。

2.2.4　工业遗产更新项目社会影响后评价

（1）社会影响后评价的概念

社会影响后评价作为项目后评价的重要组成部分，与空间结构影响后评价、实施效果影响后评价、经济后评价、环境后评价相得益彰、同等重要。同使用后评价一样，人们对社会影响后评价的定义也不尽相同。但是归根结底，对项目进行社会影响后评价，本质是评价项目对“人”的影响，在项目完成并投入使用一段时间后，收集人们的反映及反馈，观察项目对人的日常生活、工作、娱乐、与他人的互动方式带来的影响，甚至是对人们文化认识、道德、价值观带来的改变。

针对工业遗产更新项目的特点，本书坚持“以人为本”为核心，在参阅相关文献、借鉴各部门领域对社会影响后评价研究的基础上，提出工业遗产更新项目社会影响后评价的基本概念：工业遗产更新项目社会影响后评价，就是不同阶层人群对工业遗产项目更新后给人们生产生活带来的改变和影响的评价，同时也是不同阶层人群认为工业遗产更新项目对城市产生影响的评价。其结果可以为工业遗产更新项目对社会产生的正面和负面、有形和无形的影响提供可靠分析，其最终目的是从社会和人的角度出发，为以后相似工业遗产更新初级阶段提供决策依据。

（2）社会影响后评价的特点

1）研究内容人文化

工业遗产更新项目社会影响后评价的核心内容就是以人为本，贯彻在整个社会发展的过程中，其研究的主题就是探究该项目与社会人的相关性，达到项目与人关系和谐，只有在项目与其影响到的群体的相互协调下，工业遗产更新项目才能更好地促进社会经济协调发展，并能够带动整个人类社会的进步。

2）分析层次多样化

工业遗产更新项目社会影响后评价在分析的过程中，涉及很多方面的内容，例如国家、地区、城市以及当地社区各社会阶层的发展目标，这些各个层次的社会发展目标是不相同的，同时与社会政策是有着一定联系的，有一定的相同性，但同样存在着区别。例如，就业、医疗、教育、社会安全等，各个层次都有着不同的特点，根据这些特点提出的要求与重点也就存在较大的差异性了。因此，相关分析需从不同层次进行。

3）分析目标多样化

工业遗产更新项目社会影响后评价的内容涉及国家、地方、社区等多个层次，各个层次中包含的各个社会生活领域的发展目标也是不相同的。因此在进行工业遗产更新项目社会影响后评价的过程中，需要将多个社会发展的目标划为分析内容，例如多个有关的社会政策效用、多种与项目有关的人的观点、心态等，因此，整个分析过程属于多目标分析。多目标综合分析评价法很适合综合考察项目的社会可行性。

4）定量分析难度大

由于工业遗产更新项目比较复杂，这是因为社会因素是多种多样的，如就业、收入等，这些是可以通过定量进行计算的。但如项目对区域文化的影响、对城市整体面貌的影响、人们对项目的整体满意度等，这些是不能够通过公式来进行定量计算的，此时就需要定性分析的参与。

5）分析方法多样性

从对国家各层次社会发展目标的贡献与影响上来看，不同类型的工业遗产更新项目有很大差异，同时，由于各个项目的参与人不同而带来的差异性，也是在进行分析的过程中需要考虑的差异因素。因此，工业遗产更新项目社会后评价分析中，需要针对不同类型的项目的特点制定相应内容的评价方法，针对不同项目来灵活掌握。

（3）社会影响后评价的作用

1）促进经济发展

工业遗产项目更新，其根本目的是促进区域经济发展，同时考虑项目是否对就业、市民生活、社会文化和自然环境造成了负面影响，如果造成了某些方面的负面影响，就必须提供相应对策予以解决。对更新项目进行社会影响后评价，目的就是要评判其对各方面的影响，在未来类似的项目更新工作中提出预防办法，从而促进经济和社会的协调发展。

2）促进社会和谐

满足人的需求和为人民服务是对工业遗产更新的目的之一，从社会生活和人文环境方面来说，对项目进行社会影响后评价可以知道项目是否能够被市民接纳以及市民对于更新项目的总体态度；从促进民主的角度来看，对项目进行社会影响后评价可以提高当地居民的参与感，获得除了政府及开发商以外的不同意见，这些都有利于促进社会和谐并能积极贯彻可持续发展理念。

3）有利于建筑相关领域的研究

对建筑物或构筑物进行改造更新是工业遗产更新工作中不可避免的，建筑师通过决策者的主导完成了这一部分。对更新项目进行社会影响后评价可以了解到市民对他们一直生活在其中的住所的情感和意见，可以使建筑相关领域人员在今后的设计中除了对建筑的空间布局和形式美感进行精心考虑外，还能更全面地了解使用者对功能方面的需求。

（4）社会影响后评价的原则

工业遗产更新项目的社会影响后评价与其他领域的项目社会影响后评价一样，在评价过程中应遵循以下四个原则：

1）公正、客观的原则

政府决策者、开发商和使用者是工业遗产更新项目的主要参与者，对于项目能否顺利实施，各方参与者的主观态度起着决定性的作用。以实际情况来分析，该项目的投资方追求的是利润的最大化，而从政府的角度考虑，更多的是要侧重于该项目的投资建设能够有效地带动周边经济的发展，促进社会的发展，而作为该项目的使用者，如业主等，则更加关注的是项目能否满足自己各方面的要求。因此，只有社会影响后评价的实施者遵循着“公正、客观”的原则，不从任何单一一方的利益出发进行评价，才能保证评价结论的公正性。

2）定量分析与定性分析相结合的原则

更新项目对各领域的各方面的影响众多而复杂，有消极的还有积极的，有看得见的同时还有无形的，社会影响后评价的难点，则是将这些影响转化为定量的表达，用量的形式表示。但是需要注意的是，在整个评价过程中，更多的社会影响因素是无法直接采用定量方式表示的，所以为了保证社会影响后评价结论的客观性，必须要坚持对更新项目进行定量与定性分析相结合的原则。

3）科学、适用的原则

更新项目的类型众多，各类型项目社会的影响也是多种多样的，因此，在对具体项目进行社会影响后评价时，必须从实际出发。建立统一而标准的评价体系，才能更好地对更新项目进行评价，目的是为了使不同类型的更新项目在相同方面的影响方便进行比较。但是，评价内容的确定上也应该注意评价项目的自身特点，为其单独设置特有的评价内容，只有通过这样得到的评价结果才是科学而全面的。

4）以“人”为本的原则

在社会影响后评价的过程中，人作为社会参与的主体，同时也是整个评价的参与主体，因此，在对工业遗产更新项目进行社会影响后评价的整个过程中，“人本”的重要性不言而喻，只有始终贯彻以人为本的原则，才能更好地保证整个评价的有效性，更好地对整个社会发展起到积极的促进作用。

2.3 工业遗产更新项目社会影响后评价的模型

2.3.1 评价模型建立的思路与程序

建立工业遗产更新项目社会影响后评价模型的目的是将工业遗产更新项目对社会、文化、生活和生态环境的影响转化为具体的数值，让人们能直观地看到其影响结果。构建评价模型的主要任务是进行指标的筛选及其权重的确定。研究参考借鉴东南大学的张飞涟在其博士论文《铁路建设项目后评价理论与方法的研究》中提出的改进的 Delphi 法对评价指标进行筛选，结合上文提出的将公众参与应用与指标体系的建立过程中的办法，分别对专家和市民设计并发放调查问卷。具体的程序如下：

（1）通过搜集相关文献、咨询专家、参考相关项目后评价的内容，尽可能全面地调查和研究关于工业遗产更新项目社会影响后评价的指标，列出所有评价指标。

（2）把评价指标对社会影响后评价的影响程度分为 5 个等级：1（不太重要）、3（略微重要）、5（一般重要）、7（很重要）、9（特别重要），以供专家和市民选择。

（3）首先邀请有关专家对问卷进行填写并提议，收到专家的反馈信息后，整理其意见建议并对原始问卷进行调整，然后把调整后的问卷发放给广大市民，让市民再次对调整过的评价指标填写调查问卷，选择每项的分值。

（4）统计分析问卷结果时，以 67%（2/3）为界限，若选择“5”“7”“9”的比例合计小于 67%，则删除该指标。同时，由于此问卷的设置是以分值为衡量标准，最终亦可通过此问卷的统计结果得出每个评价指标的权重。

2.3.2　评价指标的选取

建立工业遗产更新项目社会影响后评价模型的首要任务是确定评价内容。国内有关建设项目社会影响后评价的内容差异较大，因为“社会影响”或“社会影响后评价指标”的概念几乎无所不包，选择哪些去分析确实是一个难题。在研究中，我们把握三个原则：第一个是人群的原则，社会是由人群构成的，所以社会影响后评价关注的重心应该是人群，这里人群的概念可以是阶层的人群，可以是年龄的人群，可以是利益差别的人群等，不同的人群有不同的生活方式和活动轨迹，在指标的初选阶段要把各个人群的利益都考虑在内；第二个是区域的原则，社会是指在特定环境下形成的个体间的存在关系，而“区域”给了这种特定的环境一个更具体的范围，所以我们选择的影响因素应在项目本身能够造成的影响半径内，超过了这个影响半径，也就是超过了人的理解范畴；第三个是工业遗产原则，工业遗产更新项目不同于新建项目或其他更新项目，相比于后两者，工业遗产更新项目更加强调新旧对比与历史文脉的延续。

由于更新项目的类型不同，其社会影响内容的侧重也不尽相同，比如被更新成为博物馆的项目，对社会文化方面的影响相对较多，其展览功能与带来的教育意义也是其他更新类型不能与之相比较的；再如被更新为商业或创意产业园的项目，其商业功能与带来的经济效益又是博物馆等其他更新类型不能与之相比较的。所以，本书在选择工业遗产更新项目社会影响后评价的评价内容时，是选择每个类型有可能造成的社会影响影响的交集，最终通过对每个更新项目间的共性进行横向与纵向的对比来发现问题、找到规律。在这种选择方式的背后是对个别有针对性的重要的指标的忽略，但是忽略不代表忽视，在评价具体项目时完全可以“因地制宜”，把针对该工业遗产更新项目的指标单独处理，最终与标准的评价体系共同分析。

因此，在借鉴其他类型项目的评价内容的基础上，参考工业遗产更新项目社会影响后评价的定义，综合考虑工业遗产更新项目自身的特点，把握“人群”“区域”和“工业遗产”这三个原则，本文初步确定工业遗产更新项目后评价的内容应该分为对人口和就业的影响、对社会文化的影响、对市民生活的影响和对资源环境的影响这四个准则层，并归纳总结了每个准则层可能包含的数个评价指标。这四个准则层包含各种类型的工业遗产更新项目给人民带来的普遍性影响，包括经济、政治、文化、教育、生活、环境等多个方面。

（1）人口和就业方面的内容

1）就业岗位的变化。分析研究项目是否增加新的就业机会、吸引人来此就业，同时调查分析因为就业岗位的增加或减少引发的社会矛盾。

2）对居民收入的影响。分析研究由于项目实施造成当地居民增加或者减少的范围、程度及其原因，收入分配是否公平，是否扩大贫富收入差距，并提出如何实现收入公平分配的措施建议。

3）流动人口的变化带来的影响。分析研究流动人口的变化是否推动就业，给周围经济和交流带来怎样的影响。比如流动人口增多在给区域带来活力与收入增加的同时也会带来一系列问题——环境污染、居住环境变差、当地治安管理难度加大等，如何权衡其带来影响的利弊是我们需要研究的问题。

4）常住人口的密度及变化。常住人口的密度可以反映出区域的发展潜力，城市中人口密度的变化也能够反映出城市人口聚集趋势。该指标分析研究常住人口数量的变化，密度较更新前增大还是减少了，这种由常住人口变化带来的影响是否令当地居民满意。

（2）社会文化方面的内容

1）工业遗址的整体形象。分析研究市民对更新项目整体形象的满意程度，市民除了需要判断项目自身形象是否达到其心理预期，还应比较项目本身与周围建筑形象的协调程度。

2）工业遗产保护保留的程度。工业遗产保护保留的多少是对更新项目是否传承与尊重原工业遗产最直观的体现，有的更新项目在保留整个建筑主体的基础上对原建筑进行加建和内部功能的重新划分，有的更新项目只保留部分机械、雕塑或山墙等工业元素，还有的更新项目甚至对工业遗产不做任何保护保留，公众究竟对更新项目工业遗产保护保留程度是否满意是我们应该探讨的一个重要问题，其衡量的标准包括建筑外立面装饰、内部装饰、整体结构、构筑物、古树等。

3）工业文化氛围的塑造。更新项目一般都伴随着文脉的延续与曾经工业元素的保留，工业文化氛围的塑造也是更新项目不同于同类型新建项目的特点之一，在保留工业遗产的基础上，对工业文化的塑造与传承是否达到公众的满意程度也是一个需要被重视的问题。

4）新建与旧建的融合。从融合的角度考虑市民感受，对于旧建筑，生活在项目周边或者曾经就服务过旧建筑的人会对其存在不同的情感体验，而新建的突然出现突兀与否、与旧建筑或构筑物融合与否，会给当地居民带来不同的感受。此指标的设立旨在从当地居民的角度来看待更新项目的和谐程度。

5）对当地人民文化娱乐的影响。人民生活水平不断提高，越来越多的人更加注重精神方面的追求与享受，人民文化娱乐生活发展迅速，由项目更新带来功能变化，同时也会带来如 KTV、影剧院、少年宫、文化活动中心、健身房等文化娱乐场所的增加或减少 。该指标目的是为了探索在种种变化产生后，当地人民文化娱乐生活的体验如何。

6）文化教育意义。对工业遗产的更新可以实现其独特历史文化与现代城市空间的重新融合，使城市文脉得以延续，更加丰富。除了更新项目本身的教育意义外，其更新是否推动教育也是对当地居民的重要影响之一，在此层面上，该指标还可以根据影响区域内学生入学率、大专及以上学历的人数比例、各级各类学校的数量、师资力量等的变化来衡量。

7）对城市面貌的改善。改善城市面貌能直接提高市民的自豪感与对更新项目的认同感。许多工业遗产更新项目都成了城市的标志性建筑(群)，如北京的 798、上海的 1933 老场坊和广州的 TIT 创意产业园等，即使是在二、三线城市的很多矿场更新也成了国家示范性改造项目，作为知名景点被人们熟知。

（3）市民社会生活方面的内容

1）城市交通的可达性。更新项目所在的区域位置大致可分为城市中心区、城市边缘、城市近郊、镇中心区和偏远农村，项目的区位条件和其周边交通及道路状况都可影响其社会效益。城市交通对于项目地点的可达性也直接影响了市民到达项目所在地的方便程度。

2）对所在地区居民交流的影响。分析研究更新项目是否促进所在地区居民的情感互动和他们的人际关系，这也算衡量更新项目对区域活力是否带来改变的标准。

3）公众支持与参与程度。分析研究市民对项目的支持和参与程度，这是市民对更新项目认可度的一个直观体现。

4）对社会治安的影响。不同类型的项目会给项目周边带来不同的社会治安环境，比如项目更新成酒吧街和更新成为居住区，二者所需投入的治安管理的力度是不一样的。该指标旨在分析研究项目给所在区域带来的社会治安环境的变化情况。

5）新居住民和原居住民的交流与冲突。原居住民在一定程度上保留了原来的生活生产习惯，项目的更新必然会带来新居住民的加入，带来新的活力，该指标旨在分析更新项目是否促进新居住民和原居住民之间的交流。

6）居住环境的变化。提高居民生活质量的关键标准是居住环境的舒适程度，本文所指的居住环境是针对工业遗产更新项目所导致的生活环境的变化，包括教育、卫生、体育条件的变化及住房条件和服务设施的变化等。

7）对地价变化的满意程度。城市地价的影响因素众多且复杂，地价水平和地价变化趋势受到社会、经济、政策等多方面因素的共同影响。本书特指工业遗产更新项目给区域地价带来的影响，地价变化不但是更新项目成功与否的衡量标准之一，也从某种程度上反映了城市产业结构调整的趋势。

8）交流休憩空间的舒适度。在城市的层面，工业遗产更新项目是为了推动城市的经济或文化的发展；在市民的层面，工业遗产更新项目是为了服务市民，提高市民的生活水平，促进人与人之间的交流。我们不希望任何工业遗产更新项目在使用的过程中是缺少“人气”的，那么促进人与人之间交流的空间就显得尤为重要了。

（4）资源环境方面的内容

1）是否节约资源。对资源环境影响的后评价有其单独的评价体系与评价标准，环境问题也是当前社会各方面建设都需要重视的问题，但是从公众的角度考虑，他们对于当地的资源环境问题有自己的理解，该指标的设立就是从市民的角度考虑，看更新项目对资源环境的影响是否达到他们的心理预期。

2）对自然环境的破坏 / 修复程度。对于工厂或矿山改造成为住区或公园，是对自然环境的修复，但比如工厂改造成为另一功能类型的工厂，期间虽然伴随着对环境破坏程度的减小，但总体上还是不如改造成其他项目更加有利于环境保护，这就要看公众认为是以牺牲环境带来经济发展给他们带来的利益更大，还是通过更新项目对环境的修复给他们带来的健康利益更大。

3）内部环境氛围的满意程度。更新项目除了会对广泛意义上的资源环境产生影响，其自身环境的营造情况也是我们需要衡量项目是否成功的标准。该指标旨在分析研究项目本身对工业遗产的环境更新状况如何及目前的内部环境设计氛围是否达到市民的满意。

4）自然资源综合利用效益。分析研究项目的更新是否对所在地区自然资源的开发利用起到了促进作用，有效地减少了当地自然资源的浪费，提高了资源的利用程度，是否使所在地区土地规划使用更为合理。

虽然究竟哪个指标入选最终的评价体系要参考其得分情况，但这四个准则层及其指标层涵盖了社会最关心的关于工业遗产更新项目的一系列问题，具有较强的适应性。

2.3.3　评价模型的建立

工业遗产更新项目社会影响后评价是涉及多个评价指标、多结构层次的综合性后评价问题，涵盖社会、文化、生态环境、经济等众多领域的诸多因素。为了考察工业遗产更新项目对影响区域内的社会带来的综合影响概况，需要对其进行切合实际的社会影响后评价。本节将按照前文提出的工业遗产更新项目社会影响后评价模型的建立程序来一步步完成模型的建立。

（1）专家问卷及市民问卷的统计结果整体分析

根据上文确定的工业遗产更新项目社会影响后评价的评价内容，先制定一版给专家的问卷，通过分析专家问卷回复的结果，在表达方式上稍作调整后，再制作发放给市民的问卷。在设计市民问卷时，考虑到受众对权重的理解不能像专家一样直接通过打分来确定，所以把专家问卷中的"1""3""5""7""9"的分值用语义差别法做替换为"不关注""略微关注""一般关注""很关注"和"特别关注"这样的感受。

作者利用第六届中国工业建筑遗产学术研讨会的机会，向国内工业遗产保护及更新领域的专家学者发放问卷120份，收回有效问卷96份。中国工业建筑遗产学术研讨会为于2010年11月在清华大学成立的中国建筑学会工业建筑遗产学术委员会组织召开，该组织为我国工业建筑遗产保护领域的第一个学术组织。2015年11月第六次研讨会在广州召开，来自全国各地的数百位专家学者汇聚于此，探讨工业建筑遗产的未来。作者在会议期间咨询的120位专家学者中，有近五成的人为国内工业建筑遗产研究领域的顶尖人物和建筑高校的权威教授及教师，有近两成的人为工业建筑遗产相关杂志的主编及近五年国家自然科学基金的主持人，来自清华大学、同济大学、华南理工大学、香港理工大学等高等院校的研究学者同样约占两成的比例。除此之外，来自建筑设计院和建筑师事务所的一些相关设计人员也对问卷进行了填写。此后，作者通过网络及微信的方式向广大市民发放问卷300份，收回有效问卷256份。两份问卷的结果见表2-1、表2-2。

表2-1 评价指标及其权重调查问卷（专家版）

权重 评价指标	1	3	5	7	9
就业岗位的变化	12（12.5%）	20（20.8%）	18（18.8%）	36（37.5%）	10（10.4%）
对居民收入的影响	12（12.5%）	26（27.1%）	16（16.7%）	36（37.5%）	6（6.3%）
流动人口的变化带来的影响	14（14.6%）	30（31.3%）	34（35.4%）	14（14.6%）	4（4.2%）
常住人口的密度及变化	12（12.5%）	38（39.6%）	24（25.0%）	16（16.7%）	6（6.3%）
工业遗址的整体形象	0（0.0%）	6（6.3%）	20（20.8%）	34（35.4%）	36（37.5%）
工业遗产保护保留的程度	2（2.1%）	2（2.1%）	28（29.2%）	44（45.8%）	20（20.8%）
工业文化氛围的塑造	0（0.0%）	14（14.6%）	20（20.8%）	36（37.5%）	26（27.1%）
新建与旧建的融合	2（2.1%）	18（18.8%）	20（20.8%）	34（35.4%）	22（22.9%）
对当地人民文化娱乐的影响	8（8.3%）	26（27.1%）	20（20.8%）	28（29.2%）	14（14.6%）

续表

权重 评价指标	1	3	5	7	9
文化教育意义	4（4.2%）	22（22.9%）	22（22.9%）	36（37.5%）	12（12.5%）
对城市面貌的改善	2（2.1%）	4（4.2%）	12（12.5%）	44（45.8%）	34（35.4%）
城市交通的可达性	4（4.2%）	16（16.7%）	20（20.8%）	32（33.3%）	24（25.0%）
对所在地区居民交流的影响	4（4.2%）	24（25.0%）	32（33.3%）	26（27.1%）	10（10.4%）
公众支持与参与程度	2（2.1%）	20（20.8%）	28（29.2%）	34（35.4%）	12（12.5%）
对社会治安的影响	10（10.4%）	26（27.1%）	34（35.4%）	20（20.8%）	6（6.3%）
新居住民和原居住民的交流与冲突	18（18.8%）	28（29.2%）	28（29.2%）	12（12.5%）	10（10.4%）
居住环境的变化	4（4.2%）	6（6.3%）	30（31.3%）	40（41.7%）	16（16.7%）
对地价变化的满意程度	2（2.1%）	10（10.4%）	26（27.1%）	42（43.8%）	16（16.7%）
交流休憩空间的舒适度	2（2.1%）	2（2.1%）	38（39.6%）	40（41.7%）	14（14.6%）
设施的完善程度	2（2.1%）	12（12.5%）	14（14.6%）	46（47.9%）	22（22.9%）
设施的管理与维护	6（6.3%）	12（12.5%）	22（22.9%）	38（39.6%）	18（18.8%）
是否节约资源	2（2.1%）	14（14.6%）	14（14.6%）	30（31.3%）	36（37.5%）
对自然环境的破坏 / 修复程度	0（0.0%）	14（14.6%）	26（27.1%）	26（27.1%）	30（31.3%）
内部环境氛围的满意程度	0（0.0%）	6（6.3%）	30（31.3%）	52（54.2%）	8（8.3%）
自然资源综合利用效率	0（0.0%）	14（14.6%）	16（16.7%）	46（47.9%）	20（20.8%）

表格来源：作者自绘

表 2-2　评价指标及其权重调查问卷（市民版）

关注度 问题	不关注	略微关注	一般关注	很关注	特别关注
项目对您或您身边人就业选择带来的影响	41（16.0%）	48（18.8%）	77（30.1%）	57（22.3%）	33（12.9%）
项目对居民收入增加（减少）的影响	25（9.8%）	41（16.0%）	82（32.0%）	68（26.6%）	40（15.6%）
流动人口的变化情况	41（16.0%）	39（15.2%）	80（31.3%）	69（27.0%）	27（10.6%）
常住人口的变化情况	40（15.6%）	50（19.5%）	80（31.3%）	53（20.7%）	33（12.9%）
项目对工业遗址的整体形象的影响	22（8.6%）	27（10.5%）	68（26.6%）	89（34.8%）	50（19.5%）
工业遗产保护保留程度	21（8.2%）	43（16.8%）	61（23.8%）	88（34.4%）	43（16.8%）
工业文化氛围的塑造	16（6.3%）	29（11.3%）	59（23.0%）	89（34.8%）	63（24.6%）
新建与旧建的融合的情况	13（5.1%）	28（10.9%）	53（20.7%）	94（36.7%）	68（26.6%）

续表

问题＼关注度	不关注	略微关注	一般关注	很关注	特别关注
项目对当地人民文化娱乐生活的影响	10（3.9%）	17（6.6%）	54（21.1%）	102（39.8%）	73（28.5%）
项目对文化教育意义的影响	13（5.1%）	23（9.0%）	59（23.0%）	109（42.6%）	52（20.3%）
项目对城市面貌的改善情况	11（4.3%）	16（6.3%）	42（16.4%）	96（37.5%）	91（35.5%）
城市交通对于此处的可达性	7（2.7%）	25（9.8%）	63（24.6%）	94（36.7%）	67（26.2%）
项目对所在地区居民交流的影响	15（5.9%）	27（10.5%）	81（31.6%）	84（32.8%）	49（19.1%）
公众支持与参与情况	18（7.0%）	31（12.1%）	103（40.2%）	69（27.0%）	35（13.7%）
项目是否促进社会治安管理	14（5.5%）	27（10.5%）	61（23.8%）	98（38.3%）	56（21.9%）
项目对新居住民和原居住民交流的影响	25（9.8%）	29（11.3%）	76（29.7%）	85（33.2%）	41（16.0%）
居民居住环境更加适宜与否	6（2.3%）	19（7.4%）	42（16.4%）	105（41.0%）	84（32.8%）
项目对地价变化的影响	12（4.7%）	18（7.0%）	39（15.2%）	106（41.4%）	81（31.6%）
项目交流休憩空间的舒适度	10（3.9%）	18（7.0%）	40（15.6%）	106（41.4%）	82（32.0%）
项目是否节约资源	11（4.3%）	14（5.5%）	61（23.8%）	103（40.2%）	67（26.2%）
项目对自然环境的破坏 / 修复是何种程度	5（2.0%）	17（6.6%）	42（16.4%）	105（41.0%）	87（34.0%）
居民对内部环境氛围的满意程度	8（3.1%）	17（6.6%）	52（20.3%）	100（39.1%）	79（30.9%）
项目对自然资源综合利用效益如何	10（3.9%）	15（5.9%）	64（25.0%）	91（35.5%）	76（29.7%）

表格来源：作者自绘

从总体上看，市民问卷的结果与专家问卷的结果具有较明显的一致性，其区别主要在于，相较于专家而言，市民对各指标的权重赋值较高。但在对个别指标的判断上，专家与市民的意见结果还是体现出了一定的差异性。

（2）评价指标的选择

在“对人口和就业的影响”这个准则层中，从问卷统计结果可以看出无论是专家还是市民，都认为此准则层的重要程度不是很高。但是综合参考上文提出的筛选准则及调查结果，在这个准则层中的前三个指标都应该被纳入评价体系中，而指标“常住人口的密度及变化”由于同时不被专家和市民关注，我们选择将其删除。所以在“对人口与就业的影响”这个准则层里，我们最终选择“就业岗位的变化”“对居民收入的影响”和“流动人口的变化带来的影响”这三个评价指标。

在“对社会文化影响”准则层中，从七个评价指标的打分结果分析，不难发现专家意见与市民意见基本一致，双方对这七个评价指标的关注度都达到了 70% 以上，个别选项甚至在 90% 以上。因此，社会文化影响准则层下的“工业遗址的整体形象”“工业遗产保护保留的程度”“工业文化氛围的塑造”“新建与旧建的融合”“对当地人民文化娱乐的影响”“文化教育意义”“对城市面貌的改善”七个评价指标都被纳入评价体系中。

在“对市民生活的影响”准则层中，专家和市民对该准则层中各指标的关注度基本达到 80%，有些指标的关注度甚至超过了 90%。例如专家和市民对交流空间的舒适度的关注度都很高，这也说明了双方都很重视人与人之间的交流。通过统计结果的分析，综合考虑在该准则层下，我们最终选择“城市交通的可达性”“对所在地区居民交流的影响”“公众支持与参与程度”“居住环境的变化”“对地价变化的满意程度”“交流休憩空间的舒适度”这六个评价指标。

资源与环境始终是我们在任何领域都一直探讨的话题，在评价工业遗产更新项目的社会影响时也不能被忽略。在“对资源环境的影响”指标层中四个评价指标打分的结果显示，无论是专家和市民都对工业遗产更新项目给资源环境带来的影响十分关注，关注度基本都能达到 90% 以上。因此，我们选择“是否节约资源”“对自然环境的破坏 / 修复程度”“内部环境氛围的满意程度”“自然资源综合利用效益”全部这四个评价指标。

（3）建立层次模型

根据上文中对专家问卷及市民问卷结果的统计和分析，最终筛选出所有评价指标并建立工业遗产更新项目社会影响后评价层次模型，如图 2–1 所示。

（4）权重的计算与评价模型的建立

建立层次模型只是第一步，还应进行权重的确定才能得出最终的评价模型。在进行权重的确定时，我们首先要确定的是以专家意见为标准，市民意见固然重要，但是对于各评价指标的赋值，专家的理解更加深刻，因此他们的回答更具权威性。确定权重时，我们仅选择专家问卷结果中 5 分以上的数据进入统计，因此对于 A 指标的权重，其计算方法如下：

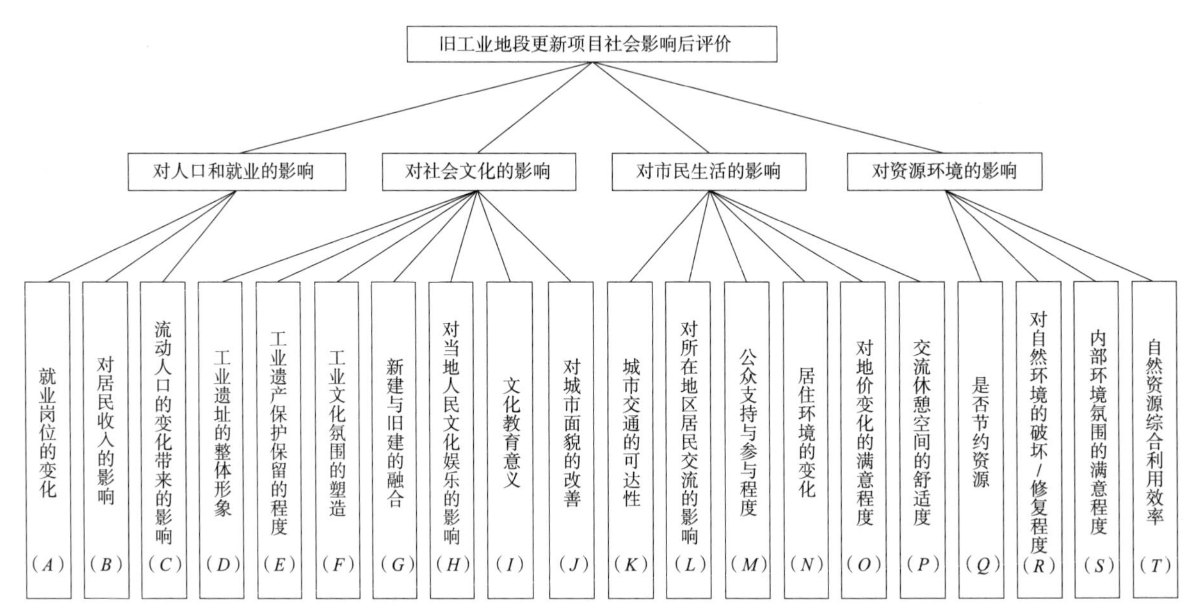

图 2-1 工业遗产更新项目社会影响后评价层次模型
（图片来源：作者自绘）

$$I_A=\frac{5\times A_5+7\times A_7+9\times A_9}{5\times（A_5+B_5+\cdots+T_5）+7\times（A_7+B_7+\cdots+T_7）+9\times（A_9+B_9+\cdots+T_9）}\quad(2\text{–}1)$$

式中　I_A——A 指标的权重；

A_5、A_7、A_9——A 指标在 5 分、7 分、9 分三个档位的评价比率。

例如，依据表 2–1 中的专家打分数据，“工业遗址的整体形象”这一评价指标的权重

$$I_D=\frac{5\times0.208+7\times0.354+9\times0.375}{5\times（0.188+0.167+\cdots+0.167）+7\times（0.375+0.375+\cdots+0.479）+9\times（0.104+0.63+\cdots+0.208）}$$

$$=0.062$$

求出各评价指标权重数值后，一个准则层里各个指标之和即为该准则层的权重，最终得出工业遗产更新项目社会影响后评价的评价模型见表 2–3。

以上即为工业遗产更新项目社会影响后评价体系，今后在对某一工业遗产更新项目进行社会影响后评价时，就可以让市民对此问卷的指标打分，

表 2-3　工业遗产更新项目社会影响后评价模型

<table>
<tr><th rowspan="2">目标层</th><th colspan="2">准则层</th><th colspan="3">指标层</th></tr>
<tr><th>名称</th><th>权重</th><th>编号</th><th>名称</th><th>权重</th></tr>
<tr><td rowspan="20">旧工业地段更新项目社会影响</td><td rowspan="3">对人口和就业的影响</td><td rowspan="3">0.11</td><td>A</td><td>就业岗位的变化</td><td>0.041</td></tr>
<tr><td>B</td><td>对居民收入的影响</td><td>0.036</td></tr>
<tr><td>C</td><td>流动人口的变化带来的影响</td><td>0.029</td></tr>
<tr><td rowspan="7">对社会文化的影响</td><td rowspan="7">0.37</td><td>D</td><td>工业遗址的整体形象</td><td>0.062</td></tr>
<tr><td>E</td><td>工业遗存保护保留的程度</td><td>0.059</td></tr>
<tr><td>F</td><td>工业文化氛围的塑造</td><td>0.055</td></tr>
<tr><td>G</td><td>新建与旧建的融合</td><td>0.05</td></tr>
<tr><td>H</td><td>对当地人民文化娱乐的影响</td><td>0.04</td></tr>
<tr><td>I</td><td>文化教育意义</td><td>0.044</td></tr>
<tr><td>J</td><td>对城市面貌的改善</td><td>0.062</td></tr>
<tr><td rowspan="6">对市民生活的影响</td><td rowspan="6">0.3</td><td>K</td><td>城市交通的可达性</td><td>0.051</td></tr>
<tr><td>L</td><td>对所在地区居民交流的影响</td><td>0.041</td></tr>
<tr><td>M</td><td>公众支持与参与程度</td><td>0.046</td></tr>
<tr><td>N</td><td>居住环境的变化</td><td>0.054</td></tr>
<tr><td>O</td><td>对地价变化的满意程度</td><td>0.053</td></tr>
<tr><td>P</td><td>交流休憩空间的舒适度</td><td>0.056</td></tr>
<tr><td rowspan="4">对资源环境的影响</td><td rowspan="4">0.22</td><td>Q</td><td>是否节约资源</td><td>0.057</td></tr>
<tr><td>R</td><td>对自然环境的破坏 / 修复程度</td><td>0.055</td></tr>
<tr><td>S</td><td>内部环境氛围的满意程度</td><td>0.055</td></tr>
<tr><td>T</td><td>自然资源综合利用效率</td><td>0.055</td></tr>
</table>

表格来源：作者自绘

最后各项分值乘以各指标权重，再把每项数值相加即是此工业遗产更新项目的社会影响后评价结果。必须要指出的是，建立此评价模型只是第一步，在此基础上，对不同类型的项目进行评价，总结其在社会影响方面的规律，并使之能够指导今后的决策——而这才是本研究的根本目的，也是我们今后努力的方向。

2.4 评价结果——以北京工业遗产更新项目为例

2.4.1 北京工业遗产更新项目发展现状

中华人民共和国成立之前，北京一直都是以消费为主的城市。对比近代工业发展较早的城市，例如上海、南京、武汉、沈阳等，其工业基础比较薄弱。中华人民共和国成立之后，受国家政策的影响，北京开始从消费城市向生产城市转变，其工业，特别是重工业迅速发展，很快成为一个重要的工业基地，在很多领域处于全国领先水平，比如钢铁、棉纺、电子等。

20 世纪 80 年代以后，一是因为产业结构升级、城市发展再转型，二是为了 2008 年的北京奥运会的成功举办，相关部门要求许多工业企业停产或外迁。20 世纪，对于工业遗产的更新往往只是简单的推倒重来，导致很多有价值的工业建构筑物、工业设施设备被拆除甚至被毁坏，这也逐渐引起了部分学者和有关部门的关注。2006 年开始，对北京重点工业区和工业遗产现状进行了研究，探索了对其的保护体系、分级管理的办法，颁布了一系列办法、导则和标准来对其认定、保护和再利用，形成了一套适合北京的工业遗产保护再利用体系。

2006 年，北京颁布《利用工业资源发展文化创意产业》的指导意见，北京工业遗产更新的项目也越来越多。其主要的经营产业多为媒体、艺术、设计、高科技等行业，形成了相当大的规模和影响力。

有数据表明，北京中心城区的工业用地仍有 40km^2，工业企业还有 1200 多家，工业建筑面积有 2700 万 m^2。北京工业遗产更新的基础很好，且有明确的目标。所以，北京在工业遗产更新方面有很好的发展前景。

2.4.2 评价对象的选择

从本项目组已有的研究来看，北京市工业遗产更新项目的业态类型主要可以分为展览馆、办公、创意产业园、餐厅、酒店会所这五大类型，其分别占总数的 18%、19%、30%、8%、10%。而其他业态类型，如居住区、都市工业、公园等，由于项目较少易形成孤例而无法排除偶然因素，故在本书中不做研究。

作者在前期实地走访的基础上，排除掉一部分不适合进行进一步调查研究的改造更新项目，在上述五大业态类型的项目中分别筛选出了 3~4 个具有代表性的项目进行了社会影响后评价问卷调查，具体见表 2–4。

表 2–4　本研究评价对象

业态类型	项目名称			
展览馆	今日美术馆	民生现代美术馆	悦・美术馆	龙徽酒博物馆
办公	新华 1949	恒通国际创新园	墨臣建筑设计事务所	酒厂 ART 国际艺术园
创意产业园	77 文创园	北京 798 艺术区	方家胡同 46 号院	竞园图片产业园
餐厅	1949 餐厅	北京五方院精品湘菜馆	德厚院精品私房菜	
酒店会所	“旬”会所	时光漫步酒店	北京炮局工厂青年旅舍	

表格来源：作者自绘

2.4.3　评价结果

以前文所述的评价模型为依据，项目组对上述表格中的项目进行了大量的问卷调查，得到了翔实的数据，由于篇幅所限，在每一业态类型中选择一个项目对评价结果进行详细介绍。

（1）展览馆类项目社会影响后评价——以今日美术馆为例

作者在今日美术馆及周边发放问卷 100 份，收回有效问卷 90 份。问卷中各评价因子得分统计见表 2–5。

表 2–5　今日美术馆各评价因子得分统计表

准则层		指标层				
名称	加权得分	编号	名称	得分	权重	加权得分
对人口和就业的影响	0.44	A	就业岗位的变化	4.36	0.041	0.18
		B	对居民收入的影响	3.67	0.036	0.13
		C	流动人口的变化带来的影响	4.36	0.029	0.13

续表

准则层		指标层				
名称	加权得分	编号	名称	得分	权重	加权得分
对社会文化的影响	2.31	D	工业遗址的整体形象	6.79	0.062	0.42
		E	工业遗产保护保留的程度	5.14	0.059	0.30
		F	工业文化氛围的塑造	4.60	0.055	0.25
		G	新建与旧建的融合	6.59	0.050	0.33
		H	对当地人民文化娱乐的影响	6.73	0.040	0.27
		I	文化教育意义	7.21	0.044	0.32
		J	对城市面貌的改善	6.73	0.062	0.42
对市民生活的影响	1.72	K	城市交通的可达性	5.00	0.051	0.26
		L	对所在地区居民交流的影响	5.90	0.041	0.24
		M	公众支持与参与程度	6.47	0.046	0.30
		N	居住环境的变化	6.47	0.054	0.35
		O	对地价变化的满意程度	4.00	0.053	0.21
		P	交流休憩空间的舒适度	6.59	0.056	0.37
对资源环境的影响	1.39	Q	是否节约资源	5.76	0.057	0.33
		R	对自然环境的修复程度	5.93	0.055	0.33
		S	内部环境氛围的满意程度	7.29	0.055	0.40
		T	自然资源综合利用效率	6.07	0.055	0.33
总分	5.9					

表格来源：作者自绘

今日美术馆社会影响后评价得分为 5.9 分，属于中高分值，除了对人口和就业的影响略逊一筹以外，在其他方面还是给该城市带来了积极正面的影响，尤其是极具文化教育意义。

（2）办公类项目社会影响后评价——以新华 1949 为例

作者在新华 1949 及周边发放问卷 95 份，收回有效问卷 90 份。问卷中各评价因子得分统计见表 2–6。

“新华 1949”项目综合评价得到了 6 分的高分，在 4 个准则层几乎没有弱项。作为办公园区，内部配套设施齐全，食堂健身等空间一应俱全，从其极高的出租率就可以看出园区的受欢迎程度。在其中办公的人员对该

表 2-6　新华 1949 各评价因子得分统计表

准则层		指标层				
名称	加权得分	编号	名称	得分	权重	加权得分
对人口和就业的影响	0.57	A	就业岗位的变化	6.45	0.041	0.26
		B	对居民收入的影响	4.64	0.036	0.17
		C	流动人口的变化带来的影响	4.70	0.029	0.14
对社会文化的影响	2.22	D	工业遗址的整体形象	7.42	0.062	0.46
		E	工业遗产保护保留的程度	5.12	0.059	0.30
		F	工业文化氛围的塑造	5.24	0.055	0.29
		G	新建与旧建的融合	6.64	0.050	0.33
		H	对当地人民文化娱乐的影响	5.42	0.040	0.22
		I	文化教育意义	4.94	0.044	0.22
		J	对城市面貌的改善	6.58	0.062	0.41
对市民生活的影响	1.76	K	城市交通的可达性	6.15	0.051	0.31
		L	对所在地区居民交流的影响	5.18	0.041	0.21
		M	公众支持与参与程度	6.39	0.046	0.29
		N	居住环境的变化	5.61	0.054	0.30
		O	对地价变化的满意程度	4.70	0.053	0.25
		P	交流休憩空间的舒适度	6.94	0.056	0.39
对资源环境的影响	1.45	Q	是否节约资源	6.03	0.057	0.34
		R	对自然环境的修复程度	6.58	0.055	0.36
		S	内部环境氛围的满意程度	7.30	0.055	0.40
		T	自然资源综合利用效率	6.21	0.055	0.34
总分	6.0					

表格来源：作者自绘

项目表示很满意，附近的居民也给予了该项目极大的认可。可见“新华 1949”项目在社会影响方面是一个很成功的工业遗产更新实例。

（3）创意产业园类项目社会影响后评价——以 77 文创园为例

作者在 77 文创园及周边发放问卷 100 份，收回有效问卷 99 份。问卷中各评价因子得分统计见表 2-7。

77 文创园总分 6.5 分，这是所有项目中得分最高的。从数据上来看，

表 2-7 77 文创园各评价因子得分统计表

准则层		指标层				
名称	加权得分	编号	名称	得分	权重	加权得分
对人口和就业的影响	0.53	A	就业岗位的变化	5.67	0.041	0.23
		B	对居民收入的影响	3.90	0.036	0.14
		C	流动人口的变化带来的影响	5.47	0.029	0.16
对社会文化的影响	2.68	D	工业遗址的整体形象	7.80	0.062	0.48
		E	工业遗产保护保留的程度	6.67	0.059	0.39
		F	工业文化氛围的塑造	7.73	0.055	0.43
		G	新建与旧建的融合	8.27	0.050	0.41
		H	对当地人民文化娱乐的影响	6.40	0.040	0.26
		I	文化教育意义	7.27	0.044	0.32
		J	对城市面貌的改善	6.33	0.062	0.39
对市民生活的影响	1.79	K	城市交通的可达性	6.47	0.051	0.33
		L	对所在地区居民交流的影响	5.33	0.041	0.22
		M	公众支持与参与程度	6.80	0.046	0.31
		N	居住环境的变化	5.14	0.054	0.28
		O	对地价变化的满意程度	4.67	0.053	0.25
		P	交流休憩空间的舒适度	7.27	0.056	0.41
对资源环境的影响	1.50	Q	是否节约资源	6.13	0.057	0.35
		R	对自然环境的修复程度	7.00	0.055	0.39
		S	内部环境氛围的满意程度	7.47	0.055	0.41
		T	自然资源综合利用效率	6.47	0.055	0.36
总分	6.5					

表格来源：作者自绘

这个项目基本每个评价因子都得到了很高的评价，尤其是“社会文化方面”给这个城市带来了极大的积极影响。项目有着很高的公众支持度与认可程度，来此参观的游客络绎不绝，在此办公的人员也充满幸福感，是一个极其成功的更新实例。

（4）餐厅类项目社会影响后评价——以 1949 餐厅为例

作者在 1949 餐厅及周边发放问卷 20 份，收回有效问卷 20 份。问卷中各评价因子得分统计见表 2-8。

表 2-8　1949 餐厅各评价因子得分统计表

准则层		指标层				
名称	加权得分	编号	名称	得分	权重	加权得分
对人口和就业的影响	0.43	A	就业岗位的变化	3.87	0.041	0.16
		B	对居民收入的影响	3.27	0.036	0.12
		C	流动人口的变化带来的影响	5.33	0.029	0.15
对社会文化的影响	2.20	D	工业遗址的整体形象	7.13	0.062	0.44
		E	工业遗产保护保留的程度	5.47	0.059	0.32
		F	工业文化氛围的塑造	6.00	0.055	0.33
		G	新建与旧建的融合	6.27	0.050	0.31
		H	对当地人民文化娱乐的影响	6.60	0.040	0.26
		I	文化教育意义	3.27	0.044	0.14
		J	对城市面貌的改善	6.13	0.062	0.38
对市民生活的影响	1.80	K	城市交通的可达性	5.93	0.051	0.30
		L	对所在地区居民交流的影响	6.33	0.041	0.26
		M	公众支持与参与程度	6.20	0.046	0.29
		N	居住环境的变化	6.07	0.054	0.33
		O	对地价变化的满意程度	4.53	0.053	0.24
		P	交流休憩空间的舒适度	6.80	0.056	0.38
对资源环境的影响	1.37	Q	是否节约资源	5.60	0.057	0.32
		R	对自然环境的修复程度	6.40	0.055	0.35
		S	内部环境氛围的满意程度	7.00	0.055	0.39
		T	自然资源综合利用效率	5.73	0.055	0.32
总分	5.8					

表格来源：作者自绘

1949 餐厅总分得分 5.8 分，是一个不错的分数。项目虽然小，可是它却做得极为精致，尽管没有过多的宣传，却以它的品质吸引着无数新老消费者，得到了大家的一致认可，给这个城市带了不错的社会影响。

（5）酒店类项目社会影响后评价——以“旬”会所为例

作者在“旬”会所发放问卷 80 份，收回有效问卷 80 份。问卷中各评价因子得分统计见表 2-9。

“旬”会所得分 5.4 分，属于中等偏高的分数。尽管整个项目做得非常

表 2-9 “旬”会所各评价因子得分统计表

准则层		指标层				
名称	加权得分	编号	名称	得分	权重	加权得分
对人口和就业的影响	0.42	A	就业岗位的变化	4.80	0.041	0.20
		B	对居民收入的影响	3.20	0.036	0.12
		C	流动人口的变化带来的影响	3.70	0.029	0.11
对社会文化的影响	1.95	D	工业遗址的整体形象	7.40	0.062	0.46
		E	工业遗产保护保留的程度	4.20	0.059	0.25
		F	工业文化氛围的塑造	5.00	0.055	0.28
		G	新建与旧建的融合	5.90	0.050	0.30
		H	对当地人民文化娱乐的影响	4.40	0.040	0.18
		I	文化教育意义	3.90	0.044	0.17
		J	对城市面貌的改善	5.30	0.062	0.33
对市民生活的影响	1.54	K	城市交通的可达性	4.40	0.051	0.22
		L	对所在地区居民交流的影响	4.00	0.041	0.16
		M	公众支持与参与程度	6.50	0.046	0.30
		N	居住环境的变化	4.40	0.054	0.24
		O	对地价变化的满意程度	4.40	0.053	0.23
		P	交流休憩空间的舒适度	6.80	0.056	0.38
对资源环境的影响	1.45	Q	是否节约资源	5.90	0.057	0.34
		R	对自然环境的修复程度	6.60	0.055	0.36
		S	内部环境氛围的满意程度	7.30	0.055	0.40
		T	自然资源综合利用效率	6.40	0.055	0.35
总分	5.4					

表格来源：作者自绘

精巧，是理想的婚宴及高端活动场所，深受年轻人们的喜爱，但正是由于其定位较为高端，会所也比较私人化，所以项目对所在地居民的文化娱乐和相互交流的影响力不是很大，文化教育意义不大。

2.5 评价结果的比较

2.5.1 整体情况分析

从总体上看，公众对于北京这些工业遗产更新项目的社会影响是予以积极肯定的正面评价的，只有个别项目得分偏低。然而在调查问卷的打分上，公众或多或少存在着比较保守的现象，赋值上往往选择了 3、5、7 这三个中间分值，故各项目的评价结果分值差异并不是很大。

项目具体得分情况如图 2–2 所示。

从图 2–2 中可以看出，所有 18 个更新项目的得分都集中在 4~7 分之间，得分超过 6 分的有 3 个项目，其中两个为创意产业园类，77 文创园更是得到了 6.5 分居于这 18 个项目的榜首。低于 5 分的项目有 3 个，其中两个为展览馆类，一个为办公类，龙徽酒博物馆项目得分在 18 个项目中最低，为 4.4 分。其余项目得分全部位于 5~6 分之间。而在同类项目之间差异方面，创意产业园类、餐厅类、酒店会所类三种业态类型差异较小，其中酒店会所类差异只有 0.3 分。但展览馆类、办公类这两种业态类型差异较大，特别是展览馆类，最高得分与最低得分的差异达到了 1.5 分，体现了较强的个体性。

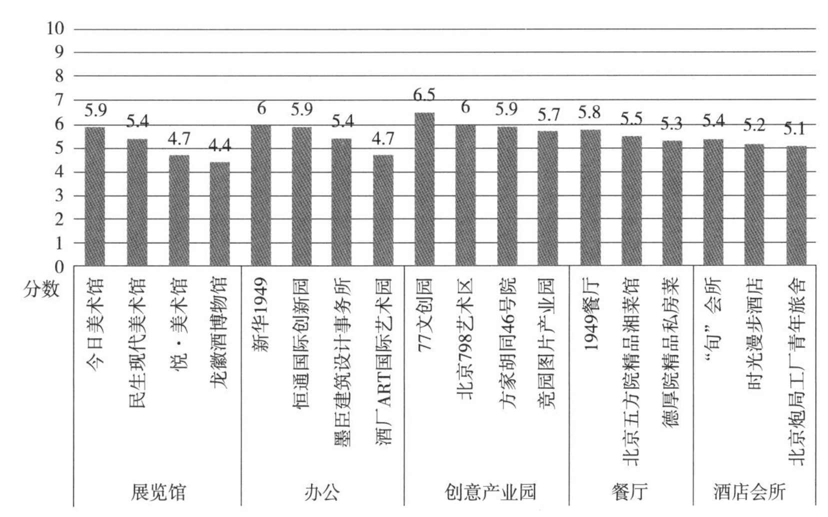

图 2–2 北京工业遗产更新项目社会影响后评价各项目得分

（图片来源：作者自绘）

2.5.2　各准则层社会影响后评价结果比较

作者就调研数据分别从评价模型的四个准则层，即对“人口和就业的影响”“对社会文化的影响”“对市民生活的影响”和“对资源环境的影响”四个方面入手，进一步研究，经过加权计算后得出了各类更新项目在这四个方面得分的平均值。

从图 2–3 中可以比较清晰地看出，在“对人口和就业的影响”方面，创意产业园和办公类项目显然更有优势；在“对社会文化的影响”上，创意产业园类项目表现得尤为突出；在“对市民生活的影响”上，餐厅类项目带来的正面影响更大一些，创意产业园类项目次之；而在“对资源环境的影响”上差异不是很大，创意产业园类和酒店会所类项目要稍好一些。

是什么造成了上述得分的差异？为了探究这个问题，作者对这四个准则层中的各指标层，即每一项评价因子的得分进行了更细致的统计与分析。

（1）对人口和就业的影响

对人口和就业的影响各评价因子加权得分如图 2–4 所示。

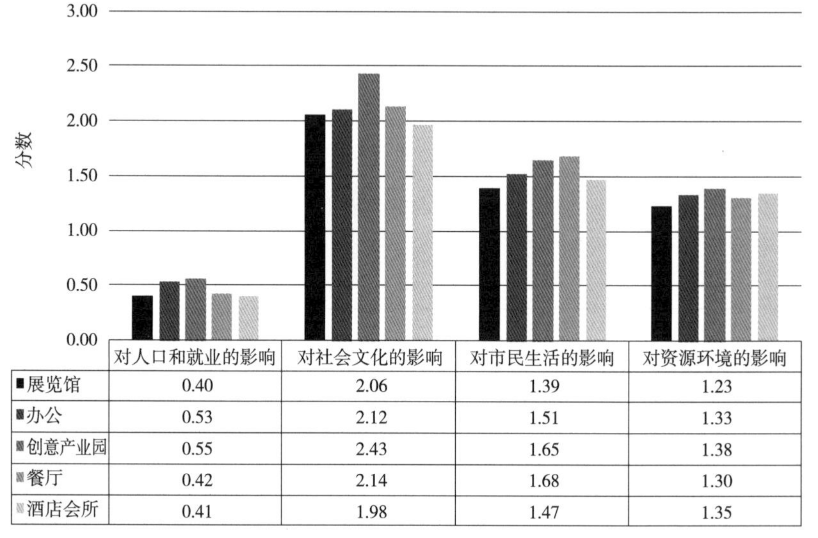

	对人口和就业的影响	对社会文化的影响	对市民生活的影响	对资源环境的影响
展览馆	0.40	2.06	1.39	1.23
办公	0.53	2.12	1.51	1.33
创意产业园	0.55	2.43	1.65	1.38
餐厅	0.42	2.14	1.68	1.30
酒店会所	0.41	1.98	1.47	1.35

图 2–3　各准则层加权得分

（图片来源：作者自绘）

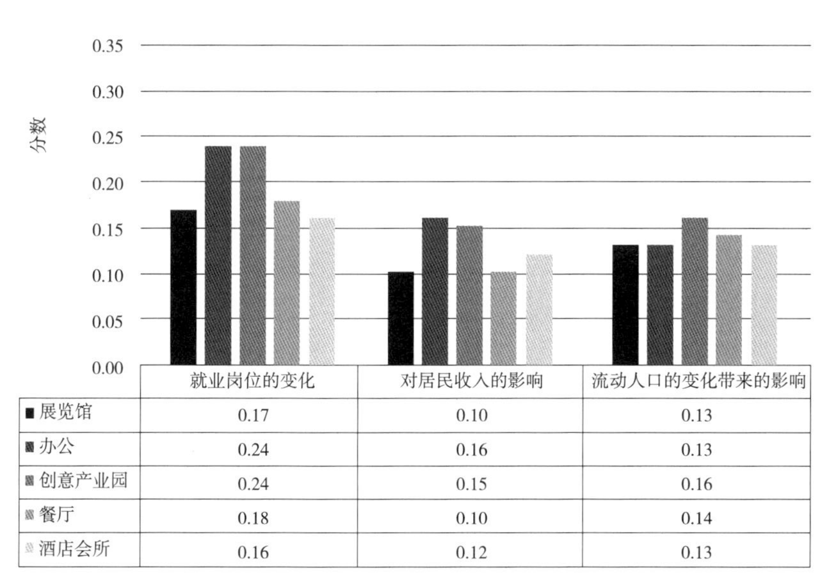

	就业岗位的变化	对居民收入的影响	流动人口的变化带来的影响
展览馆	0.17	0.10	0.13
办公	0.24	0.16	0.13
创意产业园	0.24	0.15	0.16
餐厅	0.18	0.10	0.14
酒店会所	0.16	0.12	0.13

图 2-4　对人口和就业的影响各评价因子加权得分

（图片来源：作者自绘）

通过图 2-4 不难发现，人口和就业方面的 3 个评价因子得分都不是很高。

对就业岗位的变化方面，办公和创意产业园类项目得分较高，说明这两类项目可以给该城市创造大量的就业机会和条件。在实地调研的过程中，作者了解到，这几个办公类的项目出租率都保持在 90% 以上，且有很多国内外知名企业和公司在这里办公。创意产业园类项目出租率基本达到 95%，园区内的产业类型也比较丰富，办公、展览、餐饮、休闲一应俱全，所以也带来了更多的就业岗位。而展览馆、餐饮和酒店会所类更新项目由于自身业态类型的局限性，虽然也能提供一定数量的就业岗位，但规模较小。

对居民收入的影响上，办公和创意产业园类项目因为带来了较多的就业岗位，故随之给一部分居民带来了更多的收入。而展览馆、餐厅和酒店会所类项目得分较低，显然对居民的收入没有带来什么实质影响。

对流动人口的变化方面，创意产业园类项目得分较高，实地调研中发现，由于其业态类型的特殊性，加之各项目的宣传比较到位，带来了大量的流动人口，但其得分并没有与流动人口的绝对数量成正比。经了解，对于园区的经营者和一部分使用者来说，流动人口给他们带来了较多的利

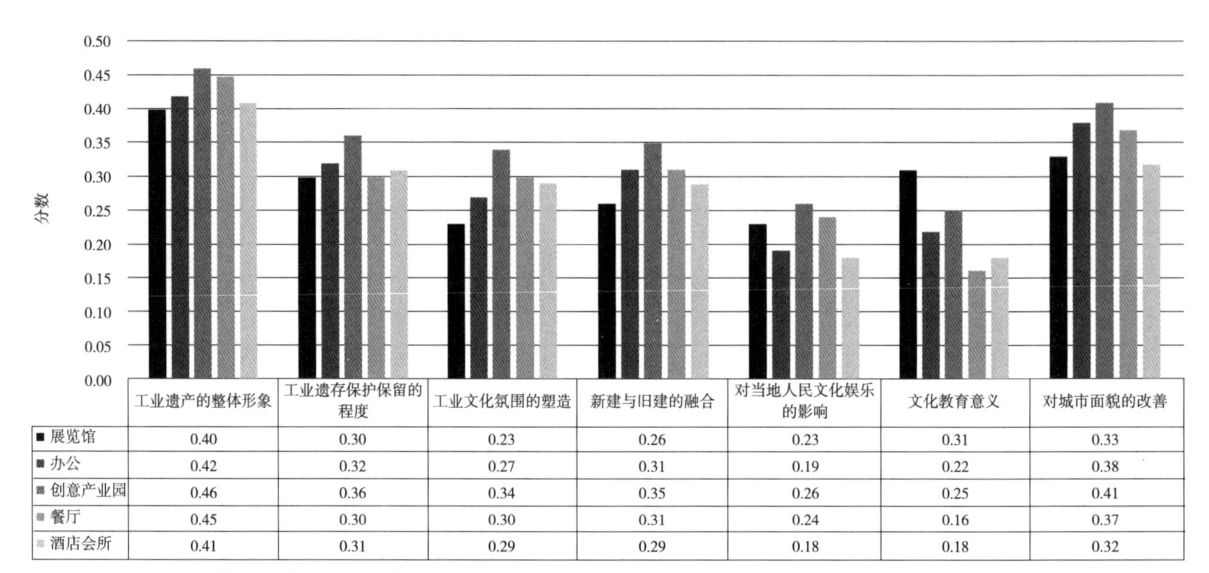

	工业遗产的整体形象	工业遗存保护保留的程度	工业文化氛围的塑造	新建与旧建的融合	对当地人民文化娱乐的影响	文化教育意义	对城市面貌的改善
展览馆	0.40	0.30	0.23	0.26	0.23	0.31	0.33
办公	0.42	0.32	0.27	0.31	0.19	0.22	0.38
创意产业园	0.46	0.36	0.34	0.35	0.26	0.25	0.41
餐厅	0.45	0.30	0.30	0.31	0.24	0.16	0.37
酒店会所	0.41	0.31	0.29	0.29	0.18	0.18	0.32

图 2-5 对社会文化的影响各评价因子加权得分
（图片来源：作者自绘）

益，但对于一部分项目周边的市民来说，却给他们的生活带来一定程度上的困扰，尤其是在交通和物价方面。比如方家胡同 46 号院项目，自从有了这个更新项目，大量的来往车辆带来了一定程度上的交通问题，给他们的生活带来了不便，周边的店铺也渐渐商业化，传统胡同的生活气息渐渐消失。

（2）对社会文化的影响

对社会文化的影响各评价因子加权得分如图 2-5 所示。

从图 2-5 中可以反映出各类项目对社会文化的影响普遍较好，但有个别因子得分差距大。

工业遗产的整体形象方面，所有类型的项目评价得分都非常高，尤其是创意产业园和餐厅类更新项目，说明北京工业遗产的更新项目在初期的策划设计和后期的运营阶段都很用心，并得到了市民和使用者的普遍认可。

工业遗产保护保留的程度、工业文化氛围的塑造、新建与旧建的融合和对城市面貌的改善这四个方面的得分情况较为相似，只有创意产业园类项目得分远高于其他类型，规模大容易形成一定的影响。经调研发现，大部分项目的改造力度比较大，虽然整体上有工业氛围，但并不浓厚，之前的企业文化保留情况也不乐观，加之有一部分公众对工业遗产的更新并不关注和了解，这就造成了一部分调查对象并不知道这些项目是工业遗产的更新项目，以为这只是顺应人们怀旧的潮流而故意营造的一种氛围和风格而已，因此，其得分不高也就不足为怪了。同时，经过近些年的实践与摸索，旧工业项目改造的设计手法渐渐成熟，受到了一定程度的欢迎与追捧，给城市面貌带来了不少积极影响。

文化教育意义方面，展览馆类项目显然得分较高，除了有大量的展览活动以外，这几个展览馆均为很多高校的实践基地，同时也会为中小学生组织各类文娱活动。创意产业园和办公类项目中会涉及一些类似于艺术、设计、影视等专业领域，故也能带来一部分文化教育意义。

（3）对市民生活的影响

对市民生活的影响各评价因子加权得分如图 2–6 所示。

通过图 2–6 发现，北京各更新项目对市民生活的影响有好有坏，从整体上来看，对公众支持与参与程度、交流休憩空间的舒适度评价较高，而对地价的变化不太满意。

城市交通的可达性方面，餐厅类项目较好，可能是餐厅自身需要在交通可达性较好的地段才能更好地经营，选址较为关注。创意产业园类

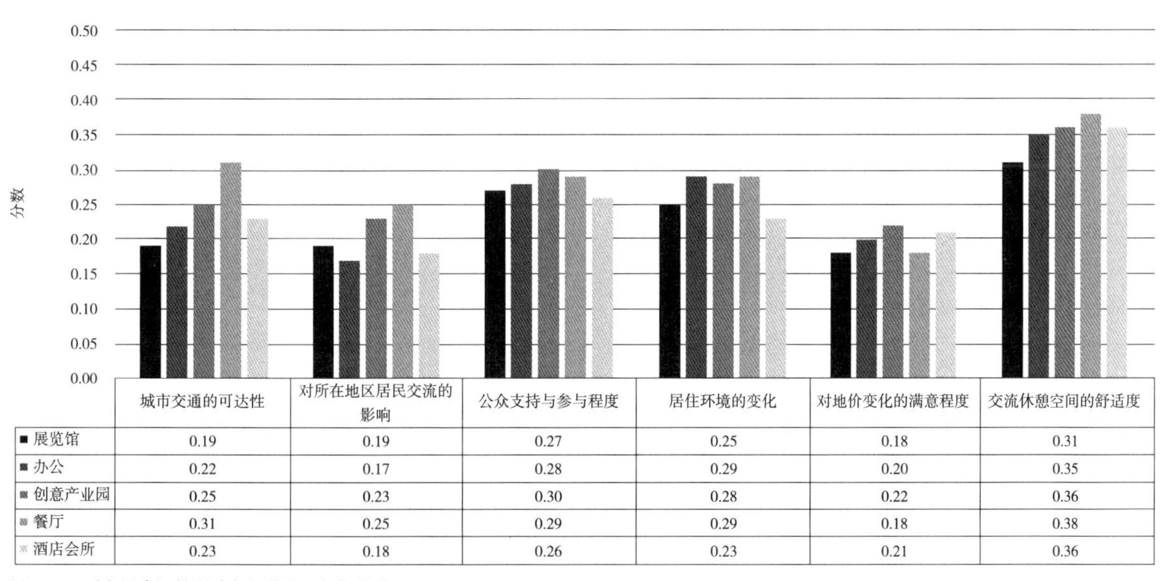

	城市交通的可达性	对所在地区居民交流的影响	公众支持与参与程度	居住环境的变化	对地价变化的满意程度	交流休憩空间的舒适度
■ 展览馆	0.19	0.19	0.27	0.25	0.18	0.31
■ 办公	0.22	0.17	0.28	0.29	0.20	0.35
■ 创意产业园	0.25	0.23	0.30	0.28	0.22	0.36
■ 餐厅	0.31	0.25	0.29	0.29	0.18	0.38
■ 酒店会所	0.23	0.18	0.26	0.23	0.21	0.36

图 2–6　对市民生活的影响各评价因子加权得分

（图片来源：作者自绘）

项目由于规模较大，经过一段时间的经营，大到公共交通线路，小至道路宽度，确实给交通可达性带来了好的影响，而得分没有达到预期的原因是有个别项目身处闹市区，尽管地铁站公交站环绕，但不适合开车至此地。

对所在地区居民交流的影响方面，餐厅和创意产业园类项目得分较高。不管是闲聊家常还是商务洽谈，我们更喜欢边吃边聊，所以餐饮类更新项目给大家创造了这个条件，对居民的交流有促进作用。创意产业园类项目中除了餐饮，还有很大一部分是专业性质的展馆、沙龙和工作室，有力地带动了相关人群的交流。除此以外，创意产业园的开放性比较强，园区内除了来此处目的性比较强的人员外，还有一些附近的居民会在此休闲，更是加强了当地居民的交流。展览馆类项目吸引的人群仅仅是对此类展览有兴趣的相关人士，但也加强了这类人群的交流。而办公和酒店会所类项目由于其自身的封闭性，故得分不是很高。

对于地价的变化程度，各种类型的项目得分普遍偏低。作者认为分数低并不代表没有带动地价变化，而正是由于带动了地价的变化，使得市民觉得不太能够接受。调研时会有市民表示为了在此地上班方便，在周边租房每月的开销就达 1 万元以上。因此，市民对工业遗产更新项目对周边房价、地价的拉动呈现出一种不适应的状态。

（4）对资源环境的影响

对资源环境的影响各评价因子加权得分情况如图 2–7 所示。

从图 2–7 看出公众对工业遗产更新项目对资源环境的影响方面普遍表示很满意，各业态类型的差距不是很大。这说明，公众认为将工业遗产进行更新改造对于资源环境方面是有很大的积极影响的。其中更是对内部环境氛围表示非常满意，给予了此类项目的开发者和设计者很大的肯定。在是否节约资源、对自然环境的修复程度和自然资源综合利用效率三个方面也纷纷表示，尽管不清楚这类更新项目对资源的节约和环境的修复程度到底是多少，但是这类改造肯定是有深远意义的。

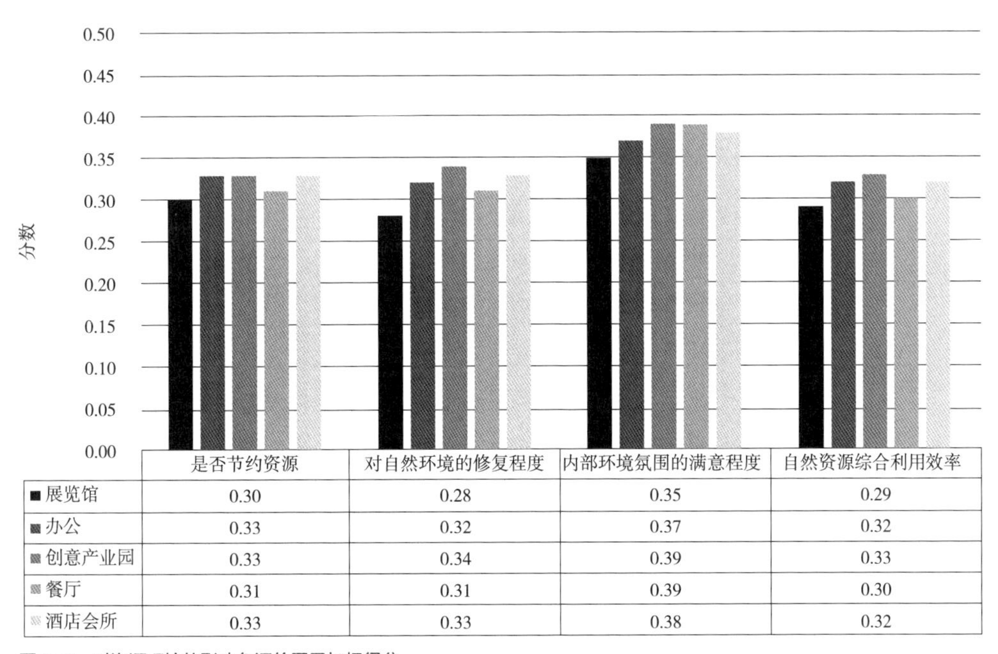

	是否节约资源	对自然环境的修复程度	内部环境氛围的满意程度	自然资源综合利用效率
展览馆	0.30	0.28	0.35	0.29
办公	0.33	0.32	0.37	0.32
创意产业园	0.33	0.34	0.39	0.33
餐厅	0.31	0.31	0.39	0.30
酒店会所	0.33	0.33	0.38	0.32

图 2-7　对资源环境的影响各评价因子加权得分
（图片来源：作者自绘）

第3章

工业遗产更新项目社区活力后评价

Community Vitality Post Evaluation of Industrial Heritage Renewal Project

目前在国内已实施的工业遗产更新项目中，不同更新项目间的活力存在着不同的差异，直接表现为人流量差异较大的现象。而社区活力是评价更新项目成败的关键因素之一，影响着已实施的更新项目中诸如经济效益、社会效益等各项收益，社区活力较弱极有可能使更新项目陷入衰败之中。可见，对工业遗产更新项目进行社区活力的评价，对其人流量进行统计，分析其人流量的变化规律，并尝试为国内还未规划或即将更新的类似项目提供一定的决策依据，显得尤为重要。

3.1 缘起

3.1.1 研究背景

本研究小组在对工业遗产更新项目实地走访时发现，部分项目并未达到预期规划效果，直接表现为项目建成后人流量存在差异较大的现象。以研究小组对唐山启新 1889 创意文化园的多次实地勘察为例，该项目是以对市民开放的创意休闲娱乐为主题的公共活动场所，但在工作日，除来此上班的工作人员外，几乎没有其他市民来此活动；而节假日的人流量虽有所升高，但与项目区整体规模和容量相比仍明显不足。而相比之下，位于一线城市、与唐山启新 1889 创意文化园更新后业态类型相同的北京大山子 798 艺术区，不仅节假日和普通休息日人流量均较高，且平时工作日项目区对市民仍具有一定的吸引力，整体活力较高。可见，虽然更新项目的业态类型相似，但因所处城市不同，其活力也会有所不同，直接表现为其人流量会出现差异较大的现象。

在同属一线城市的不同业态类型更新项目中，其活力同时也存在较大差异。以与 798 项目同属北京地区的今日美术馆为例，其业态类型为展览馆类更新项目。以研究小组长期对两个项目的调研发现，今日美术馆人流量与 798 项目相比差距明显，且其自身的工作日与休息日社区活力也存在不小差距。可见，同属一线城市北京中的两个不同业态类型更新项目，其社区活力也存在较大差别，直接表现为人流量的不同。而据研究小组对国内众多城市的更新项目长期调查来看，这种项目间社区活力的高低是普遍存在的，直接表现为项目间人流量多少的现象。

3.1.2 研究现状及动态

近年来，国内外对于工业遗产更新项目的重视程度逐渐上升，关于已实施的更新案例和研究的论文也呈上升趋势，说明对于该类项目无论在理论研究还是实践案例上都取得了实质性的进展。而对于社区活力的研究，尤其是人流量的变化规律研究来说，针对工业遗产更新的专项研究还未有涉及，但国内外对于人流量统计的方法和技术手段的研究均有不同程度的进展和应用实例。

而国内外关于工业遗产更新项目人流量的统计，以及不同项目间人流量数据的对比分析，也尚属空白，且人流量能直接影响更新完成后不同业态类型更新项目的各项收益。因此，基于人流量分析，对工业遗产更新项目业态类型选择的策略性研究，进而对其项目更新后社区活力的评价，可以成为此类研究的一个重要方向。

传统上对一个建成项目的人流量调查，往往是对项目区内的人流量进行抽样统计，并比较得出结果。因此，传统对人流量统计工作是一个烦琐的过程,需要消耗大量的人力、物力。随着多元数据信息时代的到来及发展，基于大数据应用的城市研究与规划研究的数量日益增多，对于城市居民位置数据（包括社交网络、公交刷卡、GPS、智能手机等数据）的获取和分析也较以往更加精准和便利。

伴随大数据时代的到来,众多利用大数据应用的实践案例也随之增多。我们可以看出人们的出行记录信息、位置定位信息、手机信令数据信息为城市规划及设计领域提供了新的研究方法与思路，也为本文中以人流量为着眼点去研究社区活力，对工业遗产更新项目业态选择更新策略研究提供了方法和技术支持。

3.1.3 目的与意义

（1）研究的目的

利用“大数据”的技术方法和人流量监测软件，对一定量的更新项目进行人流量的统计。逐一分析单个项目人流量变化的规律，并结合分类方式对不同项目的人流量数据进行对比分析，探究人流量产生差异的影响因素，并着眼于人流量提升，提高社区活力，进而提出针对不同城市类型的工业遗产更新项目业态选择的更新策略。

（2）研究的意义

1）通过以人流量为角度，对已实施的工业遗产更新项目进行研究，突破了大多数站在纯粹建筑学及规划学角度探究工业遗产更新与保护的局限性，有助于关于工业遗产更新的理论研究的完善。

2）通过对大数据软件所提供的人流量数据的实践应用探索，能够有效扩展人流量数据的运用范围，有助于大数据理论与工业遗产更新相关理论的结合，为工业遗产更新的相关研究提供新的思路和方法。

3）通过探究不同更新项目人流量产生差异的影响因素，提出业态类型选择的更新策略，从而为城市的决策者，在今后面对城市中类似的更新项目提供一定的决策依据，并以此作出正确的判断，避免工业遗产更新项目再次出现人流量不足的状况，进而表现为社区活力缺失的现象。

3.2 社区活力后评价的涵盖范围

3.2.1 数据的来源

对国内工业遗产更新项目的人流量统计，其数据来源的方法选择尤为重要。传统上对于人流量的统计往往采取抽样调查的方式，不仅需要耗费大量的人力物力，且很难做到对不同城市区域人流量数据采集时间上的相对统一，而这直接影响了比较不同项目间人流量差别时的数据真实性。那么当研究对象数量繁多，所在地点又相距较远时，传统的人流量统计方法将显得不够高效和科学。

伴随大数据时代的到来，对于城市规划相关数据的感知、获取及其应用已经成为国内外专家学者以及相关企业研究的前沿内容，利用位置数据（包括社交网络、公交刷卡、GPS 等数据）等新的数据源，对城市居民的活动过程与特征进行描述、刻画与解释的研究逐渐增加。传统研究不能解决和解释的问题，得以用新的思路和方法去研究，这不仅仅是新的方法的探讨，更是对之前研究对象与研究内容新的分析与解释。而国内大数据领域的研究也是针对于此逐步展开的，为本研究的数据支持提供了可能。

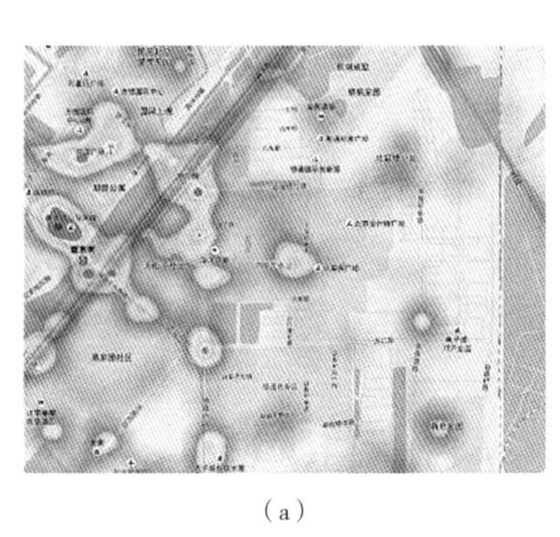

（a）

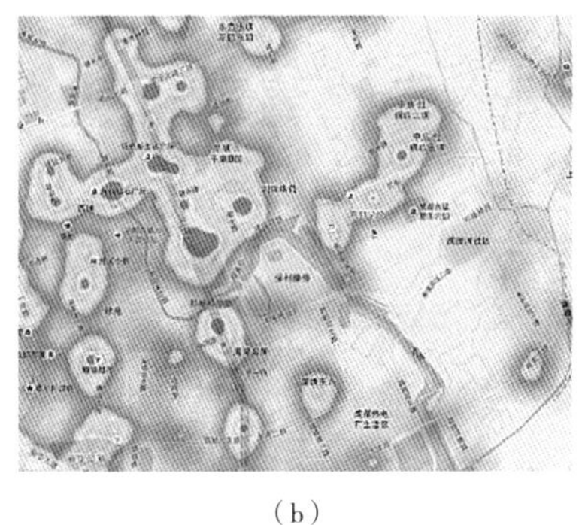

（b）

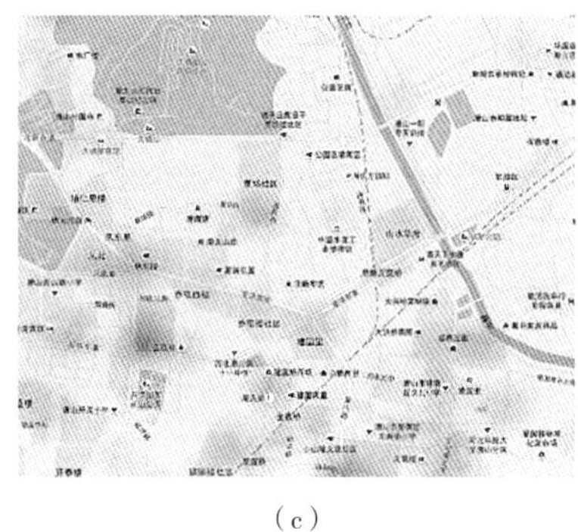

（c）

图 3-1　百度热力图

（a）北京 798；（b）成都东郊记忆；（c）唐山 1889

（图片来源：百度热力图）

随着国内对于大数据研究的不断重视和发展，已有大量的相关技术成果，如百度热力图、微信热力图、高德热力图等，这些应用技术均为人流量的统计提供了技术方法和实际应用层面上的革新。针对本文的研究对象工业遗产更新项目来说，通过对不同数据软件的比较，确定采用目前在数据处理领域相对成熟且公开的百度热力图（图 3-1）所提供的人流量监测数据。其数据是已经对未处理的手机信令数据进行识别和可视化后的数据，而不是作者先对大量未处理过的数据进行识别、分类与甄选，其提供的可视化数据，使得分析更加具体和更加具有针对性。最后将可视化数据借助 Arcgis10.0 对图像进行单元切割，识别各单元内的颜色值及像素规模，并参照了百度热力图官方图例中色值和亮度对于人流量的表征方式，最终生成所需项目及区域的人流量数值进行后续分析。

3.2.2　数据的处理方法

与处理单个更新项目人流量方法不同，在比较不同城市等级相同业态类型或者同一城市等级下不同业态类型的工业遗产更新项目人流量的变化规律时，其结构受众多因素的影响。首先，不同项目的占地面积不同，直接比较人流量数据将失去有效性。其次，因更新项目大多处于城市的中心地带，而因项目所处城市区域不同对项目的影响因素众多，在计算人流量并分析规律时，应对这些因素产生的影响加以验证，否则分析结果将失去科学性。但同时，大多数影响受众人群或人流量的因素对项目本身及其周边的影响是相同或者接近的，如区位的成熟程度、交通便捷程度、周边配套设施的完善程度等。也正是因为如此，作者认为机械地采集某一更新项目的人流量总数进行比较是不够全面的。

通过上述分析，本论文将先对更新项目区内单位面积人流量（下文统称绝对人流量）变化规律进行比较分析，同时创新性地提出相对人流量的概念（即对更新项目区内的绝对人流量与项目周边 1000m 范围内的绝对人流量做比值衡量人流量的多少），并对相对人流量进行统计与分析。最后，将绝对人流量的统计结果和比值所计算出相对人流量的统计结果进行统一的分析比较。这样总结出的更新项目人流量变化规律，与提出的更新项目的业态类型选择策略才更加精准、全面。

3.2.3 数据的统计方法

通过对人流量数据的来源及处理方法的阐述，确定了本研究人流量数据统计的来源方式，以及如何对工业遗产更新项目的人流量进行针对性的分析。下面将对人流量数据统计方法做出阐释。

利用百度热力图所提供的人流量监测数据，采集两周内周一至周日的 6 时至 24 时段项目内的人流量数据。同时统计项目周边人流量数据，采集范围为项目区周围 1000m 范围内，数据采集时间与项目区内采集时间同步。

为避免天气环境、节假日等因素的干扰，数据采样时间为 2016 年 10 月 17 日至 2016 年 10 月 30 日，持续时间为两周；一天内采样时段为 6 时至 24 时段（后文均采用自然时间段进行分析），采样频率为 1h 一次，以两周内各时段的平均值作为一天内各时段人流量数据；高峰时段数据采集时间视不同业态类型的情况而定。

3.2.4 数据的计算方法

本书对数据的计算分为以下三个部分：项目区内标准面积人流量值计算、项目区外标准面积人流量值计算、标准面积下项目区内及项目周边人流量比值计算。计算公式如下：

$$\rho_i\text{（项目区绝对人流量）}=\frac{N_i\text{（项目区内总人数）}}{S_i\text{（项目区内占地面积）}},\quad \text{单位：人}/100\text{m}^2 \tag{3-1}$$

$$\rho_j\text{（项目区周边绝对人流量）}=\frac{N_j\text{（项目区周边总人数）}}{S_j\text{（项目区周边占地面积）}},\quad \text{单位：人}/100\text{m}^2 \tag{3-2}$$

$$A_{ij}\text{（项目区相对人流量）}=\frac{\rho_i\text{（项目区绝对人流量）}}{\rho_j\text{（项目区周边绝对人流量）}},\quad \text{单位：无} \tag{3-3}$$

3.2.5 数据的分析方法

首先，利用统计的绝对人流量数据，逐一分析更新项目一天内的变化规律，找出人流量上升及下降的时间段，从中分析出不同项目一天内人流量高峰时段及其数值。再对项目一周高峰时段数据进行分析，探究更新项目一周内变化规律。据此将相同业态类型更新项目，一天内各时段及一周高峰时段的绝对人流量数据进行对比，对人流量数值高地的差距、高峰时段持续时间的长短、工作日与休息日数值的高低变化趋势等方面进行分析，找出其中差异的规律。

其次，逐一分析更新项目一天内的相对人流量变化规律，从中找出其数值大于1.0或相对接近1.0的数值时段，以及分析出不同项目相对人流量高峰时段，并探究一周内高峰时段相对人流量变化规律。进而将相同业态类型更新项目，一天内各时段及一周高峰时段的相对人流量数据进行对比，参照绝对人流量数据的对比方法，找出其中差异规律。

最终，通过相同城市等级下不同业态类型以及不同城市等级下相同业态类型两个对比方式，对更新项目的绝对人流量和相对人流量两个数据进行比较，找出其中的差异规律，为提出着眼于人流量提升，针对不同城市等级下的工业遗产更新项目业态类型选择的更新策略研究，提供数据基础。

3.2.6　研究对象的选取

结合调查小组之前对不同项目的实地走访和对人流量的初步统计结果来看，以城市等级和业态类型两个分类标准作为本研究人流量数据采集对象的选取和分类方式是十分必要的。因此，结合对更新项目的网络查询及实地走访，研究小组针对五个不同业态类型的工业遗产更新项目分别筛选出了五个具有代表性的更新项目进行后续研究。其中由于一线城市和二线城市中较发达城市的更新项目数量较多，作者将这两个等级城市下相同类型的更新项目分别选出两个项目。而二线发展较弱、三线及以下城市等级的更新项目数量较少，故将其合并研究。

3.3　社区活力后评价中绝对人流量的统计

3.3.1　展览馆类更新项目

本节将对展览馆类型的五个更新项目（北京今日美术馆、上海四行仓库抗战纪念馆、杭州中国刀剪剑博物馆、沈阳工业博物馆、唐山规划展览馆）进行绝对人流量的变化规律分析。

（1）一天内各时段绝对人流量变化规律对比分析

在分别对五个馆区一天内人流量变化情况进行分析后，我们将五个园区一天时段绝对人流量的图形叠加在一起（图 3-2），从整体上看，一天之内的人流量由高至低基本分为北京今日美术馆、上海四行仓库抗战纪念

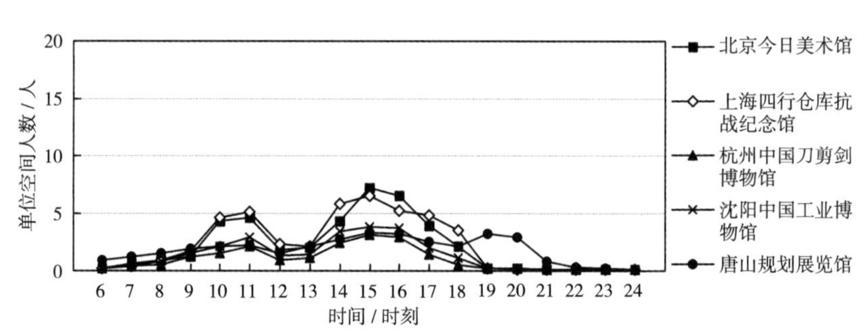

图 3-2　展览馆类更新项目一天内各时段绝对人流量对比
（图片来源：作者自绘）

馆、沈阳中国工业博物馆、唐山规划展览馆、杭州中国刀剪剑博物馆，但上述五个馆区的数据大体呈现两个梯度，其中北京今日美术馆与上海四行仓库抗战纪念馆数值较为接近为第一梯度；沈阳中国工业博物馆、唐山规划展览馆和杭州中国刀剪剑博物馆人流量相对较低，为第二梯度。

从变化规律来看，北京今日美术馆、上海四行仓库抗战纪念馆、杭州中国刀剪剑博物馆、沈阳中国工业博物馆变化规律基本相同，其中前两者数值浮动较大；而唐山规划展览馆一天整体波动幅度较小，这点与其他三个馆区的人流量变化有明显差别。

从时间维度上看，从一天内各时段的人流量的绝对数量来看，北京今日美术馆、上海四行仓库纪念馆随时间变化浮动较大，但总体保持较高人流量吸引力。沈阳中国工业博物馆、杭州中国刀剪剑博物馆一天内整体数值偏低，吸引力亟待提高。而唐山规划展览馆虽整体数值较低，但一天内各时段浮动较小，说明一天内均能吸引稳定的人流量，其活力表现稳定。

（2）一周高峰时段绝对人流量变化规律对比分析

将五个园区一周高峰时段绝对人流量的图形叠加可以发现（图3-3）：从整体上看，五条曲线的形状几乎相同，数值上由高到低分别为北京今日美术馆、上海四行仓库抗战纪念馆、沈阳中国工业博物馆、唐山规划展览馆、杭州中国刀剪剑博物馆，其中今日美术馆和四行仓库抗战纪念馆数值距离较近，反映出人流量差距较小，数值较高。而中国工业博物馆、规划展览馆、刀剪剑博物馆与前二者距离较远，反映出人流量数值较低。从变化规律来看，五个馆区在一周内高峰时段变化规律基本相同，均是工作日变化不明显，休息日相对工作日数值有所提高。其中周一四个馆区均为闭馆状

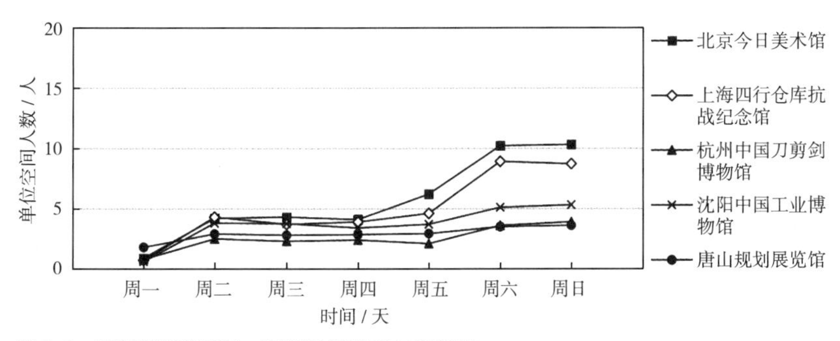

图3-3　展览馆类更新项目一周高峰时段绝对人流量对比
（图片来源：作者自绘）

态，但规划展览馆仍具有一定的人流量。北京今日美术馆、上海四行仓库抗战纪念馆休息日人流量明显高于工作日，说明其馆区在休息日活力更高，但同时反映出馆区功能较为单一，使得工作日活力较低。而沈阳中国工业博物馆、杭州中国刀剪剑博物馆、唐山规划展览馆一周内人流量变化浮动不大，但整体吸引力不高，其功能在工作日和休息日均不能提供较高的人流量吸引力。

3.3.2 创意产业园类更新项目

本节将对创意产业园类型的五个更新项目（北京 798 艺术区、上海 M50 创意文化园、长沙曙光 798 创意文化园、成都东郊记忆创意文化园、唐山 1889 创意文化园）进行绝对人流量的变化规律分析。

（1）一天内各时段绝对人流量变化规律对比分析

在分别对五个园区一天内绝对人流量变化情况进行分析后，我们将五个园区一天时段绝对人流量的图形叠加在一起（图 3-4），从整体上看，一天之内的人流量由高至低分别为东郊记忆创意文化园、M50 创意文化园、798 艺术区、曙光 798 创意文化园、1889 创意文化园，且上述五个园区的数据大体呈现两个梯度，其中东郊记忆创意文化园、M50 创意文化园和 798 艺术区数值较为接近为第一梯度；曙光 798 创意文化园和 1889 创意文化园人流量较少，为第二梯度。

从变化规律来看，M50 创意文化园、798 艺术区、曙光 798 创意文化园、1889 创意文化园变化规律大致相同，其中 M50 创意文化园、798 艺术区全

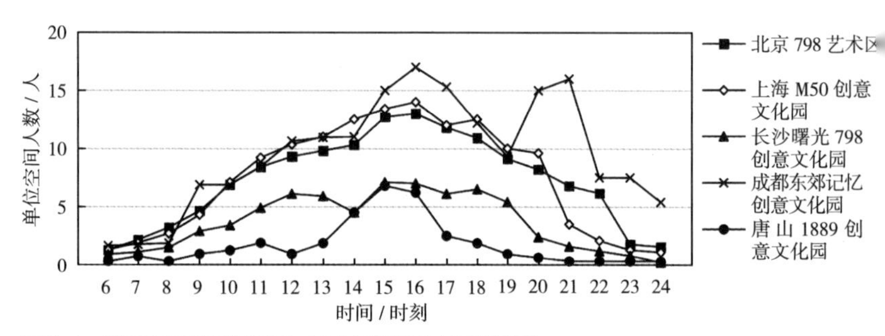

图 3-4 创意产业园类更新项目一天内各时段绝对人流量对比
（图片来源：作者自绘）

天数值变化较大，其他两个园区数值变化较为平缓。而东郊记忆数值振幅较大。

从时间维度上看，从一天内各时段的人流量的绝对数量来看，M50 创意文化园、798 艺术区、东郊记忆创意文化园内人流量较高。而曙光 798 创意文化园和 1889 创意文化园人流量相对较少，对人流的吸引力明显不足。

（2）一周高峰时段绝对人流量变化规律对比分析

将五个园区一周高峰时段绝对人流量的图形叠加可以发现（图 3-5）：五条曲线的形状几乎完全相同，数值上由高到低分别为东郊记忆创意文化园、M50 创意文化园、798 艺术区、曙光 798 创意文化园、1889 创意文化园，其中东郊记忆创意文化园数值较高为第一梯度；M50 创意文化园与 798 艺术区数值距离较近，反映出人流量差距较小，为第二梯度；而曙光 798 创意文化园、1889 创意文化园与前二者距离较远，反映出人流量差距较大。从整体上看，五个园区在一周内高峰时段变化规律相同，均是工作日变化不明显，两个休息日相对工作日数值有所提高。其中曙光 798 创意文化园、1889 创意文化园休息日数值涨幅较大，但数值相对较低，说明园区休息日活动强度虽明显增加，但仍不如 M50 创意文化园、798 艺术区和东郊记忆创意文化园。且上述三个园区工作日较休息日下降不明显，但数值较高，说明园区一周内人流强度均处于较高水平，整体相对成熟。

3.3.3　公园类更新项目

本节将对公园类型的五个更新项目（上海辰山国家植物园、上海滨江

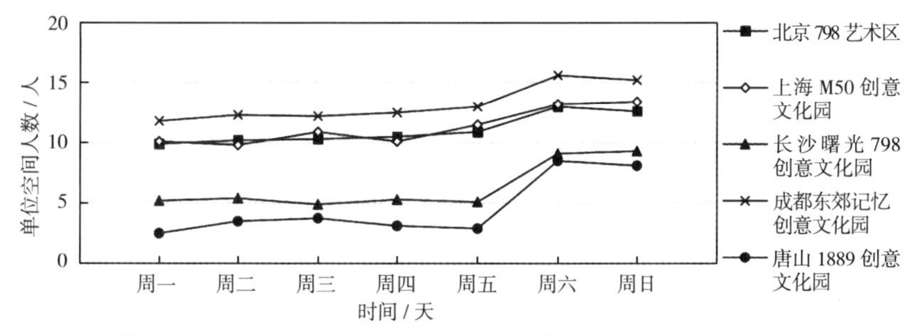

图 3-5　创意产业园类更新项目一周高峰时段绝对人流量对比

（图片来源：作者自绘）

改造公园、唐山开滦煤矿国家矿山公园、辽宁阜新海州露天矿国家矿山公园、黄石国家矿山公园）进行绝对人流量的变化规律分析。

（1）一天内各时段绝对人流量变化规律对比分析

在分别对五个园区一天内绝对人流量变化情况进行分析后，我们将五个园区一天时段绝对人流量的图形叠加在一起（图 3-6），从整体上看，一天之内的人流量由高至低分别为上海辰山国家植物园、上海滨江改造公园、辽宁阜新海州露天矿国家矿山公园、黄石国家矿山公园、唐山开滦煤矿国家矿山公园，且上述五个园区的数据大体呈现两个梯度，其中上海辰山国家植物园、上海滨江改造公园数值较高为第一梯度；其他三个园区人流量较少，为第二梯度。

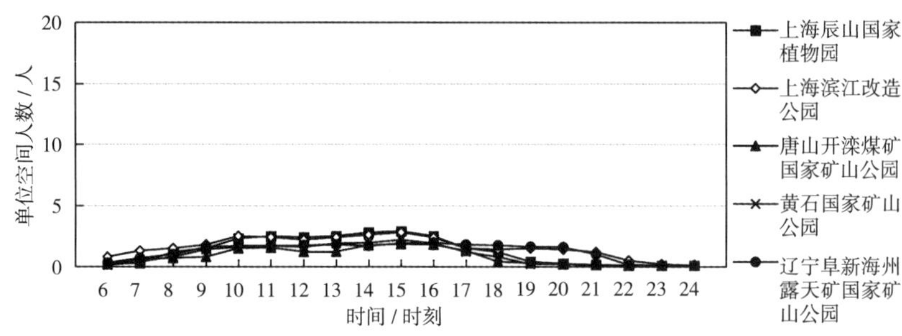

图 3-6 公园类更新项目一天内各时段绝对人流量对比

（图片来源：作者自绘）

从变化规律来看，上海辰山国家植物园、黄石国家矿山公园、唐山开滦煤矿国家矿山公园变化规律较为相似，人流量高峰时期明显，人流量一天内聚集时间基本相同；而上海滨江改造公园、辽宁阜新海州露天矿国家矿山公园，与上述三者变化规律不同，人流聚集时间相对较长，但辽宁阜新海州露天矿国家矿山公园高峰时期相对不明显。

从时间维度上看，从一天内各时段的人流量的绝对数量上来看，上海滨江改造公园人流量数值较高，且持续时间较长；而上海辰山国家植物园人流量较高，但持续时间较短；海州露天矿国家矿山公园虽人流量绝对数值不如上海辰山国家植物园，但维持较高人流量持续时间较长；而开滦煤矿国家矿山公园和黄石国家矿山公园人流量相对较低，对人流的吸引力明显不足。

（2）一周高峰时段绝对人流量变化规律对比分析

将五个园区一周高峰时段绝对人流量的图形叠加可以发现（图 3–7）：五条曲线的形状几乎完全相同，数值上由高到低分别为上海滨江改造公园、上海辰山国家植物园、黄石国家矿山公园、海州露天矿国家矿山公园、唐山开滦煤矿国家矿山公园，其中辰山国家植物园、上海滨江改造公园数值与其他三个园区差距较大，反映出人流量差距较大，而开滦煤矿国家矿山公园、黄石国家矿山公园、海州露天矿国家矿山公园三者相互差值较小，反映出人流量差距不大。从整体上看，五个园区在一周内高峰时段变化规律相同，均是工作日数值变化幅度不大，而两个休息日相对工作日数值有所提高。其中上海滨江改造公园、辰山国家植物园、黄石国家矿山公园休息日数值涨幅较大，说明园区休息日活动强度较强。而开滦煤矿国家矿山公园、海州露天矿国家矿山公园休息日较工作日升高不明显，且数值相对较低，说明园区休息日较工作日高峰时段人流强度变化不明显。但总体来说，作为工业遗产更新项目的公园改造这一类型来说，无论城市等级，吸引力均有待提高。

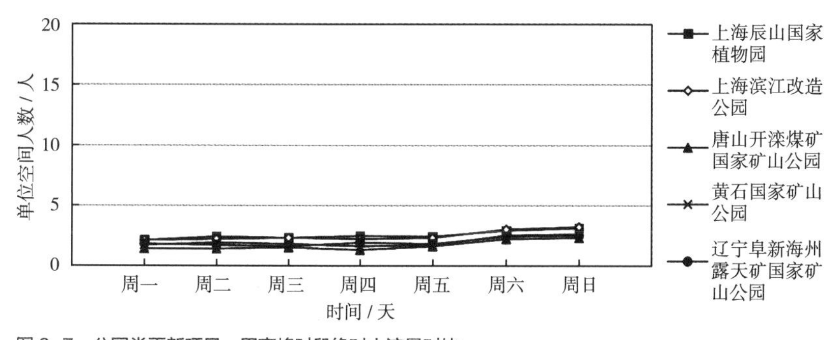

图 3–7　公园类更新项目一周高峰时段绝对人流量对比

（图片来源：作者自绘）

3.3.4　居住类更新项目

本节将对居住类型的五个更新项目（天津棉三创意街区、天津万科水晶城、武汉万科润园、长春万科蓝山、长沙万科紫台）进行绝对人流量的变化规律分析。

（1）一天内各时段绝对人流量变化规律对比分析

在分别对五个园区一天内绝对人流量变化情况进行分析后，我们将五个园区一天时段绝对人流量的图形叠加在一起（图 3–8），从整体上看，一天之内的人流量由高至低分别为长春万科蓝山、长沙万科紫台、武汉万科润园、天津万科水晶城、天津棉三创意街区，且上述五个园区的数据大体呈现两个梯度，其中长春万科蓝山数值较高为第一梯度；其他四个园区人流量相对较少，为第二梯度。

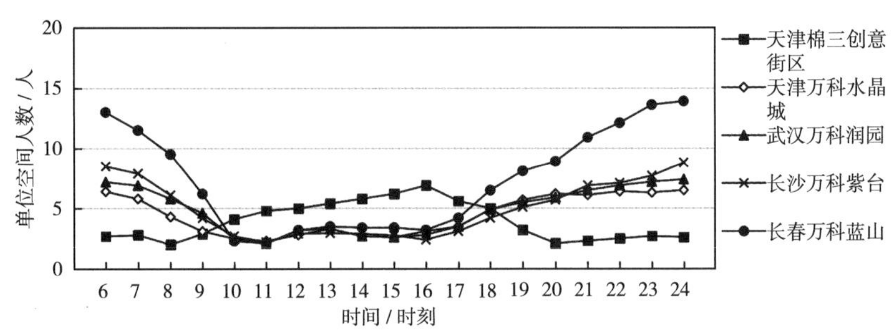

图 3–8 居住区类更新项目一天内各时段绝对人流量对比
（图片来源：作者自绘）

从变化规律来看，长春万科蓝山、长沙万科紫台、武汉万科润园、天津万科水晶城变化规律较为相似，不仅人流量高峰时期明显，而且其数据的低谷时期更加明显；而天津棉三创意街区，与上述园区变化规律不同，人流量高峰时期大约为 10 时至 18 时段，虽然此时段人流量数据高于其他园区，但其余时段的人流量明显低于其他园区。

从时间维度上看，从一天内各时段的人流量的绝对数量上来看，长春万科蓝山、长沙万科紫台、武汉万科润园、天津万科水晶城不仅变化规律相近，而且从人流量的绝对数值来看有较高的吸引力表现，这与其业态类型相关。而天津棉三创意街区虽其园区的高峰数值时段符合人们一天内的活动时间，但其早晨及夜间人流量绝对数值较低。

（2）一周高峰时段绝对人流量变化规律对比分析

将五个园区一周高峰时段绝对人流量的图形叠加可以发现（图 3–9）：五条曲线的形状有所不同，从整体上看，数值上由高到低分别为长春万科蓝山、长沙万科紫台、武汉万科润园、天津万科水晶城、天津棉三创意街区，其中长春万科蓝山与其他四个园区差距较大，反映出人流量差距较大。从

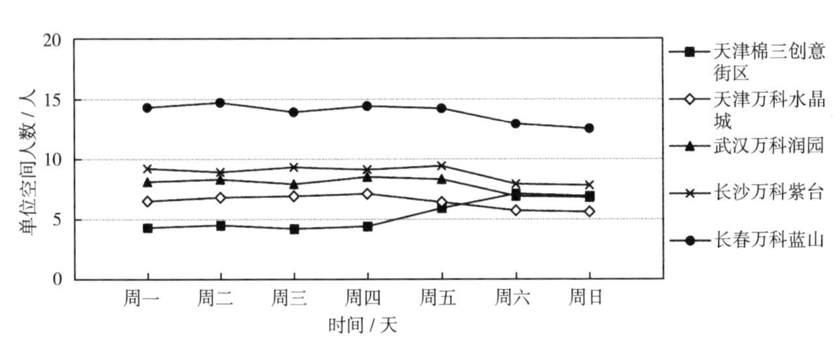

图 3-9　居住区类更新项目一周高峰时段绝对人流量对比
（图片来源：作者自绘）

变化规律来看，天津棉三创意街区两个休息日数据比五个工作日数据有所增加，说明园区休息日活动强度较强。而其他四个园区均是工作日数值变化幅度不大，而两个休息日相对工作日数值有所下降，且下降幅度相对较小，说明园区一周内均有较强的活力，而工作日活力更高。从人流量的绝对值来看，作为工业遗产更新为居住区这一类型来说，无论城市等级，均有较高的活跃表现。

3.3.5　办公类更新项目

本节将对办公类型的五个更新项目（北京新华 1949 国际创意设计产业园、上海 Z58 办公楼、武汉汉阳造创意产业园、苏州建筑设计研究院生态办公楼、淄博 1954 陶瓷工作室）进行绝对人流量的变化规律分析。

（1）一天内各时段绝对人流量变化规律对比分析

在分别对五个办公区一天内人流量变化情况进行分析后，我们将五个园区一天时段绝对人流量的图形叠加在一起（图 3-10），从整体上看，大致分为三个梯度，其中武汉汉阳造创意产业园数值较高为第一梯度；而北京新华 1949 国际创意设计产业园、上海 Z58 办公楼、苏州建筑设计研究院生态办公楼人流量稍低，为第二梯度；淄博 1954 陶瓷工作室人流量数值较低，为第三梯度。

从变化规律来看，新华 1949 园区、上海 Z58 办公楼、苏州研究院生态园和淄博 1954 陶瓷工作室变化规律较为相似，人流量高峰时期明显，人流量一天内聚集时间基本相同；而汉阳造园区，与上述三者变化规律差

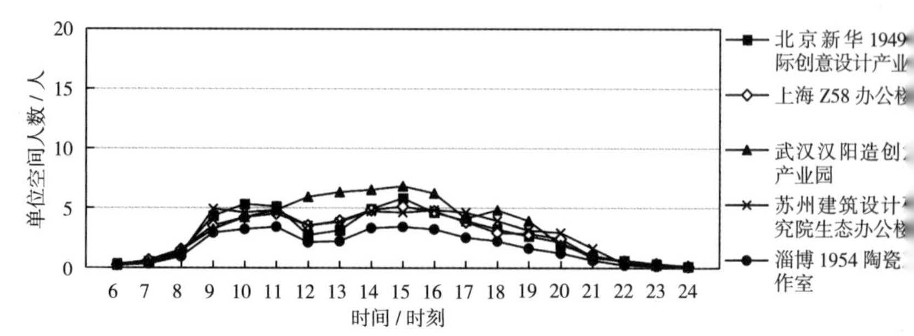

图 3-10 办公类更新项目一天内各时段绝对人流量对比

（图片来源：作者自绘）

别较大，人流聚集时间相对较长，且绝对数值相对较高。人流量高峰时期出现较早，且 17 时至 19 时段出现次高峰，这与上述四个园区完全不同。

时间维度上，一天内各时段的人流量的绝对数量上来看，作为以办公为主要业态类型的新华 1849 园区、上海 Z58 办公楼、苏州研究院生态园变化规律基本相同，且人流量数值也大致相同，活力表现相似；而淄博 1954 陶瓷工作室虽变化规律与上述三者相似，但人流量数值较低；汉阳造园区，虽以办公为主，但其辅助功能较为完善，人流量数值相对较高，吸引力表现较好。

（2）一周高峰时段绝对人流量变化规律对比分析

将五个园区一周高峰时段绝对人流量的图形叠加可以发现（图 3-11）：五条曲线的形状有较大差异，但数值由高到低大致可分别为汉阳造园区、新华 1949 园区、上海 Z58 办公楼、苏州建筑设计研究院生态园、淄博 1954 陶瓷工作室。其中汉阳造园区、新华 1949 园区、上海 Z58 办公楼的工作日人流量数值差距较小，反映出人流量差距较小，但休息日数值差距

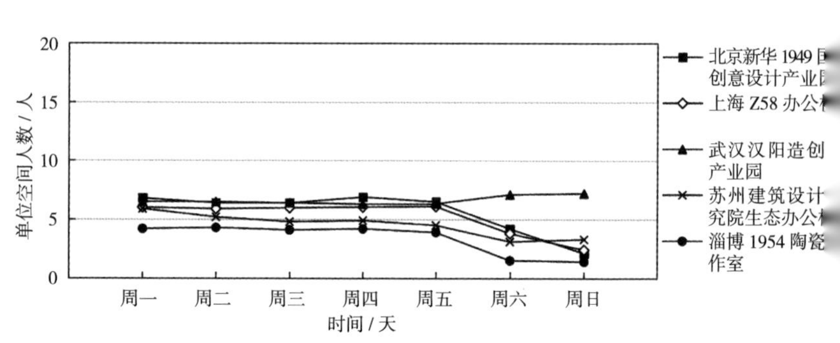

图 3-11 办公类更新项目一周高峰时段绝对人流量对比

（图片来源：作者自绘）

较大，其中汉阳造园区数值较高，其他两个办公区数值较低。而苏州建筑设计研究院生态园、淄博1954陶瓷工作室与上述三者差值较大，反映出人流量差距较大。从变化规律上看大致分为两个类型，新华1949园区、上海Z58办公楼、苏州建筑设计研究院生态园、淄博1954陶瓷工作室变化均是工作日人流量数据较休息日数据偏高，而汉阳造园区则是休息日人流量数据较工作日偏高。

因此汉阳造园区其业态类型的特点，园区不仅工作日活动强度较为稳定，且休息日更可获得较高的吸引力，使人群聚集于园区。而其他四个办公区工作日人流量较为集中，数值相对较高，但周六、日两个休息日的数据下降明显，说明园区休息日高峰时段人流强度较低，吸引力亟待提高。

3.4 社区活力后评价中相对人流量的统计

第3.3节是对工业遗产更新项目绝对人流量的分析，但是在实际中影响更新项目的绝对人流量的因素很多，例如区位条件，很明显位于城市中心区域的更新项目，其绝对人流量要大。但是同时，类似于区位、交通等这一类条件对项目本身及周边区域的影响是非常接近的。为此，我们提出了相对人流量的概念，即用项目区内单位面积人流量与周边区域单位面积人流量的比值衡量人流量的多少。那么，本节将对工业遗产更新项目的相对人流量进行统计与分析。其中若数值大于1，则说明项目区内人流量高于周边人流量；若数值小于1，则说明项目区内人流量低于周边人流量。

3.4.1 展览馆类更新项目

本节将对展览馆类型的五个更新项目（北京今日美术馆、上海四行仓库抗战纪念馆、杭州中国刀剪剑博物馆、沈阳中国工业博物馆、唐山规划展览馆）进行相对人流量的变化规律分析。

（1）一天内各时段相对人流量变化规律对比分析

将五个馆区一天内各时段相对人流量平均数值曲线相叠加可以看出（图3-12），从整体上看，今日美术馆、四行仓库抗战纪念馆、刀剪剑博物馆、

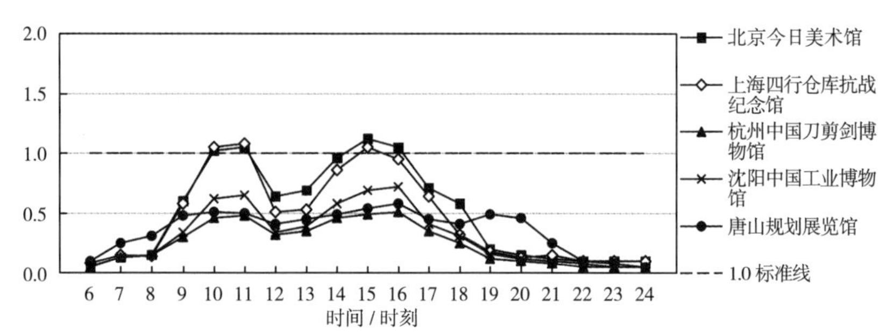

图 3-12 展览馆类更新项目一天内各时段相对人流量对比
（图片来源：作者自绘）

工业博物馆在一天内的数据曲线形状基本相同，而唐山规划展览馆数据曲线与上述三者差别较大。但整体呈现两个梯度，其中今日美术馆、上海四行仓库抗战纪念馆数据较高，为第一梯度，其他馆区数据较低，为第二梯度。从变化规律上来看，唐山规划展览馆一天的数值变化比较平缓，且大致呈现出 3 个高峰时段；而其他四个园区一天内基本都是呈现出双高峰时段，且时间上基本吻合。

综上，五个馆区相对周边均没有较高和较稳定的活力表现。而北京今日美术馆、上海四行仓库纪念馆部分时段人流量活力较高，而其他三个馆区整体活力不足，对人群的吸引力存在明显差距，因此有待提高。

（2）一周高峰时段相对人流量变化规律对比分析

将五个馆区一周高峰时段相对人流量数值的曲线叠加一起后可以看出（图 3-13），从整体上五个园区在一周高峰时段数据变化规律相似，均是工作日曲线平稳，休息日相对工作日数值有所提高。其中仅今日美术馆、上

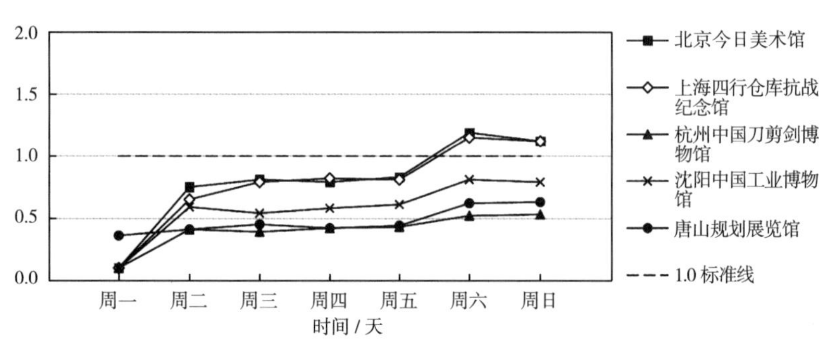

图 3-13 展览馆类更新项目一周高峰时段绝对人流量对比
（图片来源：作者自绘）

海四行仓库抗战纪念馆在周六、日两天的人流量数值高于 1.0 标准线，说明上述两个馆区在休息日高峰时段热度较高，有较高的活动强度。其他三个馆区，休息日数据虽高于工作日数据，但无论工作日还是休息日，数值均没有突破 1.0 标准线。说明杭州中国刀剪剑博物馆、沈阳中国工业博物馆、唐山规划展览馆的吸引力在周六、日有一定的表现，但仍无法吸引足够的人流，工作日此现象更为严重。

3.4.2 创意产业园类更新项目

本节将对创意产业园类型的五个更新项目（北京 798 艺术区、上海 M50 创意文化园、长沙曙光 798 创意文化园、成都东郊记忆创意文化园、唐山 1889 创意文化园）进行相对人流量的变化规律分析。

（1）一天内各时段相对人流量变化规律对比分析

将五个项目区一天内各时段相对人流量平均数值曲线相叠加可以看出（图 3-14），从整体上看五个园区在一天内的数据曲线形状有较大差异，但整体呈现两个梯度，其中东郊记忆创意文化园、798 艺术区和 M50 创意文化园数据基本位于 1.0 标准线以上，曙光 798 创意文化园、1889 创意文化园数据较低。在数据大于 1.0 的持续时间上，东郊记忆创意文化园、798 艺术区同样不相上下，分别持续 11 个小时、13 个小时，而曙光 798 创意文化园、1889 创意文化园持续时间明显不足，仅 5 小时和 2 小时。

从变化规律来看，东郊记忆创意文化园出现两次高峰时段，且变化幅度较大；以相对人流量的对比来看，相对园区周边区域，798 艺术区、M50 创意文化园、东郊记忆创意文化园保持较高吸引力水平，园区功能符

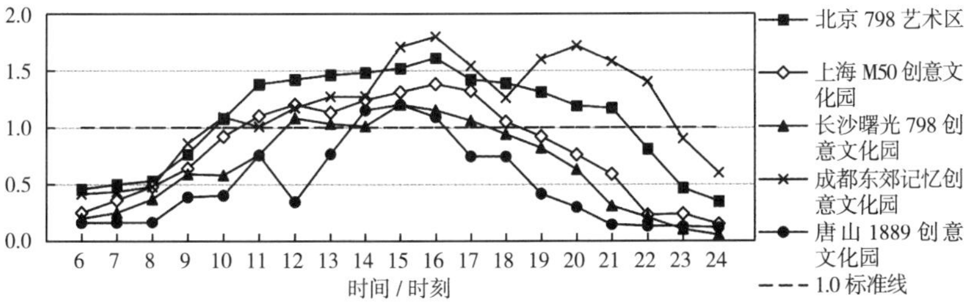

图 3-14　创意产业园类更新项目一天内各时段相对人流量对比
（图片来源：作者自绘）

合人们的活动需求，而曙光 798 创意文化园和 1889 创意文化园整体活力不足，对人群吸引力存在明显差距，因此有待提高。

（2）一周高峰时段相对人流量变化规律对比分析

将五个园区一周高峰时段相对人流量数值的曲线叠加一起后可以看出（图 3–15），从整体上五个园区在一周高峰时段数据变化规律相似，均是五个工作日曲线变化平稳，两个休息日相对工作日数值有所提高。而 798 艺术区、M50 创意文化园、东郊记忆创意文化园休息日与工作日数据差值较小，且整体数值较高。虽工作日活动强度低于休息日，但数值仍高于 1.0，说明园区的活动强度整体较高、发展成熟。而曙光 798 创意文化园、1889 创意文化园数值在周六、日增长幅度较大，但绝对数值均不及上述三个园区，说明曙光 798 创意文化园、1889 创意文化园对周六、日的依赖较强，工作日无法吸引足够的人流。

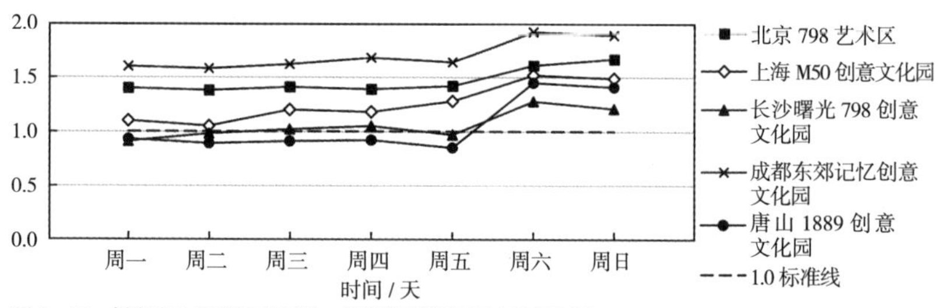

图 3–15 创意产业园类更新项目一周高峰时段相对人流量对比

（图片来源：作者自绘）

3.4.3 公园类更新项目

本节将对公园类型的五个更新项目（上海辰山国家公园、上海滨江改造公园、唐山开滦煤矿国家矿山公园、辽宁阜新海州露天矿国家矿山公园、黄石国家矿山公园）进行相对人流量的变化规律分析。

（1）一天内各时段相对人流量变化规律对比分析

将五个园区一天内各时段相对人流量平均数值曲线相叠加可以看出（图 3–16），从整体上看五个园区在一天内的数据曲线形状略有差异，但整体呈现两个梯度，其中上海滨江改造公园、辰山国家公园、黄石国家矿山公园数据较高，为第一梯度；海州露天矿国家矿山公园、开滦煤矿国家矿

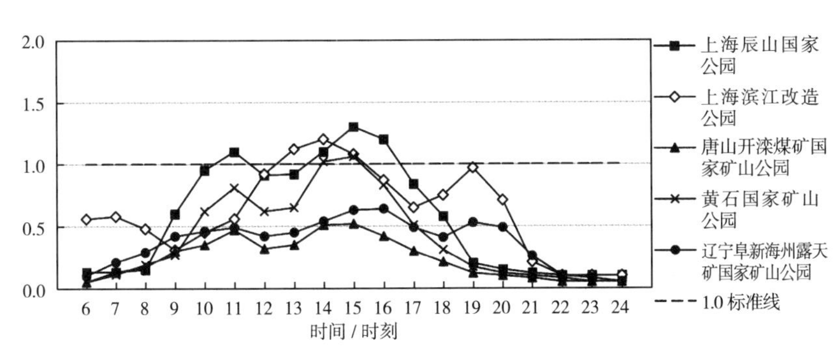

图 3-16　公园类更新项目一天内各时段相对人流量对比
（图片来源：作者自绘）

山公园数据较低，为第二梯度。在数据大于 1.0 的持续时间上，上海滨江改造公园、辰山国家公园和黄石国家矿山公园在一天内有高于 1.0 的数据，持续分别为 3 小时、4 小时和 2 小时。而海州露天矿国家矿山公园、开滦煤矿国家矿山公园一天内均没有超过 1.0 的数据。

从变化规律来看，辰山国家公园、黄石国家矿山公园、开滦煤矿国家矿山公园变化规律基本相同，一天内均出现两次高峰的“凹”字形图形。而上海滨江改造公园、海州露天矿国家矿山公园的数据变化规律与上述三者略有不同，前者数值浮动较大，且数值较高；而后者一天之内变化浮动相对平缓，但人流量数值整体不高，活力不足。因此，以相对人流量的对比来看，相对园区周边区域，上海滨江改造公园、辰山国家公园、黄石国家矿山公园保持较高活力水平，对人们有较高吸引力，而开滦煤矿国家矿山公园、海州露天矿国家矿山公园整体活力相对不足，对人群的吸引力存在明显差距，因此有待提高。

（2）一周高峰时段相对人流量变化规律对比分析

将五个园区一周高峰时段相对人流量数值的曲线叠加一起后可以看出（图 3-17），从整体上看五个园区在一周高峰时段数据变化规律相似，均是工作日曲线平稳，休息日相对工作日数值有所提高。数据大致呈现两个梯度，其中上海滨江改造公园、辰山国家公园、黄石国家矿山公园数据相对较高为第一梯度，而开滦煤矿国家矿山公园、海州露天矿国家矿山公园数据相对较低为第二梯度。其中上海滨江改造公园、辰山国家公园、黄石国家矿山公园数据变化规律近似，且两个休息日数据明显高于工作日数据，说明上述三个园区能在一周内较好地吸引人流，且周末活力表现更为突出。

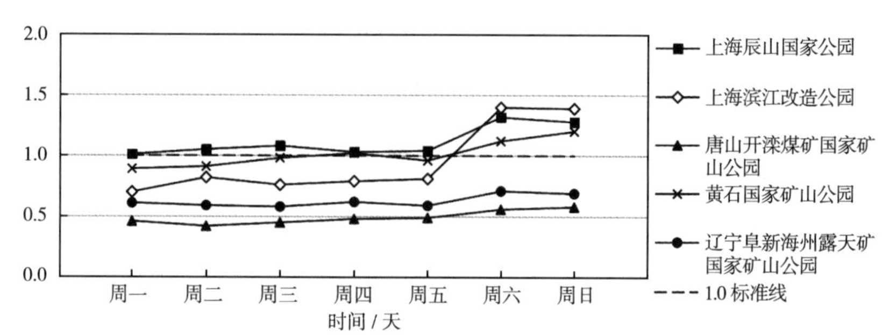

图 3-17 公园类更新项目一周高峰时段相对人流量对比
（图片来源：作者自绘）

而开滦煤矿国家矿山公园、海州露天矿国家矿山公园休息日与工作日数据差值较小，且整体数值相对较低，说明两园区的活动强度整体较低，活力亟待提高。

3.4.4 居住区类更新项目

本节将对创意产业园类型的五个更新项目（天津棉三创意街区、天津万科水晶城、武汉万科润园、长春万科蓝山、长沙万科紫台）进行相对人流量的变化规律分析。

（1）一天内各时段相对人流量变化规律对比分析

将五个园区一天内各时段相对人流量平均数值曲线相叠加可以看出（图 3-18），从整体上看五个园区在一天内的数据曲线形状有较大差异，在数据大于 1.0 的持续时间上，长春万科蓝山持续时间最长，为 10 小时；

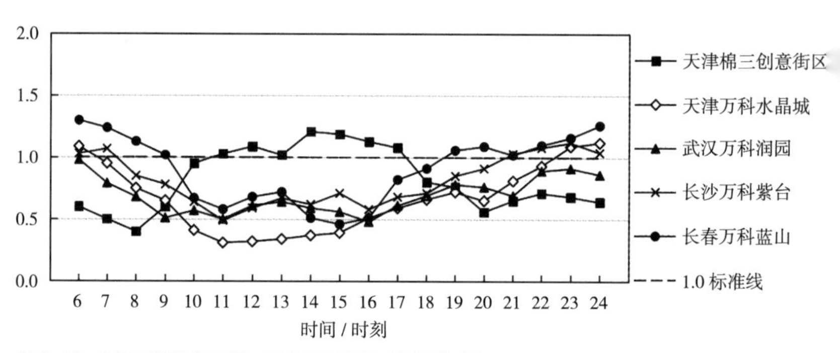

图 3-18 居住区类更新项目一天内各时段相对人流量对比
（图片来源：作者自绘）

而天津棉三创意街区和长沙万科紫台持续时间也相对较长，为 6 小时；天津万科水晶城持续时间明显不足，仅 3 小时；武汉万科润园没有数据在 1.0 标准线以上。

从变化规律来看，天津棉三创意街区出现一次高峰时段，且维持时间较长，数值较高；而其他四个园区均出现两次高峰时段，其中仅武汉万科润园高峰时段数据未超过 1.0 标准线。因此，以相对人流量的对比来看，相对园区周边区域，长春万科蓝山、天津棉三创意街区、长沙万科紫台和天津万科水晶城保持较高活力水平，园区功能符合人们的活动需求，而武汉万科润园整体活力不足，对人群的吸引力存在明显差距，这可能与项目的市场定位密切相关。

（2）一周高峰时段相对人流量变化规律对比分析

将五个园区一周高峰时段相对人流量数值的曲线叠加一起后可以看出（图 3-19），从整体上五个园区在一周高峰时段数据变化规律有所差异。其中天津棉三创意街区与其他四个园区变化规律不同，工作日数据低于休息日，且仅休息日数据高于 1.0 标准线。而长春万科蓝山、长沙万科紫台、天津万科水晶城和武汉万科润园两个休息日均低于五个工作日数据，且工作日数据基本高于 1.0 标准线。但休息日数据，仅长春万科蓝山、天津万科水晶城数值高于 1.0。因此说明以居住区为主的长春万科蓝山、天津万科水晶城、长沙万科紫台、武汉万科润园四个园区的整体活力较高、发展成熟。而更加综合的天津棉三创意街区数值在周六、日增长幅度较大，但工作日数据不及上述四个园区，说明园区对周六、日的依赖较强。

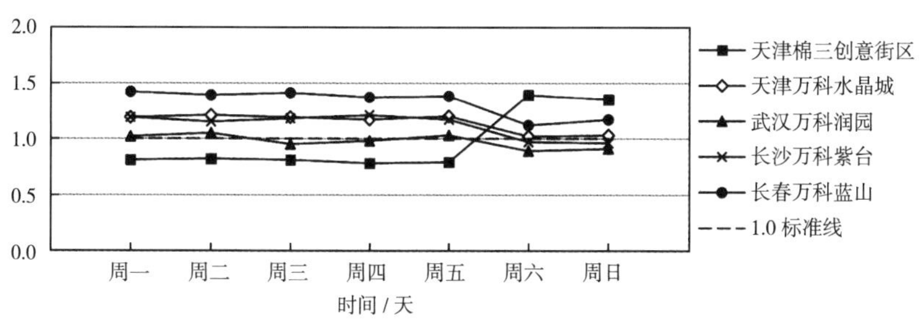

图 3-19　居住区类更新项目一周高峰时段相对人流量对比

（图片来源：作者自绘）

3.4.5 办公类更新项目

本节将对办公类型的五个更新项目（北京新华 1949 国际创意设计产业园、上海 Z58 办公楼、武汉汉阳造创意产业园、苏州建筑设计研究院生态办公楼、淄博 1954 陶瓷工作室）进行相对人流量的变化规律分析。

（1）一天内各时段相对人流量变化规律对比分析

将五个园区一天内各时段相对人流量平均数值曲线相叠加可以看出（图 3–20），从整体上看五个园区在一天内的数据曲线形状略有差异，但整体呈现三个梯度，其中武汉汉阳造创意产业园数据较高，为第一梯度；北京新华 1949 国际创意设计产业园、上海 Z58 办公楼、淄博 1954 陶艺工作室数据较低与前者，为第二梯度；苏州建筑设计研究院生态园相对人流量数据最低，为第三梯度。在数据大于 1.0 的持续时间上，仅汉阳造创意产业园在一天内有高于 1.0 的数据，持续为 2 小时。而其他三个园区一天内均没有超过 1.0 标准线的数据，活力表现较低。

从变化规律来看，北京新华 1949 园区、上海 Z58 办公楼、淄博 1954 陶艺工作室变化规律基本相同，一天内均出现两次高峰，基本呈现“凹”字形状。苏州建筑设计研究院生态园一天内数值较上述三个园区变化平缓。而武汉汉阳造创意产业园的数据变化规律与上述四个园区均不相同。因此，以一天内的相对人流量的对比来看，相对园区周边区域，汉阳造园区有较高的吸引力表现；北京新华 1949 园区、上海 Z58 办公楼、苏州建筑设计研究院生态园、淄博 1954 陶艺工作室虽绝对数值较低，仅在部分时段有一定的活力表现。

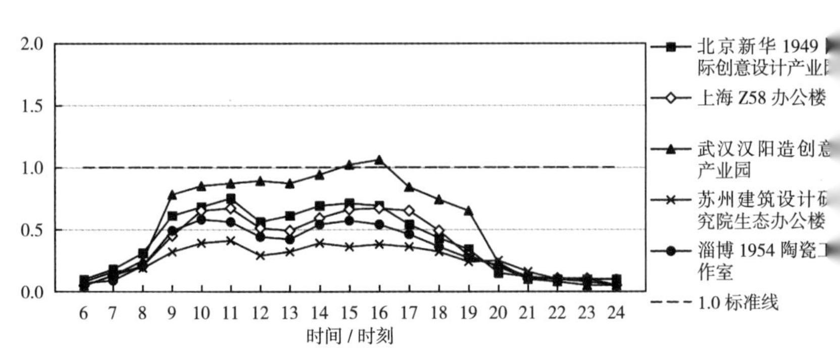

图 3–20 办公类更新项目一天内各时段相对人流量对比

（图片来源：作者自绘）

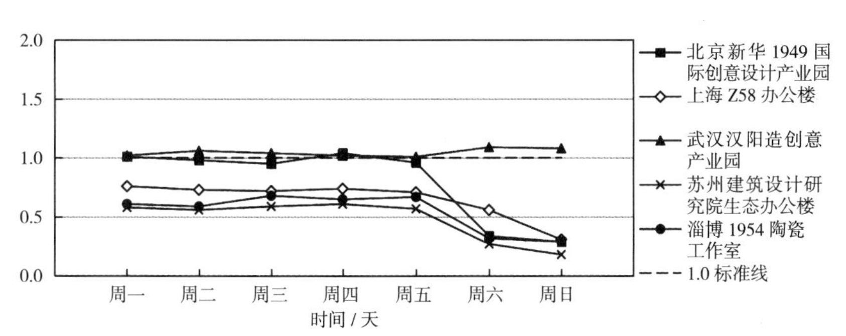

图 3-21 办公类更新项目一周高峰时段相对人流量对比
（图片来源：作者自绘）

（2）一周高峰时段相对人流量变化规律对比分析

将五个园区一周高峰时段相对人流量数值的曲线叠加一起后可以看出（图 3-21），从整体上五个园区在一周高峰时段数据变化规律有所差异。其中新华 1949 园区、上海 Z58 办公楼、苏州建筑设计研究院生态园、淄博 1954 陶艺工作室变化规律相似，均是五个工作日数据较高，两个休息日的数据较低，而其中北京新华 1949 园区工作日与休息日差值最大，其他三个园区差值较小；而汉阳造园区变化规律与上述四个园区有所不同，园区休息日相对人流量数值较高，而工作日数据较低，且差值不明显。说明武汉汉阳造园区能在一周内均有较好的吸引人流的能力，尤其在周六、日时段吸引力表现更为突出。而北京新华 1949 园区虽工作日数值较高，且从周一至周五的数值变化相对稳定，但两个休息日与工作日数据差值较大，说明其工作日活力较为稳定，而休息日则活力较低。而上海 Z58 办公楼、苏州建筑设计研究院生态园、淄博 1954 陶艺工作室的绝对数值相对较低，整体活力不高。

3.5 工业遗产更新项目社区活力后评价结果分析

3.5.1 不同业态类型中社区活力后评价数据分析

本小节将以业态类型为分类标准，结合更新项目的绝对人流量和相对人流量数据，分析同一业态类型不同城市间的人流量变化趋势。

（1）展览馆类更新项目人流量规律分析

通过将五个展览馆类项目绝对人流量和相对人流量数据的分析相结

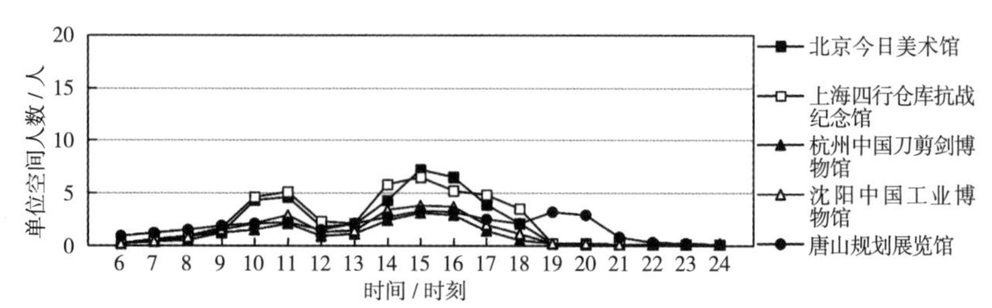

图 3-22 展览馆类更新项目一天内各时段绝对人流量

（图片来源：作者自绘）

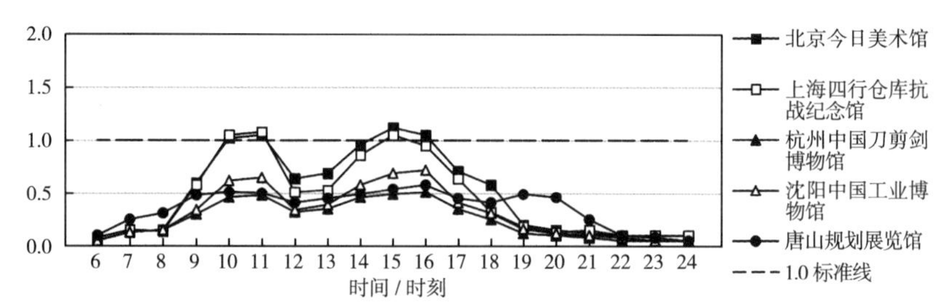

图 3-23 展览馆类更新项目一天内各时段相对人流量

（图片来源：作者自绘）

合，可以得出以下结论：

从一天内各时段两个人流量数据来看（图 3-22、图 3-23），一线城市中的更新项目活力较高，其他等级城市活力较一线城市有一定差距。整体上五个项目的绝对人流量变化幅度相对平缓，而相对人流量数据差距相对较大。身处一线城市的北京今日美术馆、上海四行仓库项目的绝对人流量和相对人流量数据的两个高峰时期均相对明显，虽然绝对人流量数值不高，但相对人流量高峰时段数据超过 1.0 标准线，说明园区在高峰时段活力较高；而身处二线发展较好城市的杭州中国刀剪剑博物馆、沈阳中国工业博物馆虽然两个人流量数据的高峰时期相对明显，但其相对人流量数据均未超过 1.0 标准线，说明两个项目区对人流吸引力较差；而身处二线发展较弱城市的唐山规划展览馆虽然两个人流量数据整体数值偏低，但一天内数值变化浮动较小，一天内大部分时间均有一定的活力表现。

从一周高峰时段两个人流量数据来看（图 3-24、图 3-25），一线城市项目休息日活力较高，而其他等级城市项目一周内高峰时段活力均不高。其中一线城市中的北京今日美术馆、上海四行仓库休息日高峰时段两个人流量数据明显高于工作日高峰时段数据，且从相对人流量来看休息日数据

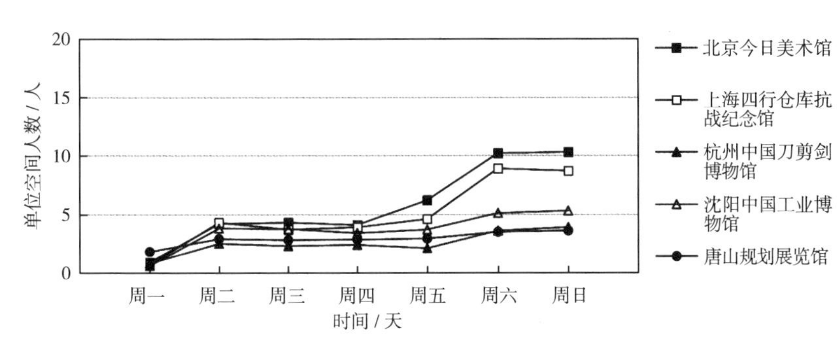

图 3-24　展览馆类更新项目一周高峰时段绝对人流量
（图片来源：作者自绘）

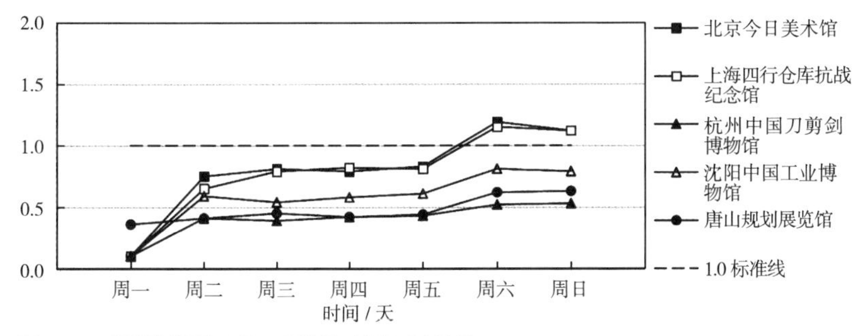

图 3-25　展览馆类更新项目一周高峰时段相对人流量
（图片来源：作者自绘）

高于 1.0 标准线，说明两个馆区在休息日有较高的活动强度，能够吸引大量人流。而其他等级城市中的杭州中国刀剪剑博物馆、沈阳中国工业博物馆、唐山规划展览馆三个馆区，虽工作日与休息日数值变化不明显，但绝对人流量和相对人流量数值均较低。说明三个项目区的人流量仍未达到其预期效果，整体吸引力亟待提高。

综上，五个馆区各自的绝对人流量和相对人流量变化规律基本相似，其中身处一线城市的北京今日美术馆、上海四行仓库对人群吸引力较高；而位于二线发展较好城市的杭州中国刀剪剑博物馆、沈阳中国工业博物馆两个馆区吸引力稍差，无法对人流产生足够的吸引力；而位于二线发展较差城市唐山规划展览馆，相比二线发展较好城市中的两个馆区，对市民在晚间时段有一定的吸引力表现。

（2）创意产业园类更新项目人流量规律分析

通过将五个创意产业园类项目绝对人流量和相对人流量数据的分析相

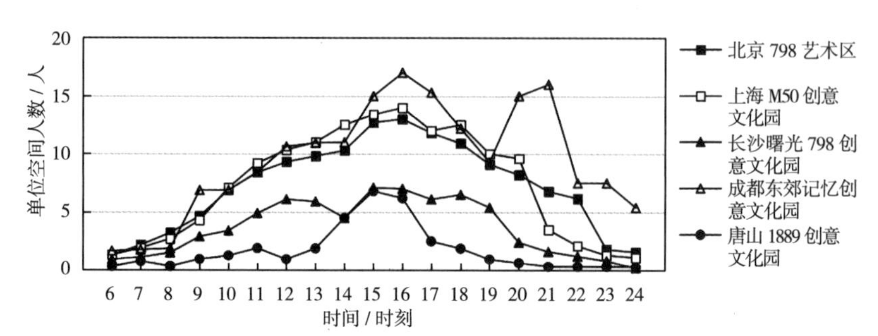

图 3-26 创意产业园类更新项目一天内各时段绝对人流量
（图片来源：作者自绘）

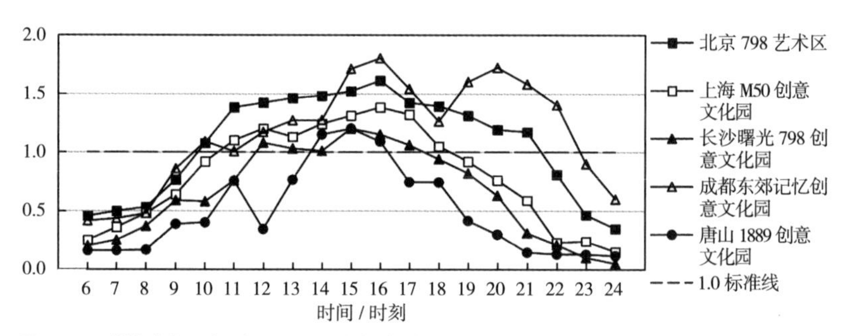

图 3-27 创意产业园类更新项目一天内各时段相对人流量
（图片来源：作者自绘）

结合，可以得出以下结论：

从一天内各时段两个人流量数据来看（图 3-26、图 3-27），一线城市的项目活跃度较高，而二线发展较好城市活跃度差别较大，其他等级城市项目活跃度较差。由数值可见身处一线城市的北京 798、上海 M50 和二线发展较好城市的成都东郊记忆园区高峰时期明显，且数值较高。其中成都东郊记忆园区两个人流量数据均呈现双高峰时期，且两个高峰时期的相对人流量数据均高于 1.0 标准线，其他两个园区的数据虽然在数值上不如东郊记忆园区，但一天内高峰时段时间较长，整体来看对人流的吸引力较高；而身处二线发展较好城市的长沙曙光 798 以及二线发展较弱城市的唐山 1889 园区不仅绝对人流量数值较低，且相对人流量高于 1.0 标准线的时间较短，说明两个馆区整体活跃度较差。

从一周高峰时段两个人流量数据来看（图 3-28、图 3-29），一线城市项目一周内活跃度均较高，而二线发展较好城市工作日和休息日活跃

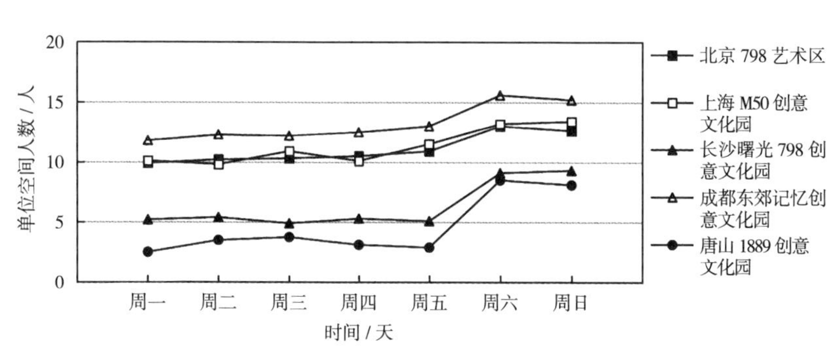

图 3-28　创意产业园类更新项目一周高峰时段绝对人流量
（图片来源：作者自绘）

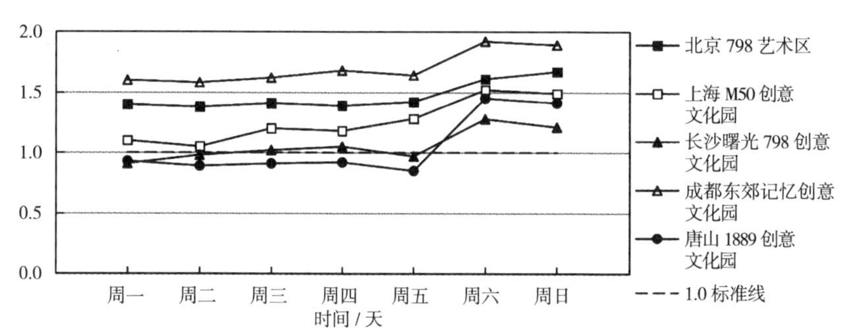

图 3-29　创意产业园类更新项目一周高峰时段相对人流量
（图片来源：作者自绘）

度差别较大，而其他等级城市项目活跃度虽休息日较工作日明显升高，但和一线和二线城市项目比仍具有一定差距。五个园区均变化规律相似，其中北京 798、上海 M50、成都东郊记忆三个一周内园区两个人流量数据均较高，且工作日与休息日数据差距不大，说明三个馆区在一周内均有很高的活动强度，能够吸引大量人流。而长沙曙光 798 园区、唐山 1889 园区两个馆区，虽休息日数值比工作日数据升高明显，但一周内的绝对人流量和相对人流量数值均较低。以上说明身处一线城市的北京 798、上海 M50 和二线发展较好城市的成都东郊记忆可以保持较高活跃度，园区各方面相对成熟。而与成都同属二线发展较好城市的长沙曙光 798 园区以及二线发展较弱城市的唐山 1889 园区仍未达到其预期效果，园区整体的吸引力亟待提高。

综上，五个馆区各自的绝对人流量和相对人流量变化规律基本相似，但相对人流量的差值比例较绝对人流量变化差值较小。总体来说，其中身处一线城市的北京 798 园区、上海 M50 园区整体活跃度较高；而位于二线发展较好城市的长沙曙光 798 园区和成都东郊记忆创意文化园活跃度却有较大差别，前者对人流量的吸引力较好甚至超过一线城市的人流量数据，而后者则活跃度较差，无法对人流产生足够的吸引力；位于二线发展较差城市的唐山 1889 园区，则活跃度表现较差，未达到与其规划效果。

（3）公园类更新项目人流量规律分析

通过将五个公园类项目绝对人流量和相对人流量数据分析相结合，可以得出以下结论：

从一天内各时段两个流量数据来看（图 3–30、图 3–31），一线城市项目活跃度虽相对较高，但与其他等级城市差距不明显，该类项目活跃度整体较差。整体上绝对人流量数据较低且一天内变化幅度较小，而相对人流量数据变化幅度较大。其中，地处一线城市的上海辰山国家公园、上海滨江改造公园绝对人流量变化不明显，但相对人流量的两个高峰时期明显，且数值较高；而身处四线城市的黄石国家矿山公园的相对人流量数据与上

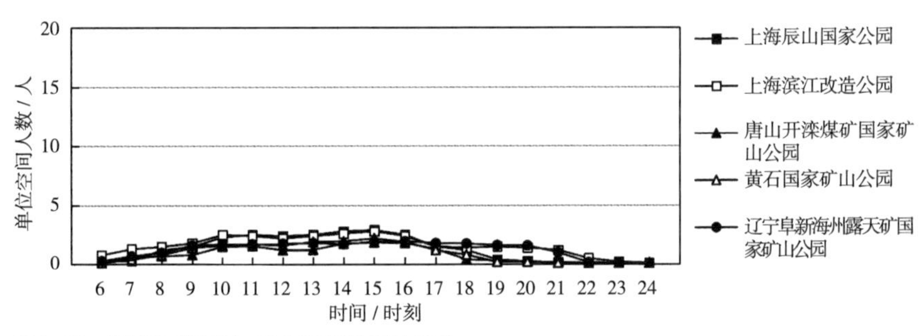

图 3–30 公园类更新项目一天内各时段绝对人流量

（图片来源：作者自绘）

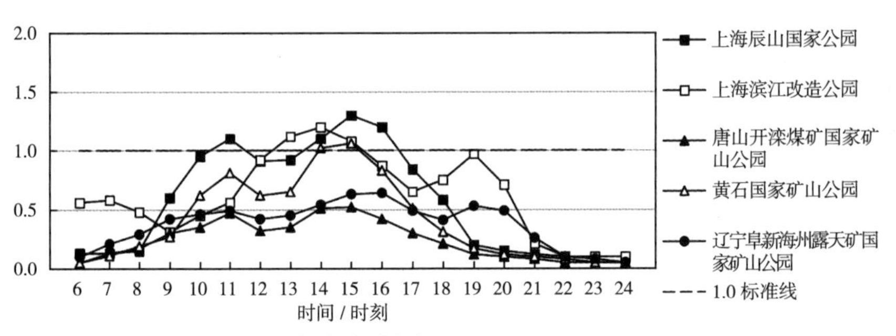

图 3–31 公园类更新项目一天内各时段相对人流量

（图片来源：作者自绘）

述两个园区相比差距较小，且高峰其数值超过1.0标准线，说明馆区虽绝对人流量较少，但仍能成为区域热点；而身处二线发展较弱城市的唐山开滦煤矿国家矿山公园以及五线城市的阜新海州露天矿国家矿山公园整体数值偏低，对市民的吸引力表现较差。

从一周高峰时段两个人流量数据来看（图3-32、图3-33），该类项目休息日均较工作日活跃度有一定的升高，其中一线城市的项目活跃度较高。一周内绝对人流量数据变化规律平缓，相对人流量变化幅度较大。首先，身处一线城市的上海辰山公园、上海滨江改造公园，虽然一周内的绝对人流量数据数值与变化幅度均较低，但相对人流量休息日均明显高于工作日，且数值均在1.0标准线以上，说明两个园区在休息日活动强度较休息日更强。其次，黄石国家矿山公园，虽五个工作日的相对人流量数值偏低，但休息日与工作日数值有一定升高，说明园区在周末可以有效地吸引人流。而唐山开滦煤矿国家矿山公园、阜新海州露天矿国家矿山公园虽绝对人流量与黄石国家矿山公园相近，但从相对人流量数据来看，二者数值均较低。

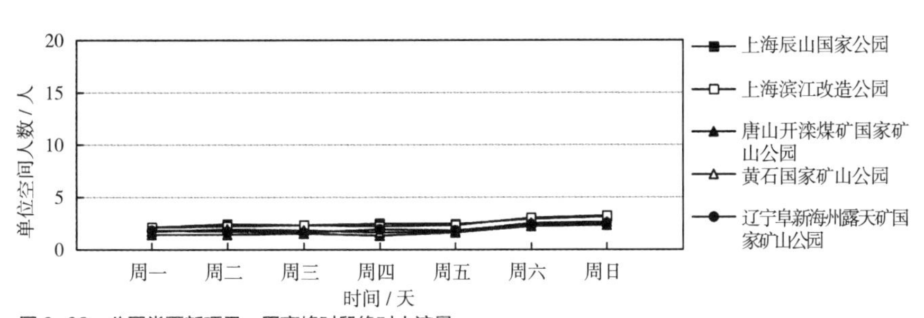

图3-32 公园类更新项目一周高峰时段绝对人流量
（图片来源：作者自绘）

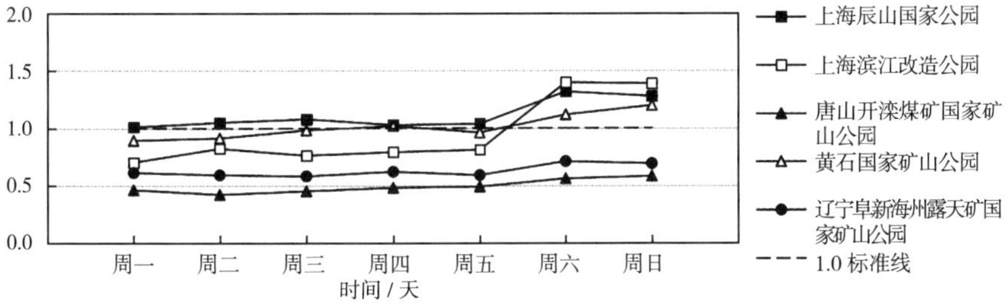

图3-33 公园类更新项目一周高峰时段相对人流量
（图片来源：作者自绘）

以上说明上海辰山国家公园、上海滨江改造公园可以保持较高活跃度，园区各方面相对成熟。黄石国家矿山公园，虽不及上述两个园区，但对人流仍有一定的活跃度表现。而唐山开滦煤矿国家矿山公园、阜新海州露天矿国家矿山公园仍未达到其预期效果，整体吸引力亟待提高。

综上，五个园区各自的绝对人流量和相对人流量变化规律略有不同，其中身处一线城市的上海辰山国家公园、上海滨江改造公园整体活跃度高；位于二线发展较弱城市的唐山开滦煤矿国家矿山公园和位于五级城市的阜新海州露天矿国家矿山公园整体活跃度稍差，无法对人流产生足够的吸引力；而位于四线城市的黄石国家矿山公园因其地理位置等原因，在其两个休息日，有一定的吸引力表现。

（4）居住区类更新项目人流量规律分析

通过将五个居住区类项目绝对人流量和相对人流量数据分析相结合，可以得出以下结论：

从一天内各时段两个人流量数据来看（图 3-34、图 3-35），一线城市与其他等级城市项目活跃度差距不明显，而一线城市部分项目变化规律有

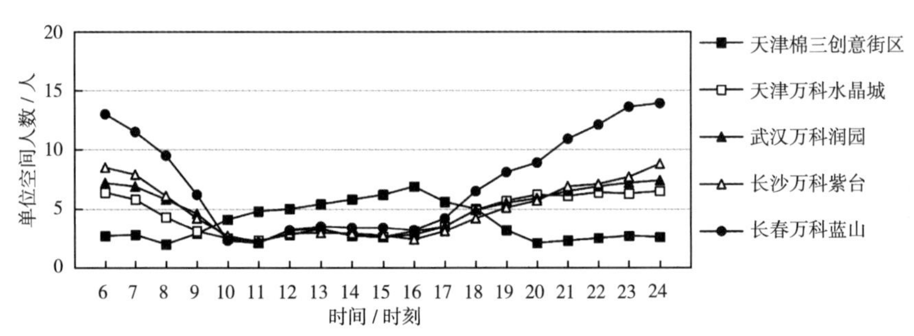

图 3-34 居住区类更新项目一天内各时段绝对人流量

（图片来源：作者自绘）

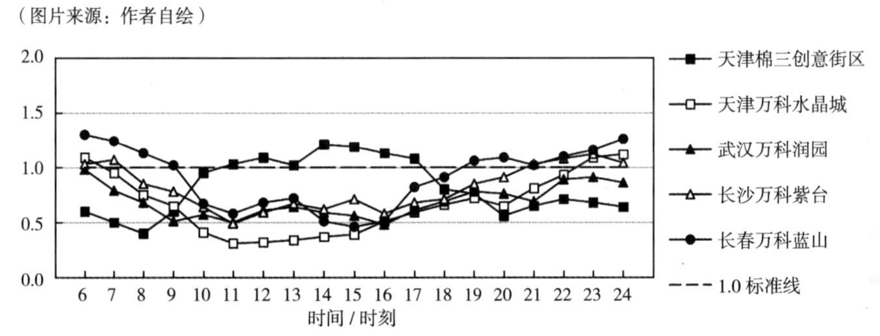

图 3-35 居住区类更新项目一天内各时段相对人流量

（图片来源：作者自绘）

所不同。整体上绝对人流量数据较相对人流量数据变化幅度相对较大。其中，身处一线城市的天津万科水晶城，以及二线发展较好城市的武汉万科润园、长沙万科紫台、长春万科蓝山两个人流量数值高峰时段和低谷时段均明显，且变化规律相似，其中除长春万科蓝山外其他三个园区数值较为接近，但均在早晨和夜间有很好的活跃度表现；而同样位于一线城市的天津棉三创意街区高峰时段与上述四个园区均不相同，其高峰时段与市民白天活动时间更加相符，且高峰时期维持时间长、数值较高，说明整体活力较高。

而从一周高峰时段两个人流量数据来看（图 3-36、图 3-37），一线城市部分项目一周内活跃度均较高，而其他等级城市项目一周内工作日活跃度高于休息日。天津万科水晶城、武汉万科润园、长沙万科紫台、长春万科蓝山两个人流量的变化规律依然相似，工作日园区的绝对人流量和相对人流量数据均较高，而休息日较工作日数据有所下降，但幅度较小，说明四个园区在一周内高峰时段数据均有较高的的活动强度，能够稳定吸引大量人流。而天津棉三创意街区，虽工作日数据偏低，但休息日的相对人流

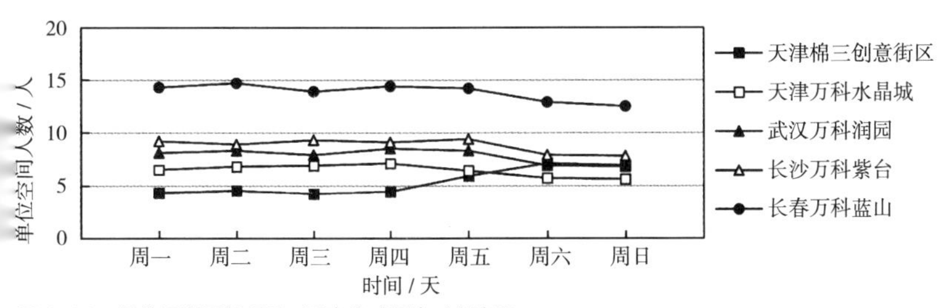

图 3-36　居住区类更新项目一周高峰时段绝对人流量
（图片来源：作者自绘）

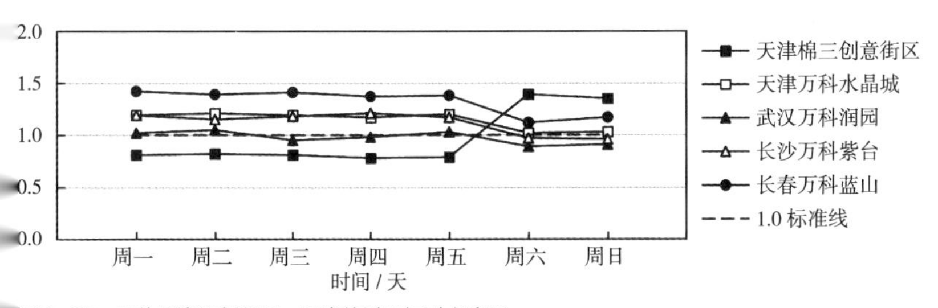

图 3-37　居住区类更新项目一周高峰时段相对人流量
（图片来源：作者自绘）

量和绝对人流量数据有大幅提升。以上说明五个园区在一周内均虽然不同时段的活跃度不同，但整体来说活跃度较高。

综上，五个园区虽各自的绝对人流量和相对人流量变化规律大致相同，但总体来说，其中身处二线城市的天津棉三创意街区、天津万科水晶城整体活跃度有所差异，前者较高，后者只在部分时段活跃度表现较高；而位于二线发展较好城市的武汉万科润园、长沙万科紫台整体差别不大，具有一定的活跃度表现；而同位于二线发展较好城市的长春万科蓝山，能稳定地吸引人群来此，吸引力较高。

（5）办公类更新项目人流量规律分析

通过将五个办公类项目的绝对人流量和相对人流量数据分析相结合来看，可以得出以下结论：

从一天内各时段两个人流量数据来看（图 3-38、图 3-39），该类项目活跃度均不高，但二线发展较好城市部分项目有一定的人流量吸引力表现。位于二线发展较好城市的武汉汉阳造创意产业园高峰时期明显，且数

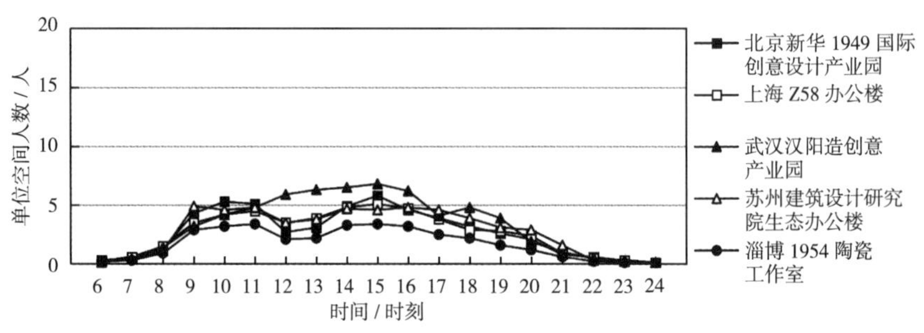

图 3-38　办公类更新项目一天内各时段绝对人流量

（图片来源：作者自绘）

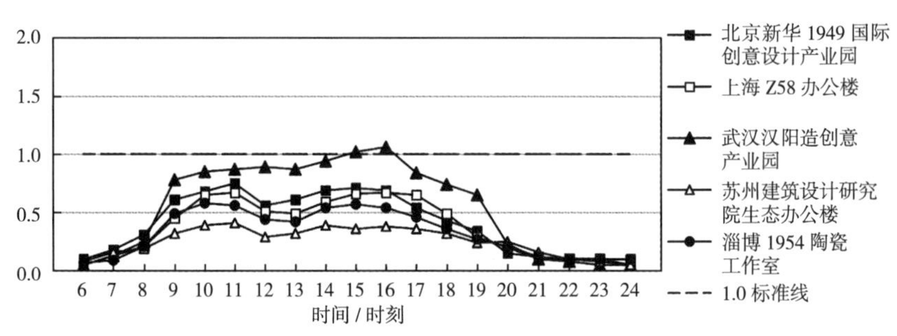

图 3-39　办公类更新项目一天内各时段相对人流量

（图片来源：作者自绘）

值较高，且相对人流量数据在高峰时段突破 1.0 标准线；而位于一线城市的北京新华 1949 国际创意设计产业园、上海 Z58 办公楼以及二线发展较好城市的苏州建筑设计研究院生态园虽高峰时期相对明显，但相对人流量均在 1.0 标准线以下，三个园区活力较差；而身处二线发展较弱城市的淄博 1954 陶艺工作室，无论绝对人流量还是相对人流量数据，数据均较低，园区活跃度亟待提升。

从一周高峰时段两个人流量数据来看（图 3-40、图 3-41），一线城市项目工作日活跃度较高，但休息日与工作日活跃度相差较大；二线发展较好城市项目活跃度差距较大，部分项目活跃度高于一线城市；其他等级城市活跃度较差。五个园区均变化规律有所不同，其中位于二线发展较好城市的武汉汉阳造创意产业园虽绝对人流量数据与其他园区相差不大，但相对人流量数据较高，且一周内数值变化不大，说明园区在一周内均有很高的活动强度，能够有较高的活跃度。而北京新华 1949、上海 Z58 办公楼两个园区，不仅休息日数值比工作日数据明显降低，且仅北京 1949 园区

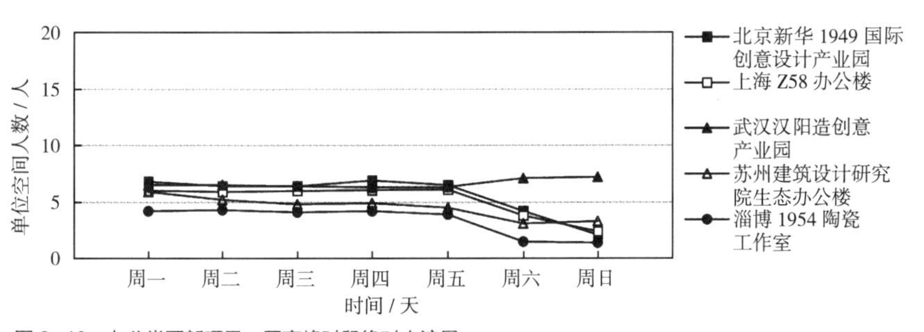

图 3-40　办公类更新项目一周高峰时段绝对人流量
（图片来源：作者自绘）

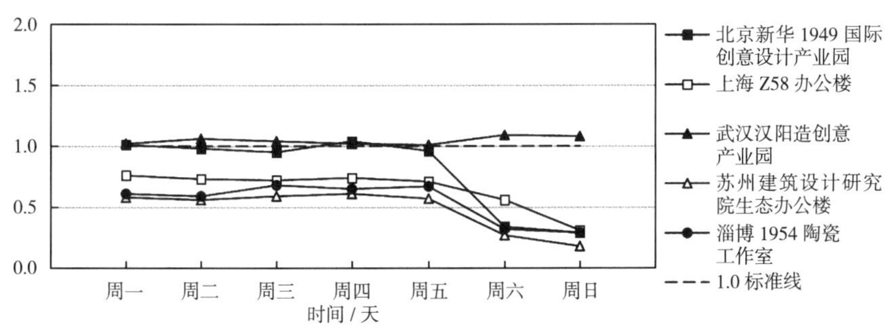

图 3-41　办公类更新项目一周高峰时段相对人流量
（图片来源：作者自绘）

在工作日的相对人流量维持在 1.0 标准线左右，两个园区其他时间均未有很好的活跃度表现；苏州建筑设计研究院生态园、淄博 1954 陶艺工作室在工作日数据虽高于休息日，但整体数值偏低，对人流的吸引力较差，未达预期规划，亟待提高。

综上，五个馆区各自的绝对人流量和相对人流量变化规律有所差别，身处一线城市的北京新华 1949 国际创意设计产业园、上海 Z58 办公楼整体活跃度一般；而位于二线发展较好城市的武汉汉阳造办公园区整体活力较好，有较稳定的吸引力表现；位于二线发展较好城市的苏州建筑设计研究院生态园和位于二线发展较差城市的淄博 1954 陶艺工作室，则吸引力表现较差，活跃度不足。

3.5.2 不同城市等级中社区活力后评价数据分析

（1）一线城市更新项目人流量规律分析

将位于一线城市的展览馆类、创意产业园类、公园类、居住区类、办公类五个业态类型更新项目的绝对人流量和相对人流量数据进行叠加后，我们可以发现：

从一天内各时段两个人流量数据来看（图 3-42、图 3-43），不同类型项目活跃度差距较大。创意产业园这一更新类型，无论是绝对人流量还是相对人流量数据，均远高于其他类型的人流量数据，且高峰时期明显，具有较高活跃度；居住区类型的更新项目两个人流量的变化幅度小，但从相对人流量来看未超过 1.0 标准线，说明该类更新项目活跃度一般；展览馆

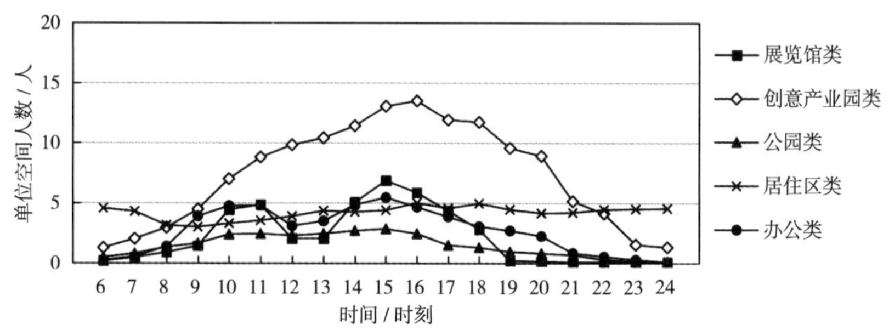

图 3-42 一线城市更新项目一天内各时段绝对人流量

（图片来源：作者自绘）

类和办公类型的更新项目，一天内高峰时段明显，但其他时段两个人流量数据均较低，只有展览馆类项目的相对人流量在高峰时段数据高于 1.0 标准线；而公园类型的更新项目，一天内高峰时段不明显，但两个人流量数据均相对较低，吸引力较差有待提高。

从一周高峰时段两个人流量数据来看（图 3–44、图 3–45），一周内工

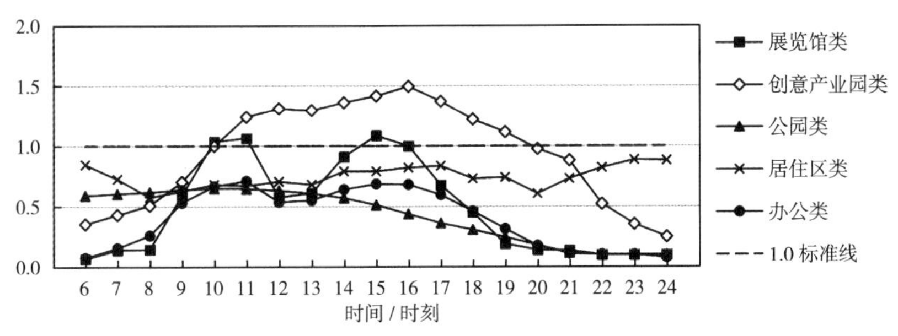

图 3–43　一线城市更新项目一天内各时段相对人流量
（图片来源：作者自绘）

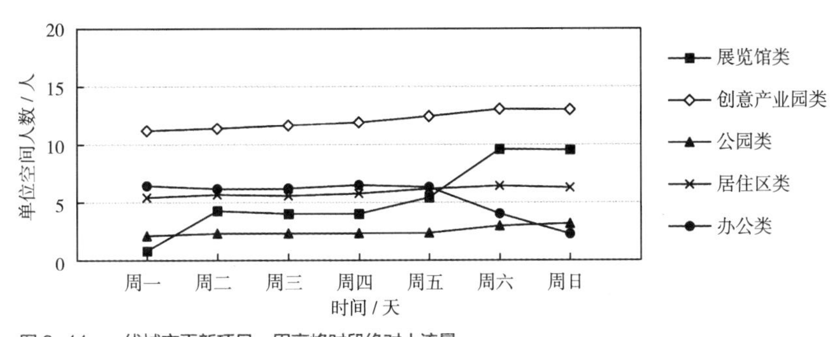

图 3–44　一线城市更新项目一周高峰时段绝对人流量
（图片来源：作者自绘）

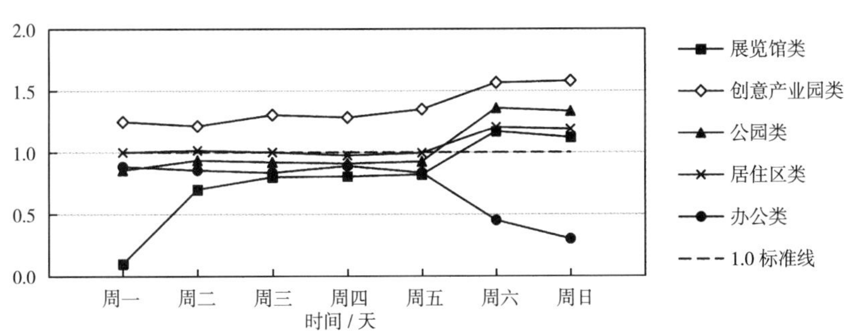

图 3–45　一线城市更新项目一周高峰时段相对人流量
（图片来源：作者自绘）

作日和休息日不同业态类型项目活跃度变化规律不同。创意产业园类型的更新项目在一周内的人流量数据均数值较高，说明位于一线城市的创意产业园在一周内高峰时段均有较高的活跃度；居住区类型的更新项目的两个人流量数据均处于相对稳定位置，但数值均值略高于其他项目，说明该类型更新项目虽不如创意产业园类型项目在一周内的活跃度表现，但仍一周内变化相对稳定；而展览馆和公园类型的更新项目，从整体看两个人流量数值在一周内变化较大，且与上述两个类型的活跃度有一定差距；而办公类型的更新项目，虽然工作日对人流有一定吸引力，但休息日数据远低于工作日，说明该类型项目在休息日的吸引力有一定提升空间。

综上，位于一线城市的五类更新项目中，活跃度最高的类型为创意产业园类更新项目；而居住区类更新项目人流量活跃度虽然不高但相对稳定，这与该类型的业态特点有关；展览馆类更新项目对人流的吸引不稳定，但总体来说活跃度趋于中等；而其他的公园、办公虽在不同时段对人流有一定的吸引力表现，但整体活跃度不高有提升的空间。

（2）二线发展较好城市更新项目人流量规律分析

因国内的公园类更新项目没有在二线发展较好城市中更新，所以本节将对展览馆类、创意产业园类、居住区类、办公类四个更新类型的绝对人流量和相对人流量数据进行比较分析，得出以下结论：

从一天内各时段两个人流量数据来看（图 3–46、图 3–47），创意产业园类和居住区类更新项目人流量活跃度较高，而其他类型项目活跃度相对较低。创意产业园这一更新类型，无论是绝对人流量还是相对人流量数据，均远高于其他类型的两个人流量数据，且高峰时段明显，持续时间较长；

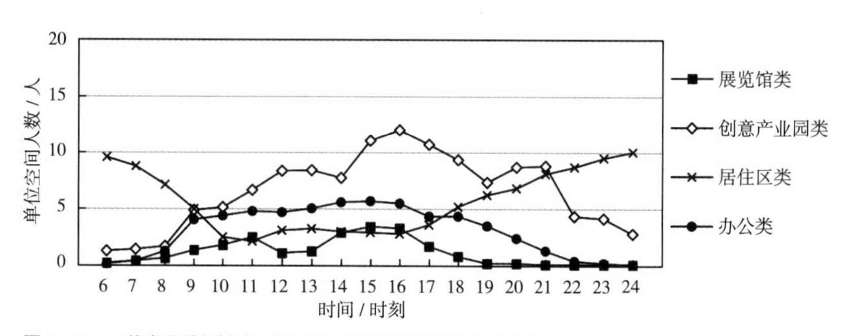

图 3–46　二线发展较好城市更新项目一天内各时段绝对人流量

（图片来源：作者自绘）

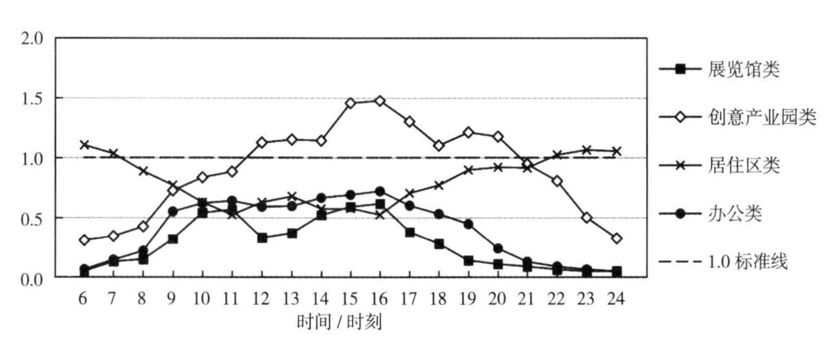

图 3-47　二线发展较好城市更新项目一天内各时段相对人流量
（图片来源：作者自绘）

居住区类型的更新项目，虽然从绝对人流量来看其高峰期数值与创意产业园类更新项目接近，但从相对人流量来看，与创意产业园类项目仍具有一定差距，数值大于 1.0 标准线的时间与创意产业园类项目差距较大；而展览馆类和办公类型的更新项目，一天内两个人流量数据变化规律相似，数值变化浮动相对较小，其中相对人流量均没有大于 1.0 的时段，说明这两类更新项目不如上述两类更新项目，整体对人流量的吸引力较低。

从一周高峰时段两个人流量数据来看（图 3-48、图 3-49），创意产业园类和居住区类更新项目虽一周变化规律不同，但活跃度较高，而其他类型项目一周内对人流的吸引力均不足。总体上四个类型项目变化规律略有不同，其中展览馆类和创意产业园类项目，规律相似均是工作日数据变化平稳，而休息日较工作日数据有所上升，说明这两类更新项目能在休息日获得较高活力。而居住区类和办公类更新项目，其人流量变化规律相似，均是周末数值较工作日数值略有下降。而从相对人流量数值来看，创意产

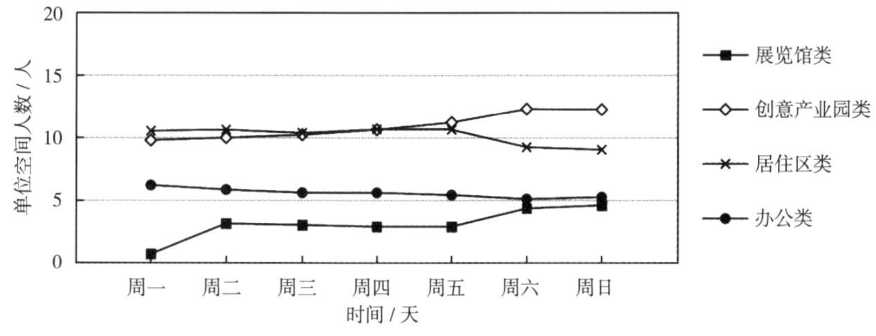

图 3-48　二线发展较好城市更新项目一周高峰时段绝对人流量
（图片来源：作者自绘）

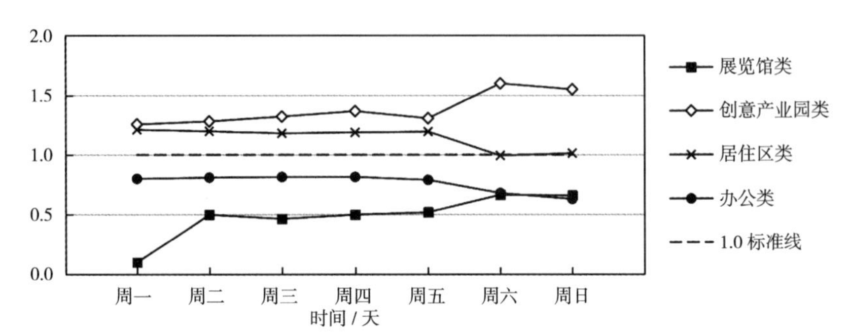

图 3-49 二线发展较好城市更新项目一周高峰时段相对人流量
（图片来源：作者自绘）

业园类和居住区类更新项目数据较高，数值基本均在 1.0 标准线以上，但两者的相对人流量略有差异，创意产业园类项目数值略高于居住区类项目，说明创意产业园类更新项目高峰时段人流量较高，成为区域热点，而居住区类更新项目有一定的活跃度；而展览馆类和办公类更新项目，两者的绝对人流量较为接近且较上述两个类型差距较大，而从相对人流量来看，虽然办公类项目数值较高，但整体依然在 1.0 标准线以下，说明展览馆类和办公类高峰时期人流量数值较低，对人流的吸引力不足。

综上，位于二线发展较好城市的四类更新项目中，创意产业园类更新项目发展较好，能较长时间处于区域热点，对人流量吸引力较高；而居住区类更新项目虽不及创意产业园类更新项目，但变化相对稳定，有较高活跃度；而其他的展览馆类、办公类更新项目虽在不同时段有一定活跃度表现，但整体对人流的吸引力有待提升。

（3）二线发展较弱及以下城市更新项目人流量规律分析

因国内二线发展较弱及以下城市的工业遗产更新项目中没有改造为居住区类型的项目，所以本节将对展览馆类、创意产业园类、公园类、办公类四个更新类型的绝对人流量和相对人流量数据进行比较分析，得出以下结论：

从一天内各时段绝对人流量数据来看（图 3-50、图 3-51），仅创意产业园具有一定的活力表现，而其他项目对人流的吸引力均不高。四个类型项目高峰期数值变化规律基本相近，只有展览馆类项目在晚间时段有人流量增高的现象，且变化规律有所不同。而从相对人流量来看，只有创意产业园类项目，有时段的数值高于 1.0 标准线，而公园类项目虽然相比绝对

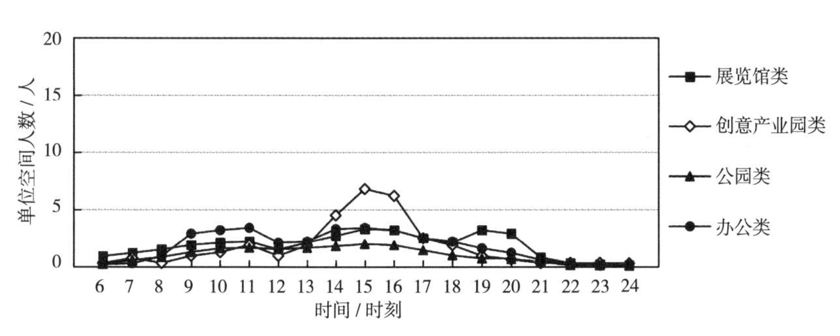

图 3-50　二线发展较弱及以下城市更新项目一天内各时段绝对人流量
（图片来源：作者自绘）

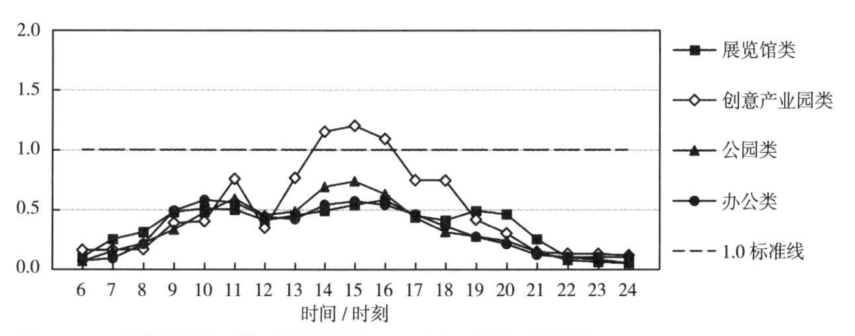

图 3-51　二线发展较弱及以下城市更新项目一天内各时段相对人流量
（图片来源：作者自绘）

人流量在高峰时段数值有一定的升高，但其相对人流量数据仍未高于 1.0 标准线。所以就一天内各时段人流量数据来看，除创意产业园类更新项目外，其余项目仍未对人群提供有效的吸引力。

从一周高峰时段两个人流量数据来看（图 3-52、图 3-53），仅创意产业园在周末有一定的活力表现，其余项目在一周内的活力均较低。总体上四个类型除办公类项目外其余变化规律基本相同，均是休息日人流量高于工作日人流量，而办公类项目则刚好相反，且数值差距较大，相对人流量的变化规律基本与之相似。但从数值上看，虽然创意产业园类项目和办公类项目在工作日绝对人流量数值上较高，但从相对人流量上看工作日数据均未超过 1.0 标准线，说明并未具有较高的人流量吸引力。但其中创意产业园类项目无论绝对人流量还是相对人流量在周末均有较好表现，说明此时创意产业类项目能较好对人流产生一定的吸引力，成为区域热点。而其他两类项目，无论绝对人流量还是相对人流量在一周内的数值均较低，对

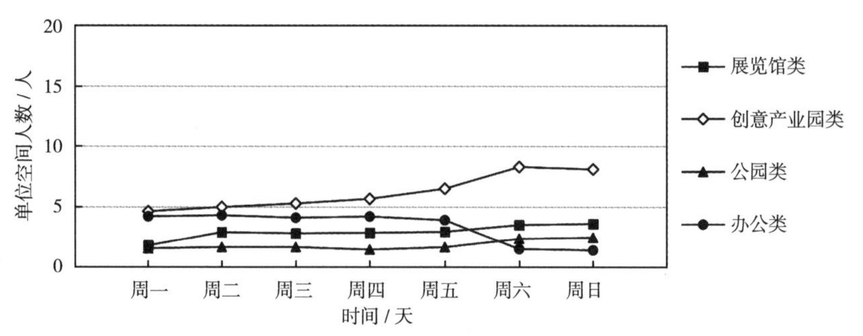

图 3-52 二线发展较弱及以下城市更新项目一周高峰时段绝对人流量
（图片来源：作者自绘）

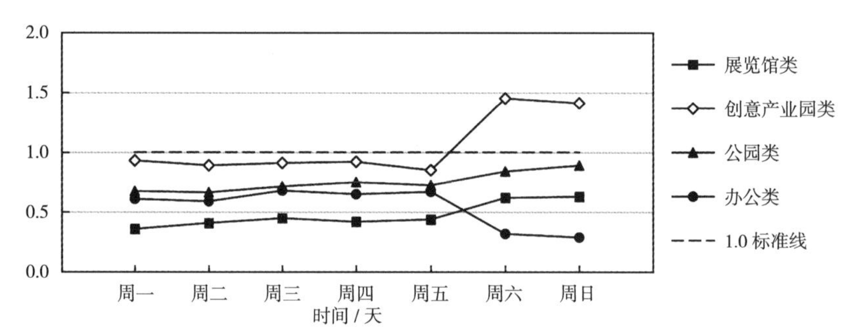

图 3-53 二线发展较弱及以下城市更新项目一周高峰时段相对人流量
（图片来源：作者自绘）

人流的吸引力不足。

综上，位于二线发展较弱及其他城市的四类更新项目均不理想，创意产业园类更新项目发展相对较好，能在一定时间段上有较好的人流活力表现；而展览馆类、公园类、办公类更新项目整体活力较差，对人流的吸引力亟待提高。

3.5.3 基于社区活力后评价数据的工业遗产更新策略

（1）一线城市工业遗产更新项目的策略

针对一线城市的不同项目对人流量吸引力的不同，下面我们对这些更新项目业态类型的选择提出解决对策。

首先，应大力发展一线城市的创意产业园类更新项目，但同时平衡其经济属性和文化属性，避免创意文化被过度排挤。一线城市的创意产业园类更新项目人流吸引力高，为地块及其周边经济、社会等因素的提升带来巨大贡献，使之成为目前一线城市重要的更新类型。但同时也使得其内部租金及其他商业成本持续上涨，使得内部创意文化类业态被排挤现象日趋严重，吸引力较原先已出现下滑。以北京 798 项目为例，其租金水平从最开始 0.6 元 /（m^2・天）上升至将近 20 元 /（m^2・天），而这种租金的上涨已经使得大量的以非营利性为目的的创意文化类店铺不得不离开 798，而这也直接导致以这种创意文化为目的的人群不再关注 798 项目。政府为解决这种现象施加了一定的主导力量（如提高 798 内餐饮娱乐等商业形式的店铺租金，以降低纯艺术绘画展览等的租金），但这种排挤现象依然存在。因此对于一线城市来说，在政府或管理者以提升地块价值为目的进行改造时，如何去平衡创意产业、创意文化带来的吸引力与这种吸引力所导致的商业成本过高而产生其本身被排挤的问题，将是对于创意产业园类更新项目的最迫切需要解决的问题。并且就目前来看，一线城市为创意产业园提供巨大潜在资源，城市依然有足够的容量去容纳其发展，但在未来必定会因该类型更新项目的发展使得受众人群在不同项目间出现稀释的过程。而其带来的影响不仅是多方面的，也可能是城市级的，也可以是区域级的，所以一线城市在大力发展创意产业类更新项目的同时，要逐渐考虑其城市级和区域级对该类项目容纳程度的问题。

其次，一线城市的公园类、展览馆类和办公类更新项目应全面发展，并在引入创意文化的同时，将业态类型相互穿插，以此提升园区人群吸引力。对于一线城市的公园类和展览馆类更新项目，虽然从业态类型看这两类项目不同，但其对于人流量吸引力这一角度来评价的话，成功与否的标准与创意产业园类项目是相同的，即人流量高、吸引力强，项目相对更加成功。而一线城市的这两类项目，却与创意产业园类项目的人流量相差过大，可见对于其吸引力的提升还有较大空间。而根据作者调研其余地方发现，这两类项目与创意产业园类项目的业态相融合并共同开发的模式往往比单一模式开发更具吸引力。如北京 798，虽然园区以创意文化、创意产业为主，但其内部依然有传统的文化展览的业态形式。还有上海红方文化艺术社区，虽然本文未对其进行人流量的统计，但其在上海地区仍是较为成功的案例。其内部业态类型更是融合了办公、展览、创意文化、绿地公园等多元的更新方式，使得园区整体吸引力较高。并且，对于办公类更新项目来说，虽然单一的办公业态类型方便项目区整体的管理，但若提升项目区人流量吸引力或地块整体的活力，与上述业态类型的融合也是有效的办法。所以对于一线城市公园类、办公类和展览馆类更新项目来说，其多元的业态类型发展将是提升人流量和项目区整体吸引力的重要方法。

一线城市的居住区类更新项目若要提升人流吸引力，可考虑引入创意文化等休闲娱乐商业，但其市场定位是关键。对于居住区这一特殊的业态类型而言，往往影响人流量是其项目本身的属性（如容积率、建筑密度等），该类型对于工业遗产更新后的地块价值提升具有一定的效果，并会影响到其周边地块的价值提升。但就其本身的吸引力提升而言，居住这单一的类型往往是不够的。以天津棉三创意街区为例，其地块内部融合了多种业态，使得园区一天 24 小时内均有一定的人流量吸引力。

综上，对于一线城市的工业遗产更新项目来说，以创意文化为核心，业态之间的适度穿插发展，是提升项目区人流量最有效的办法。但某一更新类型对于城市未来的发展是否出现饱和或者还能容纳多少，也是需要解决的问题。当城市对工业遗产更新时，在考虑不断提升吸引力的同时，也应对城市或区域内能容纳多少类似项目的问题多加考虑。

（2）二线发展较好城市工业遗产更新项目的策略

针对二线发展较好的城市的不同项目对人流量吸引力的不同，下面我们对这些更新项目业态类型的选择提出解决对策。

首先，二线发展较好城市的创意产业园类更新项目应适度发展，并结合政府主导管理，以及考虑所属城市的受众人群的基数与结构，避免出现人流吸引力差别较大的现象。创意产业园类更新项目与一线城市类似，也是目前以及未来二线发展较好城市的最主要更新模式。但与一线城市不同的是，二线发展较好城市的人口基数、受教育程度等与一线城市差别较大，其规模的规划与其中不同商业的比例应和该城市的受众人群相结合，避免出现长沙曙光 798 项目的人流量不足的现象。并且无论已实施的更新项目或是新建的项目，均应考虑其创意文化类本体的生存问题，避免出现大量的创意文化被“逼出”园区，造成恶性循环。

其次，二线发展较好城市的居住区类项目，以改善区域价值为目的，结合工业遗产本身特有的工业遗产元素改造为配套商业及景观，提升小区品质，使得该类项目具有竞争力的同时提高人流量吸引力。与其他业态类型的项目相比有一定人流量优势，其居住资源并不如一线城市那样紧缺，所以对于地理位置不太好的工业遗产更新项目的居住区类型，工业遗产更新的优势所带来的收益会较为显著。以长春万科蓝山为例，据作者调研发现，其平均价格较周边小区相对较高，且人流量也高于周边小区，其小区内的以工业遗产为元素改造的对外商业，不仅对小区内部业主开放，并可吸引部分外来人群。总体来说该类更新方式在二线发展较好城市本身具有一定优势，并会给其区域周边提供大量的人群资源，但同时小区自身品质的提升，需与工业遗产的特有工业遗产元素相结合。

然后，二线发展较好城市的展览馆类项目在考虑展览内容及时更替的同时，适度发展。对于二线发展较好城市的展览馆类项目其展览内容不应局限于固定的本土文化和历史展示，还应符合市民的需求，并结合创意文化类主题及时更新展览类型及内容。展览馆类项目与一线城市的人流吸引力不同，其原因主要是展览的主题比较固定且大多为工业遗产本身的历史，使得对市民的二次吸引力不足。所以，对于该类城市的展览馆类型的更新项目的业态规划可以借鉴一线城市的规划方式，既以固定展厅和临时展厅共同组成，且其中展览的部分内容应结合市民需要及时更新。

同时，办公类和展览馆类更新项目可考虑以增加受众人群的种类为目的，进行适宜的业态种类增加。以武汉汉阳造园区为例，项目以办公为核心，配合一些休闲娱乐商业，这样园区内不仅有内部的办公人员，也具有来此休闲娱乐的市民，使其在该类型城市的人流吸引力明显高于纯办公类型的更新项目。

综上，创意产业园类更新项目在二线发展较好城市更新时需要与城市的受众人群的数量、年龄、文化水平等因素一并考虑，并需要政府的“自上而下”的整体调控；若工业遗产区域过大，可考虑更新为居住区，但其内部的配套商业及景观可以工业遗产为元素进行改造，这样使得小区整体吸引力升高；展览馆类项目应多以固定展厅和临时展厅共同构成，且及时更新其展览内容；并且展览馆类和办公类更新项目人流吸引力的提升，可以参考一线城市的更新方法，与创意文化及公园绿地或其他类型相结合，增加受众人群的种类，以此提升其人流量。但总体上由于二线城市的人口基础、城市中心地区的面积与一线城市有一定差距，而废弃的工业遗产占有比例往往比一线城市要高，所以在考虑对其更新选择业态类型的同时，城市内对更新项目的容纳量更是需要解决的问题，避免出现更新项目过剩导致人流量不足的现象。

（3）二线发展较弱及以下城市工业遗产更新项目的策略

针对二线发展较弱及以下的城市的不同项目对人流量吸引力的不同，下面我们对这些更新项目业态类型的选择提出解决对策。

首先，对于二线发展较弱及以下城市的工业遗产更新项目在尝试提高其吸引力时，可采用将公园类、创意产业园类、展览馆类甚至办公类多业态融合的方式。创意产业类项目在二线发展较弱及以下城市出现“水土不服”的现象，这与该城市的人口基数、文化层次、经济结构等因素有关。那么在提升其活力时，依然可以考虑业态融合的方式。同时公园类、展览馆类和办公类在解决其吸引力不足的问题时，业态融合的办法也是可行的。以唐山开滦煤矿国家矿山公园为例，该园区兴建于 2005 年，是全国首批国家级矿山公园之一，内部建有展示开滦煤矿历史的展览馆地处唐山市中心地带。从前文的论述可以看出其活力并不理想，从 2016 年下半年开始至今其园区内逐渐增加创意产业类业态商业。经过作者长期对该园区的调研发现，该园区目前已经比前文记录人流量时更具吸引力。说明多业态类型的融合对于该类城市的工业遗产更新项目的吸引力提升是有效的。

其次，对于经济发展欠发达或尚未有已实施的工业遗产更新项目的城市，为避免出现工业遗产再次荒废的现象，在更新实施时可采取多类型、新类型的尝试并阶段性实验的方式，并结合政府宣传和引导，使市民对工业遗产更新的观念得到提升。拥有更新或未更新工业遗产的欠发达城市大多是资源型城市或传统工业城市，其待更新的工业遗产储量是巨大的。那么如何解决这些地区工业遗产更新的问题，往往比一线或二线发展较好城市的解决过程和方法要复杂得多。作者认为可从两个方面入手解决上述问题：其一，对该类城市的工业遗产更新采取更多类型的尝试，并对其阶段性实验。从前文对该等级城市的分析可以看出，目前已实施的更新项目均不理想，除了对这些已出现的更新业态类型进行融合外，还可采取一些新的类型进行阶段性实验。依据其地块的地理位置及特点，可以更新为诸如大型商业、居住区配套以及廉租房等业态形式，这样原本荒废的工业遗产便可重新赋予它新的价值意义。其二，可将荒废的工业遗产更新为城市市政配套设施，如学校、体育运动场、医院等，虽然这样的做法对于地块本身的价值提升并不显著，但可为城市解决一些必要的需求，为城市整体服务。其三，是把工业遗产需要更新的观念传导给民众，并在更新后进行由政府或非政府组织下的宣传工作，目的是让民众接受工业遗产更新的理念，只有这样才能使工业遗产更新项目受到重视，使得更新项目的认知度得到提升，才会使其吸引力得到提高。

第4章

工业遗产更新项目建成环境后评价

Post-environment Evaluation of Industrial Heritage Renewal Project

世界后工业时代的到来使得工业遗产如何变更成了重要议题。在工业遗产更新项目的建造热潮中，已落成的项目在建成环境方面也呈现出许多问题。所以通过对工业遗产更新项目建成环境进行后评价，对改造的项目进行总结，并为未来新建或改造的同类项目提供设计依据，从而提升设计的质量，以最大限度地满足人们日益提高的人居环境需求就显得尤为重要。

4.1 缘起

4.1.1 研究背景

从20世纪90年代后期开始，我国的传统工业在众多城市经济产值中的比例逐年下降，在供给侧结构性调整的政策下，城市的产业布局也正在发生着重大改变，很多当年地处城市郊区的旧工业区如今已被发展的新城区所包裹。针对大量工业遗产和工业建筑，选择废弃拆除还是改造更新，一直都是热议的话题。受生态意识、可持续发展以及提倡塑造和留住历史观念的影响，人们对城市工业遗产的态度从最初的大拆大建逐步向可持续发展的改造再利用方向转变。

虽然工业遗产更新项目得到了快速的发展，但与此同时也需要我们注意的是，在如今如火如荼建造的过程中，一些改造后的项目存在的问题也日益突显，如出现了可达性较差、公共设施不足、绿化景观过少等问题，这都是未将使用者对该类项目建成环境的使用需求考虑其中的结果。那么如今使用者对工业遗产更新项目的需求和评价到底是好是坏？有哪些优点值得发扬，又有哪些缺点亟待整改？这些项目究竟使用状况如何？那么为了探究这些问题，对工业遗产更新项目进行建成环境的调研，深入调查目前建成环境的现状，剖析其对使用者的影响，发现规律，从而总结经验，改进或指导未来设计，对其进行建成环境后评价就显得十分必要了。

4.1.2 研究目的与意义

建成环境后评价是近年来在西方发展起来的综合性学科，它涉及建筑、环境的设计与管理各个方面的内容，包含客观的技术标准与主观的需求感受两方面，能从综合效益上判定项目建成环境的得失优劣，是优化建筑设计和建筑管理、解决项目建成后类似问题的有效手段之一。

作者在考察中发现国内很多工业遗产更新项目其使用效果与改造前的预期目标不符，同时目前大多对该类项目的主流评论都是从出资方或设计师的角度入手，评价其改造的创意、理念，经常忽略使用者对改造后项目的实际体验和切实需求。因此，建立一套科学、系统的工业遗产更新项目建成环境后评价体系，对已改造并投入使用的工业遗产更新项目进行建成环境方面的针对性调查研究，总结分析使用者在使用过程中出现的反馈信息，从而为城市的决策者、项目的投资者在今后该类项目建设时提出建成环境方面的合理性建议，有助于工业遗产更新项目未来在建成环境的改善方面提供指导，同时也对未来同类项目的设计提供参考，以便最大限度地提高设计的综合效益及质量。

4.2　建成环境后评价的涵盖范围

4.2.1　建成环境评价的理论内涵

（1）理论构架

建成环境评价主要是在有关建筑环境设计和管理方面探讨建成环境与使用主体间的关系。按照某标准对某一场所评估，在满足人们需求上进行评价，从而为相关的环境设计、管理运营和建成环境等改进方面提供客观、有针对性的依据。

目前，如图 4–1 所示，建成环境评价主要有三个方向，分别为：人居环境评价、建筑环境评价、建筑或城市设计方案评价。其应用范围也非常广泛，总体来说有设计前期评价、使用后评价两个方面。

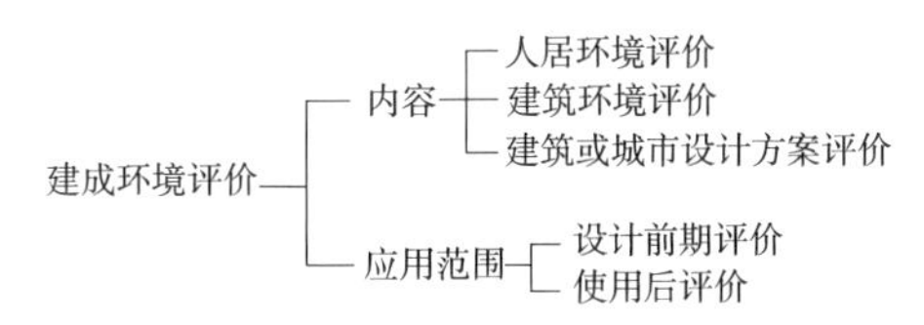

图 4–1　建成环境评价研究体系
（图片来源：朱小雷《建成环境主观评价方法研究》）

（2）评价主体

评价需要人的主观认知，在这个评价过程中，自然会受到评价主体认知能力、知识层次水平、对目标环境体会、情感、心理活动等因素的影响。同时，随着社会的发展，人们整体综合认知的提高，观念的转变也会导致评价结果的差别。

（3）评价类型

根据不同的评价方向，如建筑和环境的功能属性；人的心理、行为、对环境的认知等有不同的评价方法，大体上分为综合性评价和焦点性评价两种，如图 4–2 所示。

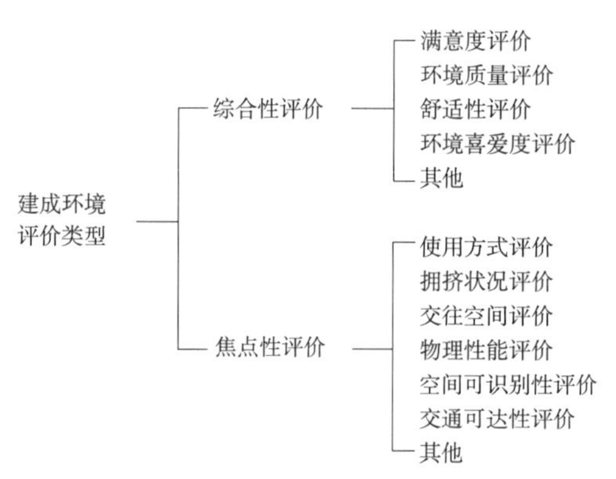

图 4–2 建成环境的评价类型
（图片来源：作者自绘）

对于工业遗产更新项目建成环境后评价这种反馈型的评价，应采用综合性评价与焦点性评价共同结合的模式。因为综合性评价无法涵盖所有需要的评价因素，利用焦点性评价作为补充，同时在评价模型中选取关注的重点，才能发现真正需要解决的问题。

4.2.2 建成环境后评价的概念

由建成环境评价的理论构架可知，使用后评价是整个理论体系下的一个应用分支，是建成环境后评价的主导思想。美国使用后评价的先驱者 Preiser 在其《使用后评价》一书中对使用后评价（Post–Occupancy Evaluation，POE）的定义为："在建筑建造和使用一段时间之后，对建筑进行系统严格的评价过程，POE 主要关注使用者的需求、建筑设计的成败和建成后建筑的性能，所有这些都会为将来的建筑设计提供依据和基础。”

使用后评价的意义在于：首先，把证实的科学精神注入设计之中，以人为本，从需求侧切实收集科学的数据，避免设计者的主观臆断和标准化的千篇一律。其次，使设计的初衷更加脚踏实地，具象化设计思考的切实可行性；对目标对象考虑得更加全面合理。再次，有助于提高设计管理和决策的科学性，减弱了主观经验主义的干扰。以客观事实为基础，主观感受为补充，进行综合性的评价。

综上所述，作者进行的建成环境的后评价，需研究主体是使用者，即站在使用者的立场上，对建成环境进行分析。因此，建成环境后评价是指项目在经过一定时间的使用后，利用科学的方法，对使用者依照某一标准进行主观判断信息数据采集，以使用者的价值取向作为参考依据，对环境设计目标的实现程度进行检验，并对项目的建成环境在满足使用者需求的程度上做出判断。

4.2.3　国内外研究现状

（1）国外方面

国外关于建成环境评价的相关研究至今已有半个多世纪。从 20 世纪中叶开始，为解决第二次世界大战恢复期建造质量不能满足使用要求的问题，发展出建成环境评价体系。随着建成环境评价理论吸收环境心理的研究方法，评价标准逐渐完善，最终形成综合性、可操作性很高的理论体系，并广泛应用于实践中。到 20 世纪末期，又受到更多相关学科的影响，不断拓展实践建筑类型，在研究方法上也进行了更深入的探讨，建成环境后评价理论如今呈现多样化发展的状态，见表 4–1。

（2）国内方面

我国对建成环境后评价的研究起步较晚，从 20 世纪 80 年代后开始在理论和实践两个方面上也进行了一定的探索。主流专家学者有的针对具体案例剖析，有的引入外国理论方法，有的探究其他方式完善我国建成环境评价理论体系，见表 4–2。

表 4-1 国外主要学者对建成环境后评价的研究成果

代表学者	主要研究成果
W. Preiser	基于建筑全面性能，提出使用后评价过程模型。 运用案例论证 POE 的研究方法
Moore	以行为学作为切入点，探究建筑环境评价研究，提出结合行为学的环境设计研究理论
Robert & Srivastava	归纳总结现有后评价的理论与使用方法。 从使用行为和心理方面作为研究重点探讨后评价理论
Victoria University of Wellington	发展了一套 CBPR 的评价方法[45]。 包含主客观两方面，涉及经济、能耗等，对建筑环境评价总结
John Zeisel	探究了“环境－行为”的研究方法。 侧重行为学、心理学在建筑环境研究中的应用
E.T. White	提出基于使用者和雇主的后评价理论[46]。 并在建筑运营管理方面进行应用研究
L.B. Molly	基于建筑设施管理方向对建成环境后评价进行研究
F.D. Becker	探究建筑设计的诊断模式。 对基础设计和后期综合评价进行研究

表格来源：作者自绘

表 4-2 国内部分学者对建成环境评价的研究成果

代表学者	主要研究成果
常怀生	译著《环境心理学》著作 介绍日本环境评价实践和 POE 的理论与方法。 侧重客观物质环境的评价
吴硕贤	以人群的主观评价作为切入点，量化居住区的环境质量评价。 研究出用多元统计分析法、层次分析法求权重、利用模糊数学等方法进行建筑环境综合评价的方法
杨公侠	运用“块面”理论，结合实践，探究环境心理学评价理论模型
胡正凡和林玉莲	利用认知地图法研究校园环境和名胜风景区环境质量。 利用语义差异法探究公共环境意向要素
徐磊青	总结国外基于环境心理学的 POE 的理论与方法。 通过案例分析总结，建立上海居住环境评价模型
俞孔坚	从景观美学、人文偏好、敏感度等角度探究评价方法。 启发建筑环境主观评价研究
朱小雷	对华南理工大学的环境质量进行后评价。 探讨认知地图法、自由报告法在后评价中的应用
马冬梅	对商场建筑的建成环境后评价理论进行探索

表格来源：作者自绘

目前我国有关建成环境后评价的研究仍多为对外国理论体系的推广和分析以及针对我国的具体化案例的探索。实践上多为研究机构根据课题需要而进行评价，少有政府介入的行为或市场对评价需求的刺激。

4.2.4　工业遗产更新项目建成环境后评价

诚如前文所述，综合性评价中，满意度评价和建成环境主观质量评价是最为主要的两种，它们分别是对社会心理学和物质环境要素状况、环境品质优劣程度的评价，在目前国内外的研究中，常常将这两种评价综合起来进行研究。

改造类和新建类的项目，从规划、功能布局、设施配备、文脉延续等多方面都有着不同的设计理念和手法，其建成环境的后评价内容、类型、侧重点也会有所区别。如改造类的创意产业园，建成环境需要考虑对工业遗迹的保留程度、历史印记的传承好坏等方面，而新建类则不用。

而从工业遗产改造的类型上来说，博物馆、办公建筑、创意产业园、居住建筑、商业以及其他等类型繁多，每种类型的建成环境后评价都需要贴合度很高的针对性评价[8]。如居住建筑，其居住环境的满意度评价是研究最早也是最为普遍的分支，在评价类型的选取方面，国内外相关研究就呈现出众多样式（表 4–3）。

表 4–3　不同学者对居住建筑满意度评价研究的内容总结

作者	论文内容	选取的研究因子举例
弗朗西斯卡托	从使用者的角度出发 提出居住满意度模型	特定的设计、管理、社会因子等
徐青磊、杨公侠	应用坎特（D. Canter）理论 结构问卷法 对上海居住环境进行评价	客厅品质、卧室朝向、老人的评价、社会服务设施、管理与安全等
吴硕贤	以人为主观评价的核心 量化评价方法 综合使用多元统计分析法、层次分析法求权重、模糊数学等方法进行研究	物理环境、绿化景观、文教娱乐设施、商业服务设施、交通、安全、环境卫生等
杨庆贵	对上海高层居住环境进行调查 结构问卷实测中加入对住宅类型偏好等问题	绿化与活动场地建设、楼内卫生、房型设计、服务设施、电梯质量等

表格来源：作者自绘

又如对改造类博物馆建筑后评价的研究，其评价的侧重点更注重于博物馆的复合化设计、保护模式、内部空间衔接、环境保护、温度、湿度、保护技术等。而对于改造类办公建筑，则多为对日照、办公区楼宇间距、开窗条件、绿化环境等。商业建筑则多为可达性、私密性与人际距离、空间组织形式等的研究。

如上述例证可以看出，不同的建筑类型对应不同的用户需求，而面对工业遗产，又需要适合和创意的改造，这都需要有相对应的评价因子来适应，不可一概而论。对于创意产业园来说，它既贴近大众，同时又需要满足不同层次消费者多种活动的需要。与其他改造类型相比较，往往其规模更大、流线更复杂、环境变化更多样。同时随着人们生活模式的改变，公众生活品质的提高，来到创意产业园的目的，除对日常工作的需要外，还有游览、参展、交流、聚餐等。加之工业遗产改造所形成的场所，又独具城市历史工业气息；不同空间新旧的对比，又会给人们在精神上带来别样的影响。人们的需求随着时代的前进而改变，故而对建成环境后评价的研究侧重点也都会随着时间发生相应变化。

因此可见对于工业遗产更新项目的建成环境后评价并不和新建类创意产业园或其他改造类型项目具有相同特点，需要针对地选取全面、适当、科学的评价指标，独立研究。

4.3 工业遗产更新项目建成环境后评价模型

4.3.1 确定评价模型

目前，我国在工业遗产更新项目建成环境后评价方面的研究很少，仍处于起步阶段，如上海交通大学郭洋的硕士论文《上海创意产业园建成环境的使用后评价研究》（2011）中虽提出了多项评价指标并对其进行调查、分析，探讨其与使用者需求的关系，但并未能站在使用者需求的角度上，明确提出该类项目的建成环境后评价体系。

因此，本研究小组用改进的 Delphi 法对评价指标进行筛选，并把公众的意见纳入指标体系的建立中。在指标的筛选及权重的确定阶段，分别向专家和市民发放一份内容相同、形式不同的调查问卷。回收问卷后，再分别统计专家和市民对每项因子的关注程度，通过最终的统计结果来分析及确定评价体系，最终通过此问卷的统计结果得出每个评价指标的权重。

该模型是在对 127 名本领域的专家学者以及大量市民进行问卷调查的基础上建立的。它分为五个准则层，分别为“交通要素”“空间环境要素”“设施设备要素”“自然景观要素”和“物理环境要素”，而在这些准则层之下，又有 27 个指标层，根据专家及市民的意见，运用 Delphi 法对评价指标进行筛选并确定每个指标层的因子自身的权重。因此，该评价方法是目前国内针对工业遗产更新项目建成环境后评价的较为科学全面的成果，具有较强的操作性。以该评价模型为基础，通过对市民和使用者发放的调查问卷进行统计，最后可得出该项目的建成环境后评价结果。评价模型见表 4–4。

表 4–4　工业遗产更新项目建成环境后评价模型

目标层	准则层		指标层		
	名称	权重	编号	名称	权重
工业遗产更新项目建成环境后评价模型	交通要素	0.21	A	城市交通的可达性	0.0340
			B	园区周围的交通状况	0.0370
			C	园区内部的交通状况	0.0228
			D	园区停车的方便程度	0.0382
			E	园区内的标识系统状况	0.0366
			F	建筑内部的交通改造合理度	0.0414
	空间环境要素	0.24	G	园区的整体风格	0.0480
			H	园区工业文化的氛围	0.0408
			I	新建建筑与工业遗迹的协调度	0.0323
			J	园区内空间格局改造的合理度	0.0404
			K	园区工业建筑再利用的程度	0.0386
			L	园区公共活动空间的满意度	0.0374
	设施设备要素	0.17	M	文化娱乐设施的完善度	0.0422
			N	公共休息设施的完善度	0.0322
			O	餐饮商业设施的完善度	0.0438
			P	配套服务设施的完善度	0.0297
			Q	安保维护设施的完善度	0.0235

续表

目标层	准则层		指标层		
	名称	权重	编号	名称	权重
工业遗产更新项目建成环境后评价模型	自然景观要素	0.16	R	园区内环境的整洁度	0.0423
			S	园区的绿化程度	0.0397
			T	园区工业景观的保留度	0.0396
			U	园区景观的丰富度	0.0367
	物理环境要素	0.22	V	对工业遗迹材料的再利用程度	0.0437
			W	装饰设计风格与工业改造的联系	0.0387
			X	室内的环境氛围	0.0364
			Y	室内房间高度改造的舒适度	0.0333
			Z	室内光环境与改造功能的协调度	0.0366
			α	室内声环境与改造功能的协调度	0.0343

表格来源：杨楠．工业遗产更新项目建成环境后评价体系研究[D]. 天津：天津城建大学，2017.

本研究小组的这套评价模型虽然是通过科学、系统的方式建立起来的，但仍缺乏实际操作，这就需要我们将其真正地应用于实践，通过实地调查和数据分析来检验该评价体系中的评价因子是否能够确切、客观地反映出园区建成环境的实际情况。

4.3.2 评价模型的验证

将上述工业遗产更新项目建成环境后评价模型用简单易懂的语言做成SD调查问卷，并将指标层的每个评价因子分为不满意、略微满意、一般满意、很满意、非常满意这5个评价等级。结合上述两方面内容制作完成针对每个项目的调查问卷，去实地发放给市民和使用者并对此项目的每个因子进行打分和评价。

在数据处理时作者引入了相关性分析的方法对数据进行分析，通过此方法来判定各评价因子与总体评价的相关密切程度，从而判定各评价因子是否具有评价意义，从而筛选掉与总体评价无相关性的因子。

对有效问卷的数据进行统计，将上述 5 个评价等级分别赋予 1 分（不满意）、3 分（略微满意）、5 分（一般满意）、7 分（很满意）、9 分（非常满意）这 5 个分值。将评价因子在每份问卷中的得分与相对应的总体评价的分数输入计算机并利用 Excel 和 SPSS 软件进行相关性分析，求 Pearson 相关系数（反映两个变量线性相关程度的统计量），从而得出各评价因子的得分与总体评价得分的相关程度。其结果的评判的标准为：

r 值（Pearson Correlation）为皮尔逊相关系数。其性质如下：

（1）当 $r>0$ 表示两变量正相关，$r<0$ 表示两变量负相关；

（2）当 $|r| \geqslant 0.8$ 时，可以认为两变量间高度相关；

（3）当 $0.5 \leqslant |r| \leqslant 0.8$ 时，可以认为两变量中度相关；

（4）当 $0.3 \leqslant |r| \leqslant 0.5$ 时，可以认为两变量低度相关；

（5）当 $0 \leqslant |r| \leqslant 0.3$ 时，说明相关程度弱，基本上不相关。

基于以上原则，选择六个项目现场随机发放问卷共 150 份，其中有效问卷 135 份，有效率为 90%，输入计算机并利用 Excel 和 SPSS 软件进行分析。利用 SPSS 软件分析数据求 Pearson 相关系数，计算结果见表 4-5，在 0.01

表 4-5 评价因子与总体评价的相关系数分析（n=135）

一级指标	二级指标	变量名	总体评价与评价因子的相关系数（r）	权重
交通要素	A. 城市交通的可达性	X_1	0.4900*	0.0340
	B. 园区周围的交通状况	X_2	0.6600*	0.0370
	C. 园区内部的交通状况	X_3	0.3300*	0.0228
	D. 园区停车的方便程度	X_4	0.7200*	0.0382
	E. 园区内的标识系统状况	X_5	0.6300*	0.0366
	F. 建筑内部的交通改造合理度	X_6	0.8200*	0.0414
空间环境要素	G. 园区的整体风格	X_7	0.9600*	0.0480
	H. 园区工业文化的氛围	X_8	0.9100*	0.0408
	I. 新建建筑与工业遗迹的协调度	X_9	0.4300*	0.0323
	J. 园区内空间格局改造的合理度	X_{10}	0.8100*	0.0404
	K. 园区工业建筑再利用的程度	X_{11}	0.7600*	0.0386
	L. 园区公共活动空间的满意度	X_{12}	0.7100*	0.0374

续表

一级指标	二级指标	变量名	总体评价与评价因子的相关系数（r）	权重
设施设备要素	M．文化娱乐设施的完善度	X_{13}	0.8400*	0.0422
	N．公共休息设施的完善度	X_{14}	0.4300*	0.0322
	O．餐饮商业设施的完善度	X_{15}	0.8300*	0.0438
	P．配套服务设施的完善度	X_{16}	0.4500*	0.0297
	Q．安保维护设施的完善度	X_{17}	0.2100*	0.0235
自然景观要素	R．园区内环境的整洁度	X_{18}	0.9100*	0.0423
	S．园区的绿化程度	X_{19}	0.8000*	0.0397
	T．园区工业景观的保留度	X_{20}	0.7800*	0.0396
	U．园区景观的丰富度	X_{21}	0.6400*	0.0367
物理环境要素	V．对工业遗迹材料的再利用程度	X_{22}	0.9400*	0.0437
	W．装饰设计风格与工业改造的联系	X_{23}	0.7600*	0.0387
	X．室内的环境氛围	X_{24}	0.5500*	0.0364
	Y．室内房间高度改造的舒适度	X_{25}	0.4900*	0.0333
	Z．室内光环境与改造功能的协调度	X_{26}	0.5500*	0.0366
	α．室内声环境与改造功能的协调度	X_{27}	0.5100*	0.0343
总体评价		Y	1.0000*	

注：* 表示显著性水平为 0.01。

表格来源：作者自绘

显著水平下，总体评价与各项指标均显著相关，证明评价的内在一致性可满意，问卷信度较佳，而经计算的信度系数 Alpha（量表中各题项得分间的一致性）为 0.88，说明数据具有良好的可信度。

由表 4–5 可见，各评价因子与总体评价相关系数的高低和其权重系数的高低基本相吻合。其中，总体评价与园区的整体风格（0.9600）、园区工业文化的氛围（0.9100）、园区内环境的整洁度（0.9100）、对工业遗迹材料的再利用程度（0.9400）等因素显著相关，说明这些因素对改善使用者的满意度至关重要。而总体评价与安保维护设施的完善度（0.2100）这个因素的相关性系数低于 0.3000，说明相关程度较弱，基本不相关，应予以删除。

4.3.3　评价模型的修改

根据上述对调研结果的数据分析，我们重新确定了评价因子，将最终筛选确定的评价因子集合建立出新的工业遗产更新项目建成环境后评价层次模型，如图 4–3 所示。

评价因子发生了改变故评价因子的权重系数也会相应发生改变，这就需要我们重新计算权重，从而确立新的评价体系为后续的评价工作做准备。

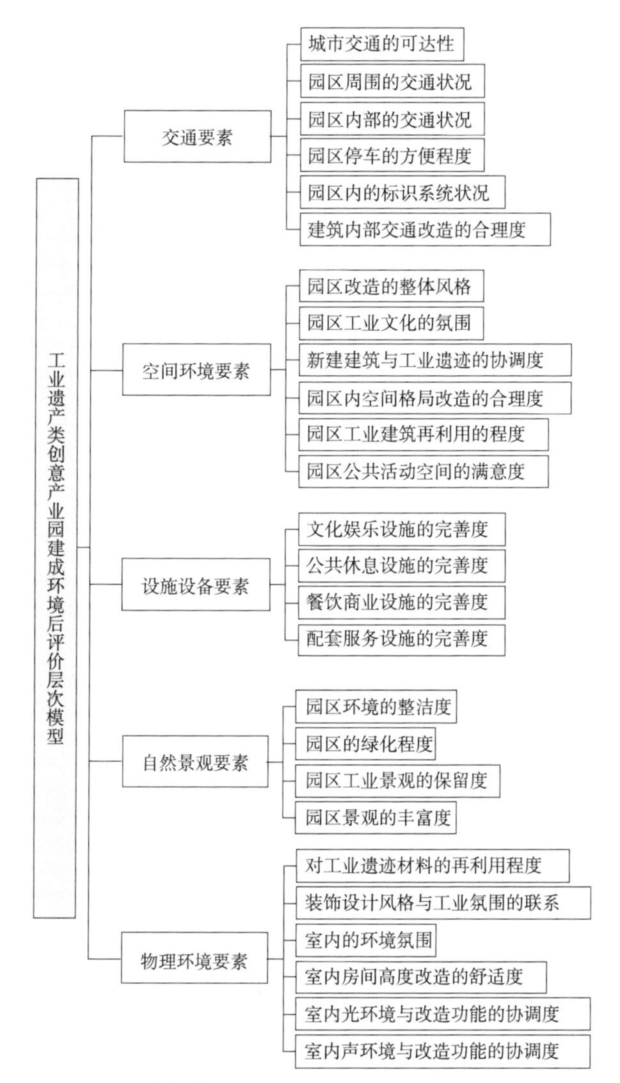

图 4–3　工业遗产更新项目建成环境后评价层次模型

将指标层下的各项因子权重分别算出后，把指标层各权重值求和，得出准则层的权重值，汇总成表，即得出工业遗产更新项目建成环境后评价的评价模型。重新计算的评价模型见表 4–6。

表 4–6　工业遗产更新项目建成环境后评价修正模型

目标层	准则层		指标层		
	名称	权重	编号	名称	权重
工业遗产更新项目建成环境后评价模型	交通要素	0.22	A	城市交通的可达性	0.0348
			B	园区周围的交通状况	0.0379
			C	园区内部的交通状况	0.0233
			D	园区停车的方便程度	0.0391
			E	园区内的标识系统状况	0.0374
			F	建筑内部的交通改造合理度	0.0425
	空间环境要素	0.24	G	园区的整体风格	0.0492
			H	园区工业文化的氛围	0.0418
			I	新建建筑与工业遗迹的协调度	0.0330
			J	园区内空间格局改造的合理度	0.0414
			K	园区工业建筑再利用的程度	0.0396
			L	园区公共活动空间的满意度	0.0383
	设施设备要素	0.15	M	文化娱乐设施的完善度	0.0432
			N	公共休息设施的完善度	0.0329
			O	餐饮商业设施的完善度	0.0449
			P	配套服务设施的完善度	0.0304
	自然景观要素	0.16	Q	园区内环境的整洁度	0.0433
			R	园区的绿化程度	0.0406
			S	园区工业景观的保留度	0.0405
			T	园区景观的丰富度	0.0375
	物理环境要素	0.23	U	对工业遗迹材料的再利用程度	0.0448
			V	装饰设计风格与工业改造的联系	0.0397
			W	室内的环境氛围	0.0373
			X	室内房间高度改造的舒适度	0.0341
			Y	室内光环境与改造功能的协调度	0.0374
			Z	室内声环境与改造功能的协调度	0.0351

表格来源：作者自绘

4.4　评价结果——以北京工业遗产类创意产业园为例

4.4.1　评价对象的选取

本文选取了北京市内六个已投入使用的工业遗产更新项目进行比较，分别为“77 文创园”“新华 1949 创意产业园”“莱锦文化创意产业园”“竞园艺术中心”“朗园 vintage”“外文文化创意园”。

选择对象的依据是：是否具有研究价值和代表性。在案例的选取中遵循了三个原则：位置界定原则、规模界定原则、类型界定原则。

首先，地理位置方面，所选项目应既要包含靠近市中心位置的项目亦要有远离市中心位置的项目，77 文创园和新华 1949 创意产业园位于二环以内靠近市中心；朗园 vintage 及外文文化创意园位于三环附近，位置在六个项目里较为居中；竞园艺术中心及莱锦文化创意产业园则位于四环附近，相对远离市中心。

项目规模方面，77 文创园占地面积 6600m^2，规模较小；新华 1949 创意产业园占地面积 45000m^2，朗园 vintage 及外文文化创意园占地分别为 23400m^2 和 27000m^2，规模适中；竞园艺术中心及莱锦文化创意产业园占地面积分别为 10 万 m^2 和 13 万 m^2，规模较大，故所选项目规模大小不一，便于比较研究。

业态类型方面，所选取的项目包含有独立主题型及复合型中具有较高成熟度且具有代表性的项目，77 文创园是以影视戏剧为主题的文化创意产业园区，新华 1949 创意产业园是以设计、传媒、出版为主的创意产业园区，莱锦文化创意产业园是以传媒企业为主的文化创意产业园区，竞园艺术中心是亚洲第一个图片产业基地，朗园 vintage 是以创意办公和秀场为主题的园区，外文文化创意园是集总部基地、文化创意与高科技产业等相关配套服务于一体的产业园区。

4.4.2　评价结果

（1）77 文创园建筑环境后评价

作者在 77 文创园及周边发放问卷 90 份，收回有效问卷 88 份。问卷中各评价因子得分统计见表 4–7。

表 4–7 77 文创园各评价因子得分

准则层			指标层				
名称	权重	各准则层得分	编号	名称	得分	权重	加权得分
交通要素	0.22	0.81	A	城市交通的可达性	5.75	0.0348	0.20
			B	园区周围的交通状况	2.90	0.0379	0.11
			C	园区内部的交通状况	3.00	0.0233	0.07
			D	园区停车的方便程度	2.05	0.0391	0.08
			E	园区内的标识系统状况	4.01	0.0374	0.15
			F	建筑内部的交通改造合理度	4.71	0.0425	0.20
空间环境要素	0.24	1.57	G	园区的整体风格	6.71	0.0492	0.33
			H	园区工业文化的氛围	6.22	0.0418	0.26
			I	新建建筑与工业遗迹的协调度	6.36	0.0330	0.21
			J	园区内空间格局改造的合理度	6.28	0.0414	0.26
			K	园区工业建筑再利用的程度	6.57	0.0396	0.26
			L	园区公共活动空间的满意度	6.53	0.0383	0.25
设施设备要素	0.15	0.55	M	文化娱乐设施的完善度	4.17	0.0432	0.18
			N	公共休息设施的完善度	3.65	0.0329	0.12
			O	餐饮商业设施的完善度	3.12	0.0449	0.14
			P	配套服务设施的完善度	3.62	0.0304	0.11
自然景观要素	0.16	0.78	Q	园区内环境的整洁度	6.70	0.0433	0.29
			R	园区的绿化程度	3.45	0.0406	0.14
			S	园区工业景观的保留度	5.19	0.0405	0.21
			T	园区景观的丰富度	3.73	0.0375	0.14
物理环境要素	0.23	1.46	U	对工业遗迹材料的再利用程度	6.25	0.0448	0.28
			V	装饰设计风格与工业改造的联系	6.55	0.0397	0.26
			W	室内的环境氛围	6.97	0.0373	0.26
			X	室内房间高度改造的舒适度	6.16	0.0341	0.21
			Y	室内光环境与改造功能的协调度	5.35	0.0374	0.20
			Z	室内声环境与改造功能的协调度	7.12	0.0351	0.25
总分	5.17						

表格来源：作者自绘

77 文创园总分 5.17 分，在所有项目中处于中等水平。从数据上来看，园区在空间环境和物理环境方面的表现较为出色，其得分远超于一般满意的水平。交通要素方面和设施设备方面的得分则不尽如人意，都没有达到一般满意的水平，存在较大的问题，应下大力度进行改进。而在自然景观要素方面表现较为平庸，也需要进行一定的改进，着重增加餐饮设施及公共休息设施的数量，加大绿化面积，增强景观、小品的塑造。

（2）新华 1949 创意产业园建成环境后评价

作者在新华 1949 园区内及周边发放问卷 95 份，收回有效问卷 90 份。问卷中各评价因子得分统计见表 4–8。

表 4–8　新华 1949 创意产业园各评价因子得分

准则层			指标层				
名称	权重	各准则层得分	编号	名称	得分	权重	加权得分
交通要素	0.22	0.99	A	城市交通的可达性	6.61	0.0348	0.23
			B	园区周围的交通状况	3.69	0.0379	0.14
			C	园区内部的交通状况	3.43	0.0233	0.08
			D	园区停车的方便程度	3.32	0.0391	0.13
			E	园区内的标识系统状况	5.08	0.0374	0.19
			F	建筑内部的交通改造合理度	5.18	0.0425	0.22
空间环境要素	0.24	1.45	G	园区的整体风格	6.30	0.0492	0.31
			H	园区工业文化的氛围	5.98	0.0418	0.25
			I	新建建筑与工业遗迹的协调度	6.36	0.0330	0.21
			J	园区内空间格局改造的合理度	6.04	0.0414	0.25
			K	园区工业建筑再利用的程度	6.06	0.0396	0.24
			L	园区公共活动空间的满意度	4.96	0.0383	0.19
设施设备要素	0.15	0.64	M	文化娱乐设施的完善度	3.70	0.0432	0.20
			N	公共休息设施的完善度	3.34	0.0329	0.11
			O	餐饮商业设施的完善度	5.12	0.0449	0.23
			P	配套服务设施的完善度	3.29	0.0304	0.10
自然景观要素	0.16	1.00	Q	园区内环境的整洁度	7.16	0.0433	0.31
			R	园区的绿化程度	7.14	0.0406	0.29
			S	园区工业景观的保留度	3.95	0.0405	0.16
			T	园区景观的丰富度	6.40	0.0375	0.24

续表

准则层			指标层				
名称	权重	各准则层得分	编号	名称	得分	权重	加权得分
物理环境要素	0.23	1.40	U	对工业遗迹材料的再利用程度	6.03	0.0448	0.27
			V	装饰设计风格与工业改造的联系	6.30	0.0397	0.25
			W	室内的环境氛围	6.70	0.0373	0.25
			X	室内房间高度改造的舒适度	5.57	0.0341	0.19
			Y	室内光环境与改造功能的协调度	5.08	0.0374	0.19
			Z	室内声环境与改造功能的协调度	7.12	0.0351	0.25
总分	5.48						

表格来源：作者自绘

新华 1949 创意产业园总分为 5.48 分，在所有项目中处于较高水平。其中在空间环境要素、自然景观要素及物理环境要素方面的表现均超过了一般满意的水平，得到了使用者和民众的认可。而自然环境方面，在园区位于市中心位置且规模有限的前提下还能得到较高的分数，值得称赞。而交通要素方面和设施设备方面的得分均较差，没有达到一般满意的水平，园区停车、公共休息设施的设置及工业景观的保留度上还应加大力度，使园区能更好地满足使用者的需求。

（3）莱锦文化创意产业园建成环境后评价

作者在莱锦文化创意产业园内及周边发放问卷 93 份，收回有效问卷 90 份。问卷中各评价因子得分统计见表 4–9。

表 4–9　莱锦文化创意产业园各评价因子得分

准则层			指标层				
名称	权重	各准则层得分	编号	名称	得分	权重	加权得分
交通要素	0.22	0.90	A	城市交通的可达性	3.45	0.0348	0.12
			B	园区周围的交通状况	2.90	0.0379	0.11
			C	园区内部的交通状况	6.01	0.0233	0.14
			D	园区停车的方便程度	4.86	0.0391	0.19
			E	园区内的标识系统状况	3.48	0.0374	0.13
			F	建筑内部的交通改造合理度	4.94	0.0425	0.21

续表

准则层			指标层				
名称	权重	各准则层得分	编号	名称	得分	权重	加权得分
空间环境要素	0.24	1.62	G	园区的整体风格	6.50	0.0492	0.32
			H	园区工业文化的氛围	6.46	0.0418	0.27
			I	新建建筑与工业遗迹的协调度	6.67	0.0330	0.22
			J	园区内空间格局改造的合理度	6.76	0.0414	0.28
			K	园区工业建筑再利用的程度	6.82	0.0396	0.27
			L	园区公共活动空间的满意度	6.79	0.0383	0.26
设施设备要素	0.15	0.68	M	文化娱乐设施的完善度	3.70	0.0432	0.16
			N	公共休息设施的完善度	5.17	0.0329	0.17
			O	餐饮商业设施的完善度	5.57	0.0449	0.25
			P	配套服务设施的完善度	3.29	0.0304	0.10
自然景观要素	0.16	0.93	Q	园区内环境的整洁度	6.93	0.0433	0.30
			R	园区的绿化程度	5.67	0.0406	0.23
			S	园区工业景观的保留度	4.44	0.0405	0.18
			T	园区景观的丰富度	5.87	0.0375	0.22
物理环境要素	0.23	1.54	U	对工业遗迹材料的再利用程度	6.47	0.0448	0.29
			V	装饰设计风格与工业改造的联系	6.80	0.0397	0.27
			W	室内的环境氛围	7.24	0.0373	0.27
			X	室内房间高度改造的舒适度	6.45	0.0341	0.22
			Y	室内光环境与改造功能的协调度	5.88	0.0374	0.22
			Z	室内声环境与改造功能的协调度	7.69	0.0351	0.27
总分	5.67						

表格来源：作者自绘

莱锦文化创意产业园总分 5.67 分，为所有项目中评价得分最高的项目。从数据上来看，莱锦创意产业园在空间环境要素、自然景观要素及物理环境要素方面的表现均超过了一般满意的水平，且在空间环境方面和物理环境方面的表现令人非常满意。而同样在交通要素方面和设施设备方面的得分均不理想，没有达到一般满意的水平，应在园区的标识系统状况、文化娱乐设施的完善度、配套服务设施的完善度这几个方面上加以改进。

（4）竞园艺术中心建成环境后评价

作者在竞园艺术中心及周边发放问卷80份，收回有效问卷76份。问卷中各评价因子得分统计见表4–10。

表4–10 竞园艺术中心各评价因子得分

准则层			指标层				
名称	权重	各准则层得分	编号	名称	得分	权重	加权得分
交通要素	0.22	1.01	A	城市交通的可达性	4.02	0.0348	0.14
			B	园区周围的交通状况	5.01	0.0379	0.19
			C	园区内部的交通状况	5.58	0.0233	0.13
			D	园区停车的方便程度	5.12	0.0391	0.20
			E	园区内的标识系统状况	4.28	0.0374	0.16
			F	建筑内部的交通改造合理度	4.47	0.0425	0.19
空间环境要素	0.24	1.27	G	园区的整体风格	5.28	0.0492	0.26
			H	园区工业文化的氛围	4.78	0.0418	0.20
			I	新建建筑与工业遗迹的协调度	5.76	0.0330	0.19
			J	园区内空间格局改造的合理度	5.56	0.0414	0.23
			K	园区工业建筑再利用的程度	5.81	0.0396	0.23
			L	园区公共活动空间的满意度	4.18	0.0383	0.16
设施设备要素	0.15	0.61	M	文化娱乐设施的完善度	3.94	0.0432	0.17
			N	公共休息设施的完善度	3.65	0.0329	0.12
			O	餐饮商业设施的完善度	4.23	0.0449	0.19
			P	配套服务设施的完善度	4.28	0.0304	0.13
自然景观要素	0.16	0.80	Q	园区内环境的整洁度	6.24	0.0433	0.27
			R	园区的绿化程度	5.17	0.0406	0.21
			S	园区工业景观的保留度	3.95	0.0405	0.16
			T	园区景观的丰富度	4.27	0.0375	0.16
物理环境要素	0.23	1.27	U	对工业遗迹材料的再利用程度	5.58	0.0448	0.25
			V	装饰设计风格与工业改造的联系	5.54	0.0397	0.22
			W	室内的环境氛围	5.90	0.0373	0.22
			X	室内房间高度改造的舒适度	5.87	0.0341	0.20
			Y	室内光环境与改造功能的协调度	4.55	0.0374	0.17
			Z	室内声环境与改造功能的协调度	5.98	0.0351	0.21
总分	4.96						

表格来源：作者自绘

竞园艺术中心总分 4.96 分，为所有项目中评价得分最低，从数据上来看，园区在各方面的评分都不是很理想，得分均较为平庸。空间环境要素及物理环境要素方面的表现虽超过了一般满意的水平，但也没能达到非常满意的程度。自然环境方面也是刚刚达到了一般满意的水平。交通要素方面较其他项目来说相对较好，但也没有达到一般满意的水平，设施设备方面同样令人失望。园区建筑的改造风格单调、乏味，千篇一律的砖墙使人感到审美疲劳，配套服务设施也较为匮乏，工业氛围不是很浓烈，园区应针对以上方面加大改进力度。

（5）朗园 vintage 建成环境后评价

作者在朗园 vintage 及周边发放问卷 80 份，收回有效问卷 77 份。问卷中各评价因子得分统计见表 4-11。

表 4-11　朗园 vintage 各评价因子得分

准则层			指标层				
名称	权重	各准则层得分	编号	名称	得分	权重	加权得分
交通要素	0.22	0.97	A	城市交通的可达性	4.89	0.0348	0.17
			B	园区周围的交通状况	4.49	0.0379	0.17
			C	园区内部的交通状况	4.72	0.0233	0.11
			D	园区停车的方便程度	4.09	0.0391	0.16
			E	园区内的标识系统状况	4.01	0.0374	0.15
			F	建筑内部的交通改造合理度	4.94	0.0425	0.21
空间环境要素	0.24	1.52	G	园区的整体风格	6.50	0.0492	0.32
			H	园区工业文化的氛围	6.22	0.0418	0.26
			I	新建建筑与工业遗迹的协调度	6.06	0.0330	0.20
			J	园区内空间格局改造的合理度	6.28	0.0414	0.26
			K	园区工业建筑再利用的程度	6.31	0.0396	0.25
			L	园区公共活动空间的满意度	6.01	0.0383	0.23
设施设备要素	0.15	0.66	M	文化娱乐设施的完善度	4.40	0.0432	0.19
			N	公共休息设施的完善度	3.34	0.0329	0.11
			O	餐饮商业设施的完善度	4.90	0.0449	0.22
			P	配套服务设施的完善度	4.61	0.0304	0.14

续表

准则层			指标层				
名称	权重	各准则层得分	编号	名称	得分	权重	加权得分
自然景观要素	0.16	0.83	Q	园区内环境的整洁度	7.16	0.0433	0.31
			R	园区的绿化程度	4.93	0.0406	0.20
			S	园区工业景观的保留度	3.70	0.0405	0.15
			T	园区景观的丰富度	4.53	0.0375	0.17
物理环境要素	0.23	1.35	U	对工业遗迹材料的再利用程度	5.80	0.0448	0.26
			V	装饰设计风格与工业改造的联系	6.55	0.0397	0.26
			W	室内的环境氛围	6.17	0.0373	0.23
			X	室内房间高度改造的舒适度	5.87	0.0341	0.20
			Y	室内光环境与改造功能的协调度	4.81	0.0374	0.18
			Z	室内声环境与改造功能的协调度	6.27	0.0351	0.22
总分	5.33						

表格来源：作者自绘

朗园 vintage 总分为 5.33 分，基本得到了大众的认可，从数据上来看，园区在空间环境及物理环境方面的表现均较为出色，得分远超于一般满意水平。自然环境方面表现中规中矩，尚有提升空间。交通要素方面和设施设备方面的得分均较差，与其他项目面临同样的问题。在园区标识系统的设置、公共休息设施的完善度、园区景观丰富度及工业景观保留度这几个方面上还应加以改进。

（6）外文文化创意园建成环境后评价

作者在外文文化创意园及周边发放问卷 80 份，收回有效问卷 78 份。问卷中各评价因子得分统计见表 4-12。

外文文化创意园总分为 5.13 分，为六个项目中得分偏低的项目。从数据上来看，园区在空间环境及物理环境方面的表现尚可，达到了基本满意的水平，但仍有提升空间。交通要素方面表现较为一般，在某些方面也需要进行一定的改进。在设施设备和自然环境方面表现较差，应着重加强园区餐饮、文化娱乐设施的完善度，绿化面积应适当加大，对原先工业背景的宣传也应重视起来。

表 4-12　外文文化创意园各评价因子得分

准则层			指标层				
名称	权重	各准则层得分	编号	名称	得分	权重	加权得分
交通要素	0.22	1.01	A	城市交通的可达性	5.46	0.0348	0.19
			B	园区周围的交通状况	4.75	0.0379	0.18
			C	园区内部的交通状况	5.15	0.0233	0.12
			D	园区停车的方便程度	4.60	0.0391	0.18
			E	园区内的标识系统状况	3.74	0.0374	0.14
			F	建筑内部的交通改造合理度	4.71	0.0425	0.20
空间环境要素	0.24	1.38	G	园区的整体风格	5.69	0.0492	0.28
			H	园区工业文化的氛围	5.26	0.0418	0.22
			I	新建建筑与工业遗迹的协调度	5.45	0.0330	0.18
			J	园区内空间格局改造的合理度	5.80	0.0414	0.24
			K	园区工业建筑再利用的程度	6.06	0.0396	0.24
			L	园区公共活动空间的满意度	5.74	0.0383	0.22
设施设备要素	0.15	0.57	M	文化娱乐设施的完善度	3.24	0.0432	0.14
			N	公共休息设施的完善度	4.56	0.0329	0.15
			O	餐饮商业设施的完善度	4.01	0.0449	0.18
			P	配套服务设施的完善度	3.29	0.0304	0.10
自然景观要素	0.16	0.77	Q	园区内环境的整洁度	6.93	0.0433	0.30
			R	园区的绿化程度	4.43	0.0406	0.18
			S	园区工业景观的保留度	3.46	0.0405	0.14
			T	园区景观的丰富度	4.00	0.0375	0.15
物理环境要素	0.23	1.40	U	对工业遗迹材料的再利用程度	6.03	0.0448	0.27
			V	装饰设计风格与工业改造的联系	6.05	0.0397	0.24
			W	室内的环境氛围	6.70	0.0373	0.25
			X	室内房间高度改造的舒适度	6.16	0.0341	0.21
			Y	室内光环境与改造功能的协调度	5.08	0.0374	0.19
			Z	室内声环境与改造功能的协调度	6.84	0.0351	0.24
总分	5.13						

表格来源：作者自绘

4.5 评价结果的比较

4.5.1 整体情况分析

从总体上看，公众对于北京前述六个工业遗产更新项目的建成环境是予以积极肯定的正面评价的，只有个别项目得分偏低。然而在调查问卷的打分上，公众或多或少存在着比较保守的现象，赋值上往往选择了3、5、7这三个中间分值，故各项目的评价结果分值差异并不是很大。

具体得分情况如图4-4所示。

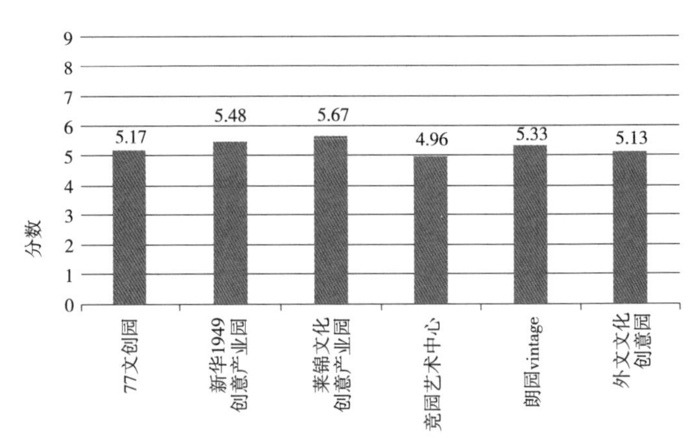

图4-4 北京工业遗产更新项目建成环境后评价各项目得分
（图片来源：作者自绘）

建成环境整体评价结果中，莱锦文化创意产业园的得分为最高，新华1949创意产业园紧随其后，在满分为9分的情况下得分分别为5.67分和5.48分；朗园vintage及77文创园的得分分别为5.33分和5.17分，处于中等水平；外文文化创意产业园和竞园艺术中心评分相对较低，其中竞园艺术中心得分仅为4.96分，为六个项目中最低，与得分最高的莱锦文化创意产业园得分相差近1分。由此可见，上述六处工业遗产更新项目的建成环境得分都达到了基本满意（5分）这个等级的水平，证明了各项目在建成环境方面基本满足了大众的需求。莱锦文化创意产业园在建成环境方面相对于其他五处项目做得更为出色，这究竟得益于哪些方面？而竞园艺术中心评分相对较低，其中的不足和问题具体在哪些方面？莱锦文化创意产业园又有哪些不足？后文会继续进行探究。

4.5.2　各准则层评价结果比较

从项目的总得分可能并不能看出每个项目的优势和劣势，为解决这一问题，作者对调研数据分别从评价模型的五个准则层，即对“交通要素”“空间环境要素”“设施设备要素”“自然景观要素”和“物理环境要素”这五个方面入手，进行进一步研究，经过加权计算后得出了各改造项目在这五个方面得分的情况，各准则层加权得分如图 4-5 所示。

从图中可清晰地看出，六个项目在空间环境要素方面及物理环境要素方面整体表现较为优秀，均超过了一般满意的水平。自然景观要素方面各项目的评价得分参差不齐，整体来说比较一般，其中 77 文创园及外文文化创意园的得分甚至低于一般满意的水平。而在交通要素、设施设备方面的表现则不尽如人意，整体得分均低于一般满意的标准。因此，交通要素、设施设备要素及自然景观要素方面是我们需要注意并急需大力改善和提高的方面，其中必然存在着许多问题。空间环境要素方面及物理环境要素方面虽整体表现较好，但项目之间得分具有差异性，例如竞园艺术中心的得分在这两方面相对偏低，与得分最高的莱锦文化创意产业园相差 0.35 分和 0.27 分之多。到底是什么造成了上述得分的差异？又是什么原因导致了六个项目在某一方面表现整体较差？为了探究这些问题，作者对这五个准则层中的各指标层，即每一项评价因子的得分进行了更细致的统计与分析。

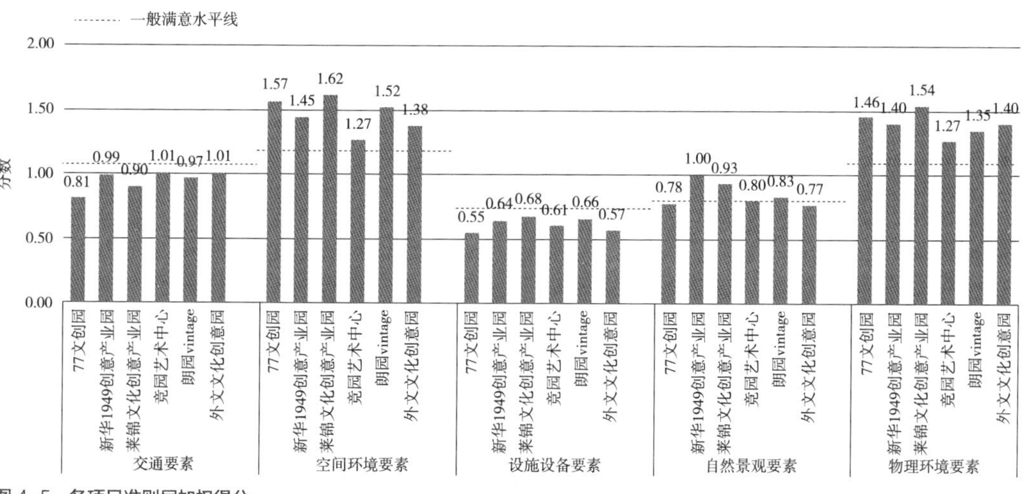

图 4-5　各项目准则层加权得分

（图片来源：作者自绘）

4.5.3 各指标层的比较

（1）交通要素方面各指标分析

六个项目在交通要素方面各评价因子加权得分如图 4–6 所示。

整体来说，几个项目在交通要素方面的表现不是很理想。其中，在城市交通可达性、园区周围交通状况、园区内部交通状况和园区停车方便程度四个方面上存在着一定的关联性。由于 77 文创园和新华 1949 创意产业园地处二环地带，故交通便利，可达性较好，然而园区周围的交通状况势必会较差，且由于靠近市中心，园区规模较小，这就造成园区内的停车条件远远不能满足使用者的需求，从而导致许多车辆停放在了园区道路上，影响了内部的交通状况。莱锦文化创意产业园和竞园艺术中心位于东四环外，交通可达性相对较差，周边交通状况本应较好，但莱锦文化创意产业园却得分偏低，通过走访我们发现，其周边林立着数十家大大小小的商业、餐饮中心，来来往往的客流和车流是造成其周边交通压力过大的主要原因，由于远离市中心，园区规模得以扩大，园区内有较为充足的空间满足停车需求，不会占据园区内的道路，保证了内部交通的畅通。而朗园 vintage 和外文文化创意产业园位于三环附近，介于市区中心及市区周边的中间地带，故这四个方面的评分也基本达到了一般满意的水平，虽然两个项目的规模均小于更临近市中心的新华 1949 创意产业园，但由于园区内规划了大量的停车位，所以停车情况相对较好。

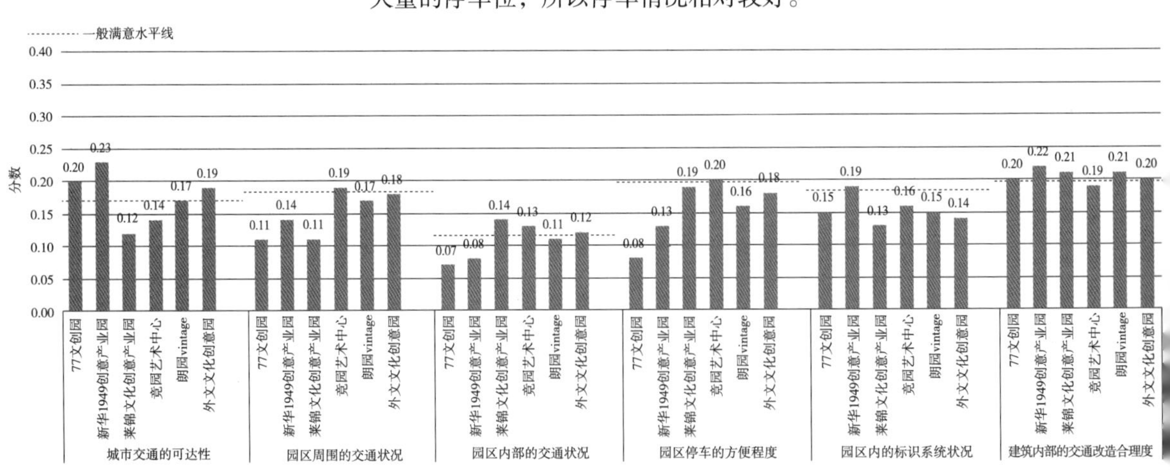

图 4–6 交通要素各评价因子加权得分

（图片来源：作者自绘）

园区标识系统方面，各项目表现较差，仅有新华 1949 创意产业园的得分高于一般满意水平，作者在园内调研时，每走过一段路就能看到几处标识牌，标识系统较为完善。而在莱锦创意产业园中调研时，很难找到路牌，且建筑彼此间非常相似，如果第一次进入园区很容易迷路。其余四个项目内的标识系统也是少之又少，只是在主入口的位置有一个园区地图。

建筑内部交通改造合理度方面，整体表现普遍较好，因为六个项目均为工业厂房改造项目，原厂房空间都较为开敞，所以在布置交通时很容易兼顾使用者的需求。

由此我们看出，项目的地理位置很大程度上决定了交通要素方面的好坏，而项目的位置却是我们无法左右的，虽然交通的可达性和周围交通状况是无法通过建成环境方面设计来彻底改善的，但停车问题及标识系统缺失等问题可通过人为方式加以改善。这就需要通过本文呼吁园区管理者提高对这些问题的重视程度，加大资金的投入，从而改善这些问题。

（2）空间环境要素方面各指标分析

六个项目在空间环境要素方面各评价因子加权得分如图 4-7 所示。

这一方面几个项目的得分令人较为满意。其中，新建建筑与工业遗迹协调度、园区空间格局改造的合理度和园区工业建筑再利用的程度这三个方面，各项目整体的评价较好，均超过了一般满意的水平，说明在项目初期的策划设计和后期的运营阶段都投入了很多精力，并得到了市民和使用

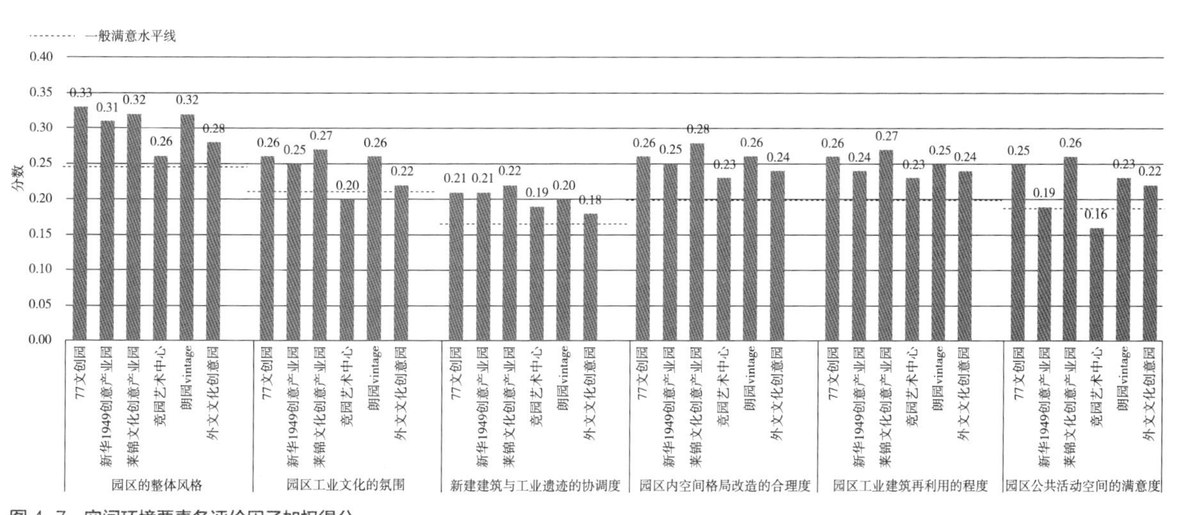

图 4-7　空间环境要素各评价因子加权得分

（图片来源：作者自绘）

者的充分认可。而竞园艺术中心和外文文化创意园在园区的整体风格和园区工业文化的氛围这两方面得分虽基本达到了一般满意的水平，但相对于其他项目得分较低。经实地调研后发现，这两处项目在这四个方面的表现上确实要弱于其他四个项目，两处项目均沿用了原先旧厂房的框架结构和立面的红色砖墙，但整体的风格较为单一，缺乏立面的变化及特点，更是缺少工业元素的修饰，不了解其改造背景的人会以为园内建筑为了营造复古氛围而设计的建筑，根本不会想到是一处工业遗产改造的项目。

此外，各项目的公共活动空间方面的得分差异较大，其中莱锦和 77 文创园有明显的活动空间，可供人们活动休息，外文文化创意园仅有一处几栋楼围绕而成的集中绿地，集中绿地旁设立了室外小水吧、小型鱼池和一些绿化景观加以陪衬。新华 1949 创意产业园和竞园艺术中心的得分均低于一般满意的水平，其园内开敞空间大部分都被当作了停车场，整体感觉很杂乱，故停车是否便利很大程度上影响了公共活动空间能否满足使用者的需求。

（3）设施设备要素方面各指标分析

六个项目在设施设备要素方面各评价因子加权得分如图 4-8 所示。

通过设施设备要素各评价因子加权得分发现，各项目在此方面的表现并不尽如人意。文化娱乐设施完善度方面，整体表现不是很理想，得分均低于一般满意水平，究其原因，与园区性质有着密切关系，所调查园区均以创意办公及展览功能为主，其中某些园区甚至不对外开放，故在此方面

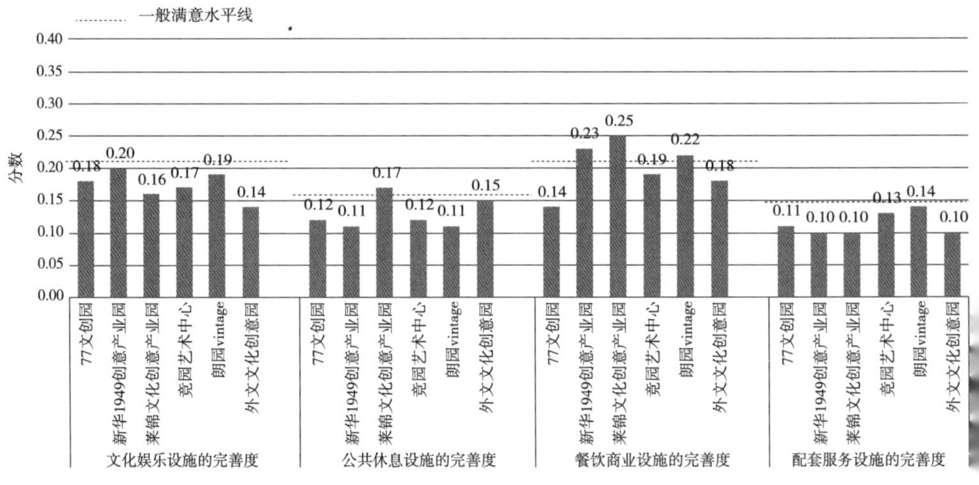

图 4-8　设施设备要素各评价因子加权得分

（图片来源：作者自绘）

没有下很大力度。但作者认为，也应适当增加一些娱乐休闲设施为园内的工作人员提供便利。

公共休息设施方面，除莱锦文化创意产业园高于一般满意水平外，其他几个项目表现均较差。在莱锦调研时，作者观察到楼与楼之间有一条贯穿南北的木栈道，栈道两边铺有绿地，还设置了长椅可供人们休息，而在其他项目调研时，几乎没有看到供人们休息的公共设施，一些咖啡厅在室外设置的一些桌椅也是需要消费才能使用的。

餐饮商业设施方面，新华 1949 创意产业园、莱锦文化创意产业园及朗园 vintage 相对其他三个项目较好，均在园区内设有咖啡厅、餐厅和食堂供园区内的员工使用，且园区周边配有许多的快餐、超市，非常便利，而评分较低的 77 文创园及外文文化创意园内，只有简单的咖啡厅或小餐吧，经了解，许多员工中午都需要通过定外卖才能解决吃饭的问题。

配套服务设施方面，各项目得分均较低，其中公共厕所的设置也是少之又少，只有在竞园艺术中心和朗园 vintage 调研时发现园区内设置了公厕，其余项目均未设置。

总结发现，各项目在餐饮商业设施完善度方面相对其他方面较好，而在公共休息设施和配套设施完善度方面的表现较差。究其原因，餐饮商业设施属于盈利性设施，尤其设置在产业基地类的创意产业园周边，大量的上班族和白领为周边餐饮商业提供了稳定的客流，开发商看到了这些商机之后势必会着重设立这类设施；相反，公共休息和配套服务设施均为非盈利性设施，自然容易被开发商所忽视，而正是这些设施的缺失构成了配套设施要素不能满足使用者需求的主要原因。

综上可知，增加公共休息设施及配套服务设施是各园区在此要素方面的当务之急，只有多站在使用者的角度出发考虑问题而不是只顾眼前利益和商机才能更好地使园区满足大众的需求，从而提升园区在此方面的品质。

（4）自然景观要素方面各指标分析

六个项目在自然景观要素方面各评价因子加权得分如图 4-9 所示。

通过自然景观要素各评价因子加权得分可见，自然景观要素方面的评分较为一般，个别因子的得分差异较大。其中，六个项目在园区环境整洁度方面的表现均较好，而在园区绿化程度、园区工业景观的保留度及园区景观丰富度方面则相对较差。

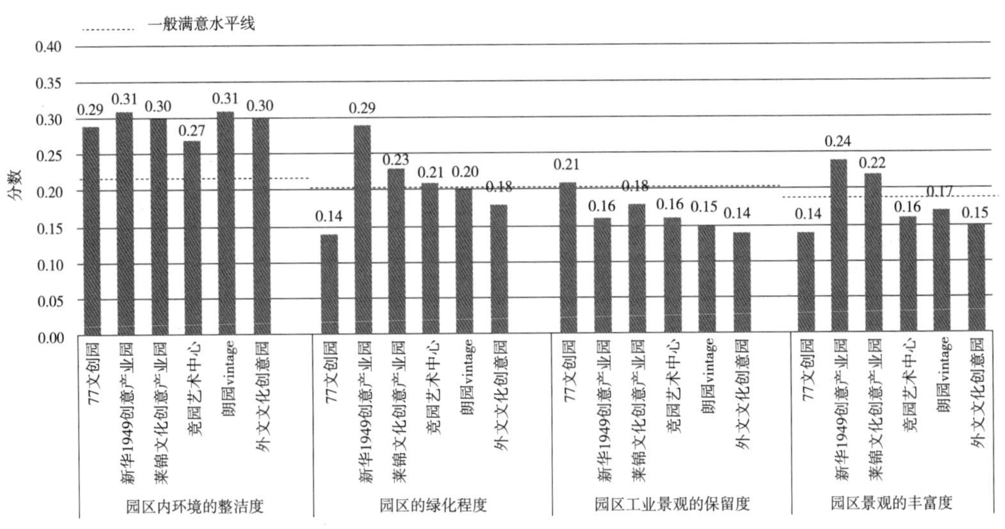

图 4-9 自然景观要素各评价因子加权得分
（图片来源：作者自绘）

园区的绿化和景观丰富度方面虽整体表现不尽如人意，但新华 1949 创意产业园和莱锦文化创意产业园评分相对较高。走在新华 1949 创意产业园区内，可以发现道路两边种满了绿植，绿化覆盖面积较大。同样，在莱锦文化创意产业园中，楼与楼之间均设置了绿化带，每个单元里还别具匠心地设计了一些中庭供使用者休息。

园区工业景观的保留度方面，仅有 77 文创园的评分高于一般满意水平，其他几个项目均未能保留一些原先的工业景观，导致人们无法了解原先园区的工业改造背景，更无法加深人们对园区的认知，实属遗憾。

经分析，园区环境整洁度之所以很高是因为这一方面关系到园区最基本的形象，整齐的环境才能给在园区内工作的人们带来好心情，因此园区管理者在这一方面都尽力做到最好，同时对园区自身吸引企业入驻有所帮助。而园区景观丰富度及绿化程度之所以表现不尽如人意，是因为它们并不是园区所需要具备的必要条件，对规模较小、寸土寸金的园区来说更是一种“奢侈品”，加之维护及养护成本较高、占据园区使用面积，自然会被管理者所忽视。保留原先工业景观则是对工业文化的一种尊重和传承，许多开发商和管理者却只注重改造，将原有的一些工业景观大面积拆除，忽略了对文化的保留，因而造成了这方面的缺失。

故现阶段创意产业园区应从加大绿化程度，增添园区景观的数量，保留原先工业景观这几方面入手，才能在自然景观要素方面有所提高。

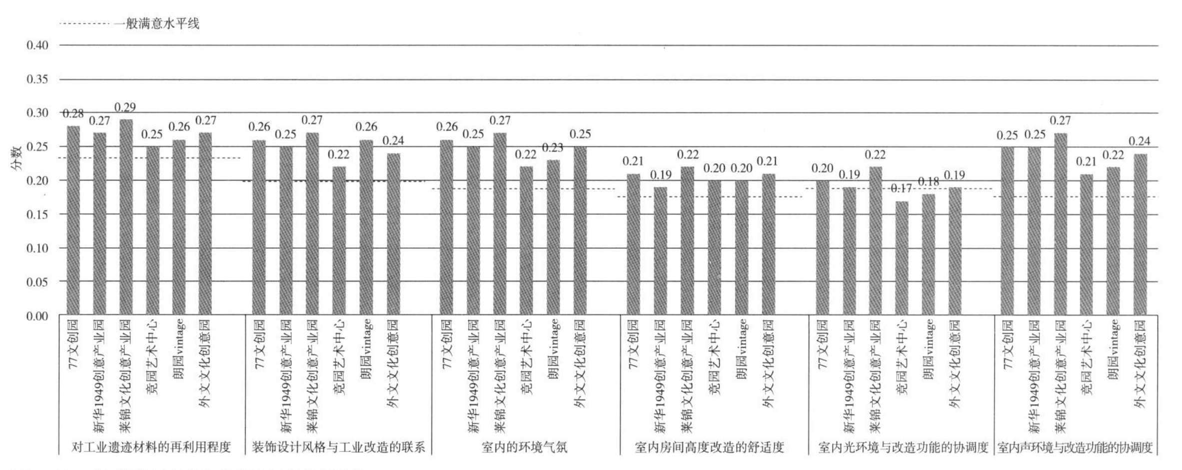

图 4-10　物理环境要素各评价因子加权得分

（图片来源：作者自绘）

（5）物理环境要素方面各指标分析

六个项目在物理环境要素方面各评价因子加权得分如图 4-10 所示。

由物理环境要素各评价因子加权得分可知，物理环境方面各项目均高于一般满意的水平。其中，工业遗迹材料的再利用程度、装饰设计风格与工业改造的联系、室内的环境气氛三个方面整体表现都令人满意，说明设计者在进行改造时，将原有建筑进行了充分地利用，在室内空间设计时进行了周密的考虑，且许多入驻的公司在室内装修风格上都重视到了植物与景观的互动，在室内摆放各种盆栽来增添室内的活力。

而一些项目在室内光环境改造方面表现相对其他几个方面较差，只是达到了基本满意的水平，有些项目甚至低于一般满意水平。主要原因在于某些园区建筑密度高，建筑间距较小，造成楼与楼之间的光线遮挡。还有一些园区的厂房改造前开窗尺寸较小，自然采光效果不能完全达到日常工作所需要的标准，所以均需借助强物理照明加以弥补。

由于不同城市的发展模式、经济水平、人们的社会背景、教育程度等方面的差异，都会导致不同城市的使用者对工业遗产更新项目建成环境的需求有所差异，实际问题需要结合实际具体分析。本章仅为工业遗产更新项目建成环境后评价领域的起步阶段，希望能起到抛砖引玉的作用，为后续的研究做好铺垫，以期引起相关领域研究人士的思考和进一步研究。

第5章

工业遗产更新项目公众满意度后评价

Evaluation of Public Satisfaction of Industrial Heritage Renewal Project

公众满意度是衡量产品和服务质量的重要指标，本章的研究是为了能够通过公众满意度后评价，来了解公众对工业遗产更新项目的真实需求，分析项目存在的优势与不足的原因，提出改进的方向，提高项目在各个方面的服务水平，进而提高公众对项目的满意度，同时为城市的决策者和设计者提供一份参考依据，为相关项目的改进及新项目的建设提供有益借鉴。

5.1 缘起

5.1.1 研究背景

经过数十年以人口聚集为主要特征的快速发展，中国以特大城市为代表，陆续出现了资源紧缺、环境超负荷承载等方面的问题，原有以增量换发展的模式在经济新常态下难以为继。2016 年，《中共中央国务院关于进一步加强城市规划建设管理工作的若干意见》的出台，正式提出“严控增量、盘活存量、优化结构”的思路，城市发展方向就此由增量发展转变为存量发展。

工业遗产是城市发展的重要存量资源，伴随着城市发展向挖掘存量的方向转变，现存的工业遗产将成为推动城市集约发展的重要举措。一方面，工业遗产老厂区和建筑可以作为产业升级的实体承载空间；另一方面，工业遗产凝聚的工艺流程和技术工艺将成为激发老工业区复兴的文化元素，从而盘活城市现存用地资源、创造产业升级发展新空间、带动就业增长、实现经济发展与历史传承的协调发展。

近年来，国内外许多城市都进行了工业遗产的更新实践，如西班牙巴塞罗那水泥厂改造成为建筑事务所、北京燕山煤气用具厂旧址改造成为城市公园、厦门沙坡尾老厂房改造成为全海景健身房等，都取得了很好的实践效果。

5.1.2 研究的目的与意义

公众是更新项目发展最直接和最广泛的参与者，随着生活水平的提高，市民对于项目的需求和要求日益提高。因此，目前已更新完成的项目的价值取向就应该是让公众的生活更加舒适和便利。那么，这些更新完成后的工业遗产改造项目是否达到了公众的要求？目前出现了什么样的问题？为了探究这些问题，作者对河北区已完成的工业遗产更新项目进行公众满意度后评价，分析总结，获取经验，其目的是为了对还未改造的工业遗产在将来的更新时提供有益借鉴，从而促进我国工业遗产更新项目又好又快发展。

5.2　公众满意度后评价的涵盖范围

5.2.1　公众满意度相关理论

满意是一种具有个性化的心理感受，人的态度、情感、认知和愿望等都包括在内。满意度是分析这种心理感受的一种标准尺度，可以体现人的一种愉悦或失望的感觉状态。满意度可分为很满意、满意、一般满意、不满意和很不满意五种，也可以通过一定的分值来反映。

公众满意度来源于营销学的顾客满意度，是指公众在了解和使用产品之后对其做出的的满意程度评价，它是对公众情感认知和心理感受的一种量化描述。20 世纪 60 年代，许多学者就从不同的角度提出了对于公众满意度的理解和认识（表 5-1），虽然在语言表述上存在着差异，但对公众满意度的整体认识是整体一致的。在 20 世纪初的现代主义运动中，提出将建筑项目看作了一种工业化的产品，为了提高产品的竞争力，项目的管理者也开始了解公众的需求，由此出现了建筑领域满意度的概念。用一个简单函数来表示，即 $PSI=q/e$。其中 PSI 为公众满意度，q 代表公众对于项目或产品的感知；e 代表公众的期望值。显然，PSI 的数值越大，表示公众越满意，反之，则表示公众越冷漠。

表 5-1　国外满意度方面相关研究成果

时间	学者 / 认证体系	公众满意度的理解
1969 年	Howard & Sheth	公众满意度是顾客对其付出回报是否合理进行评判的一种认知状态
1977 年	Pfaff	满意度是产品组合的理想与实际差异的反差

续表

时间	学者 / 认证体系	公众满意度的理解
1980 年	Swan & Trawickand Carroll	公众满意度是公众对产品好坏或产品用途是否有相称的有意识的评价或认知的判断
1988 年	Tse & Wilto	公众满意度是对期望与产品实际绩效之间感知差异的评价反应
1994 年	Halstead & Schmidt	满意度是特定交易的情感反应，这种反应产生于公众对产品使用后效果与使用前标准的比较
1995 年	Walker	满意度是期望的函数，期望将随服务过程的阶段而变化，服务过程分消费前、消费中和消费后
1997 年	Woodruff	满意度的比较标准应该基于顾客所向往的价值，这些向往的价值来源于产品的属性、性能及使用结果，顾客对满意的判断应该基于顾客在购买前建立的期望价值层次
1997 年	Oliver	满意度是公众的满足反应，它是产品与服务属性或产品与服务本身给公众带来愉悦满足程度的判断
2000 年	ISO900	满意度是公众对其要求被满足程度的感受

图表来源：作者自绘

5.2.2 公众满意度评价国内外研究综述

（1）国外方面

国外的满意度研究最早出现在私人领域，之后逐渐将公众满意度运用到政府的工作绩效评价中，形成了一种全新的管理模式。1989 年，瑞典费尔耐设计出瑞典满意度指数模型（SCSB 模型），随后许多西方国家都提高了对公众满意度的研究。美国政府颁布《设立顾客服务标准》，将公众满意度理论运用到公共管理领域，正式拉开了美国政府部门以公众满意度为导向的行政改革序幕。在新公共管理学运动浪潮的影响下，许多国家都在不同程度地进行了公共部门满意度测评的研究。其中瑞典率先建立国家层次上的顾客满意度指数模型（SCSB 模型），该模型主要包括顾客预期、感知绩效、顾客满意度、顾客抱怨和顾客忠诚等五个结构变量。

在社区服务满意度方面，Gregg G.Van Ryzin 等最早将公众满意度的概念引入社区中去，并与纽约市政府合作对纽约居民进行调查。Rojck 等人提出从社区服务的质量方面对居民的社区的满意度进行测评，包括社区治安、社区医疗和社区环境卫生等多个指标。Gerson 认为邻里关系也能影响居民对社区的满意度。在社区服务评价的理论基础上，威廉在美国一座学校进行了实践，采用“社区服务量表”进行满意度的测评，之后墨尔本市和迈阿密市等城市都陆续展开了社区满意度的调查工作。

国外对于建成环境的满意度研究是基于西方科学家和环境心理学家研究的居住领域。随后建筑师也逐渐关注该领域，但公众满意度的评价目前没有普遍试用的理论。其中比较有代表性的是 D.Canter 的住房满意度模型，他将块面法与场所理论相结合，发展为之后的块面理论。随着建筑观和城市观的逐步发展，西方国家的公众满意度评价的覆盖范围越来越大，从社区、公寓和医院等发展到后来的办公和商业等公共建筑的评价。

（2）国内方面

理论研究随着实践经验的积累和国外理论体系引入的逐步开展，与发达国家相比，我国对公众满意度的研究起步较晚，技术性的研究始于 1998 年清华大学建立了 CCSI 模型。在公共研究管理的公众满意度研究方面，尤建新认为公共部门的公众满意度评价可以提高政府的行政管理水平的革新。蔡立辉认为应建立以“公众满意度”为核心的政府绩效评价机制，他认为政府绩效评价活动的宗旨应该是根据公众的需求来提供服务。盛明科、应瑛分别建立了服务型政府公众满意度模型和城市管理公众满意度模型。

在社区服务公众满意度方面，学者们的研究多集中在体系的建立和实例的研究方面。其中孙金富和邹凯分别建立了一套社区服务与发展的评价指标体系，并运用到实际生活中。北京和上海的部分社区已通过内部调研或引入第三方专业评价机构的方式，对其所辖范围内的服务设施的满意度和社会服务的需求等多个方面展开了调查，并通过健全服务体系和提高社区服务等途径来提升公众的满意度。

我国有关建筑方面的公众满意度评价伴随国内使用后评价的研究一起出现于 20 世纪 80 年代，目前尚处于初级阶段，多是参考和借鉴国外使用后评价理论，国内研究主要从环境科学和环境心理学两个方面提出观点和相关研究成果。中国的公众满意度评价的研究内容和范围大多集中在建筑空间方面，但由于对公众满意度的不够重视，评价的结果没有全部反映到设计中去，很难从本质上影响设计的质量，缺乏一种良性反馈机制。贺海芳在《城市工业遗产再利用后满意度综合评价研究——以南昌文化创意园为例》中对城市工业遗产再利用后的环境使用效果进行评价，通过 AHP 法和问卷调查的结果构建了满意度评价模型。张书婷在《后工业类型的深圳市创意产业园景观满意度调查研究》中选取了项目通过 AHP 法从多个方面提出了具体的建议。徐珊珊在《洛阳市涧西区工业遗产街区环境满意度评价》中基于公众满意度的视角，构建了项目的景观评价体系，提出了工业遗产街区景观保护和更新的优化建议。

由此可见，我国在公众满意度评价方面已有了许多的研究成果，但现在在基于工业遗产更新项目的研究上，我国上没有针对其本身的研究资料，多数涉及的是项目的景观和环境等外部空间进行分析。

5.2.3 工业遗产更新项目公众满意度后评价的相关理论

为了确定工业遗产更新项目公众满意度后评价的具体模式和方法，首先应该确定工业遗产更新项目公众满意度后评价的特点、意义和原则，然后才能研究工业遗产更新项目公众满意度后评价的方法论。

（1）工业遗产更新项目公众满意度后评价的特点

工业遗产更新项目公众满意度后评价有其内在的规律特点，它在评价原理、实现目标、发挥作用和更新步骤上都有别于项目前期评价、中期评价。公众满意度后评价特点如下：

1）公众满意度后评价的独立性：独立性标志着从独立的角度，特别是为了防止决策者和自我评估情况的出现，从第三方的角度进行满意度评价。

2）公众满意度后评价的可信性和实用性：评价是为了分析出项目优势和劣势，这就要求评价者具有广博的阅历和丰富的经验。实用性是为了使公众满意度后评价结果对决策能产生作用，公众满意度后评价报告必须具有可操作性，即具有实用性。

3）公众满意度后评价的对比性和探索性：将更新完成后的项目公众满意度后评价的结果与更新前的规划进行比较，与同行业其他项目比较，与国内外的同行业先进水平相比较，找出不同之处，总结经验教训。公众满意度后评价又是一项探索性与创新性的工作。只有不断地实践，才能使公众满意度后评价工作有一个长足的发展。

（2）公众满意度后评价的意义

1）理论意义：我国对于公众满意度后评价的研究多集中于高校的公众满意度调查、城市公共空间的公众满意度调查和政府公共服务的公众满意度等。但运用公众满意度调查的方法对已更新完成的工业遗产项目进行评价研究的学术成果数量较少。本次研究试图在该领域进行尝试，通过实地调研，获得项目的公众满意度后评价调查问卷信息，通过建立科学的模型，分析出项目的优势和劣势；以此为基础，对项目后期的建设提出建议，同时也为今后同类型的研究提供借鉴。

2）实践意义：公众满意度作为衡量产品和服务质量的重要指标，已更新完成的工业遗产项目的用户满意度也应该收到社会各个阶层的关注。本研究的实践意义主要包括以下几个方面：

对一般公众来说，当更新项目在进行公众满意度后评价时，会发现使用过程中的问题和缺陷，这时项目的管理者可以通过公众的意见，尽快采取纠正和调整的措施[28]。同时也可以通过公众满意度后评价，更加了解公众的真实需求，提高项目各方面的服务水平，从而提高公众对项目的满意度。

在市场经济中，“客户至上”制度是企业对产品的管理理念，公众满意和忠诚是企业获得利润的源泉。对住宅、文化创意产业园和办公类的工业遗产更新项目进行公众满意度后评价，能够发现项目目前存在的问题，及时整改，提高项目的竞争力。

对已更新改造完成的工业遗产项目进行评价，其参与主体大多为政府部门、建设单位以及相关领域的专家，而作为实际使用者的公众群体的参与度很低，就国内外现有的工业遗产更新项目评价体系而言，其主要从社会影响、建成环境、价值评价等方面出发，而缺乏对公众满意这一因素的重视，阻碍了工业遗产更新项目的进一步发展。而公众满意度后评价是从使用者的角度对已更新改造完成的项目进行多角度多层次的评价，可以在一定程度上弥补上述问题，还可以通过公众参与，建立一种科学的公众监督机制，从而促进项目的发展。

（3）公众满意度后评价的原则

公众满意度后评价的一般原则是：独立性、完整性和系统性、实用性、透明性，分述如下：

1）独立性。公众满意度后评价的主体是公众，不是项目的决策者、管理者、执行者或前评估人员。这是评价的公正性和客观性的重要保障。没有独立性，评价工作就难以做到公正和客观。

2）完整性和系统性。项目更新所引起的效果是复杂多元的，所以满意度评价的效果也是多元的。因此，公众满意度后评价应该考虑到项目的具体状况，否则形成的评价结论就是片面的，也就不能为今后制定新的工业遗产更新项目的设计策略提供准确、真实的依据。

3）实用性。通过可读的文本报告，总结教训，使公众满意度后评价成果对工业遗产更新项目能产生积极的作用，让评价信息能够影响更多的单位和个人。

4）透明性。公众满意度后评价的透明度越大，评价结果扩散和反馈的效果越好，有利于单位和个人能够总结经验教训，在以后的管理中注意相应的问题。

（4）公众满意度后评价的方法

在进行工业遗产更新项目公众满意度后评价之前，要选择合适的评价方法，这是科学评价的根本。

我国最初的公众满意度后评价以定性评价为主，由于定性研究受主观影响大，近年来，相关学者逐渐运用数理统计、运筹学等数学的方法进行公众满意度后评价（图 5-1）。

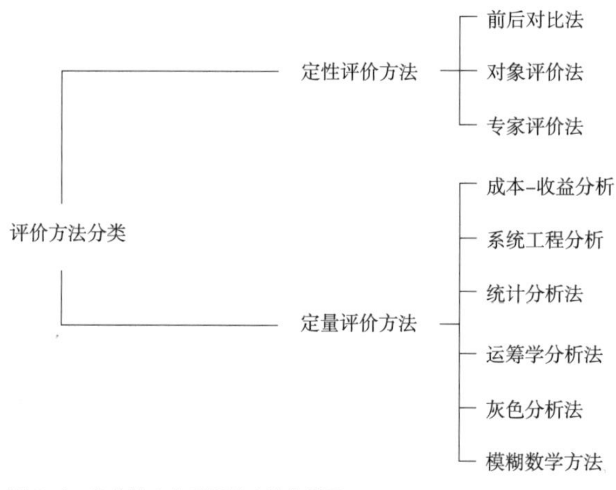

图 5–1 公众满意度后评价方法分类图

（图片来源：作者自绘）

不同的方法适用于不同目的的公众满意度后评价体系，没有绝对的好坏，因此，需要根据研究的目的、评价对象和经济环境选择最适合的方法。本书参考前人的研究成果，总结了公众满意度后评价的几类方法并进行简要分析，见表 5–2。

表 5–2　公众满意度后评价具体方法分类图

评价方法	评价方法含义	评价方法特点
前后对比法	以项目实施的节点作为分界点，分析分界点前后项目发展的变化，通过将分界点前后项目的相关指标和发展情况进行比较分析，从而说明项目实施的效果	作为定性对比研究最为简单，但是不同项目所产生的背景与环境不同对项目公众满意度有影响，仅简单对比改造前后的相关指标，不能充分说明项目的影响因素，说服力差，准确性不高
对象评价法	通过调查研究实施对象并进行评价，由于其方案和政府政策会直接或者间接影响到实施对象的权利利益，所以通过调研实施对象的意见能够使评价真实有效	从更新项目出发了解信息虽真实，但是由于新的更新提出，改造项目必然会对一部分人起到帮助而另一部分人有制约。所以仅通过更新方案对自身利益影响而进行的评价结果不具有客观性
专家评价法（Delphi 法）	通过随机抽取业内专家对项目的公众满意度进行打分评价，或者对业内专家进行访问，从而形成项目公众满意度后评价	实施简便，周期短，成本易于控制。但该方法主要依靠专家知识和经验，在抽取专家时虽有随机性，但多人评价的结论会有所不同，该方法带有较强主观性
成本 – 收益分析法	通过定量的项目成本付出以及带来收益成果进行分析，从而进行项目公共满意度分析	效果好，属于定量研究，信服程度高，但由于改造项目的相关成本和收益难以量化，从而造成该方法在评价时使用较少
系统工程方法（层次分析法）	通过将复杂问题进行系统化分解从而得到目标指标，确定指标权重，然后运用线性代数两两对比确定权重进行打分，从而分析出一级指标对目标问题的影响程度，进行评价	单纯的层次分析法无法处理庞大的系统工程，而公共满意度评价涉及内容广泛，层次分析时难免存在遗漏。而且判断矩阵构建通过专家打分，不能完全避免主观性存在，降低评价效力

表格来源：作者自绘

5.3 工业遗产更新项目公众满意度后评价模型

5.3.1 评价模型建立的思路与程序

建立天津工业遗产更新项目公众满意度后评价模型，可以使其评价标准更加完善和科学，并运用具体的数据对已更新完成项目的技术、行为和功能等方面的评价量化，从而使评价结果可视化，让公众一眼就能看到评价的结果。

本章借鉴天津城建大学吕贺在其硕士论文《工业遗产更新项目社会影响后评价研究》中指标筛选及权重确定的方法，分别设计并分发问卷给专家和使用者，后期利用改进的 Delphi 法建立了数据统计和分析的最终的评价模型。具体程序借鉴前文中社会影响后评价的流程。最终通过此问卷的统计结果得出每个评价指标的权重。

建立工业遗产更新项目公众满意度后评价模型最重要的两项内容就是指标体系的制定和各指标权重的确定，将工业遗产更新项目对社会、文化和生活的影响转化为具体的数值，让人们能直观地看到其影响结果。首先分析了工业遗产更新项目公共满意度评价的相关理论，提出了公众满意度后评价模型建立的程序。在此基础上，下一步就是通过分析评价内容，通过问卷的结果选取评价指标。

5.3.2 评价指标的涵盖内容和因素

确定公众满意度后评价内容是建立模型的第一步，由于公众满意度的涵盖范围很广，在研究中我们把握两个原则：第一个是人群的原则，社会是由人群构成的，所以评价关注的重心应该是人群，在指标的初选阶段要把项目使用者和项目体验者的利益都考虑在内；第二个是工业遗产原则，工业遗产更新项目相比新建项目，更加强调新旧对比与历史语境的延续。

不同类型的更新项目的公众满意度后评价的关注点也不同，比如被更新为商业或创意产业园的项目，其商业功能与带来的经济效益又是博物馆等其他更新类型不能与之相比较的；再如被更新成为博物馆的项目，其展览功能与带来的教育意义也是其他更新类型不能与之相比较的。因此，本书在选择评价指标时，是选择对每个类型都可能造成的公众满意度变化的重点评价指标进行汇总，在评价具体项目时“因地制宜”，并与标准评价体系一起分析。

因此，在借鉴其他领域的评价内容的基础上，综合考虑工业遗产更新项目自身的特点，使用 W.F.E.Preiser（普莱塞）在研究成果《使用后评价》中提出的技术层面、功能层面和行为层面三类评价层次，用科学测定及调查问卷、访谈等方式确定指标，本章初步确定工业遗产更新项目公众满意度后评价的影响因素主要体现在以下三个层面：

（1）技术层面的内容，主要包括：

1）项目改造的整体风格。通过对市民对更新项目整体形象满意度的分析研究，判断项目改造后的整体风格是否符合心理预期。

2）工业文化的氛围。文脉的延续与工业元素的保留是工业遗产更新项目的特点，工业文化氛围的塑造也是工业遗产更新项目区别于同类新建项目的特点之一。在保留工业遗产的基础上，工业文化的塑造与传承是否达到公众的需求，也是一个需要关注的问题。

3）新建建筑与工业遗迹的协调度。对于旧建筑，居住在项目周边或者曾经就服务过旧建筑的人会有不同的情感体验，而更新建筑的突然出现，它与旧建筑或构筑物是否和谐、是否突兀，当地居民的感受是有变化的。

4）空间格局改造的合理度。在工业遗产项目的更新中，在规划层面上，与都市工业体系的建筑相比，现代化的更新项目的功能分区和流线相比前者更加复杂。因此，更新后的项目是否能实现合理的功能和清晰的分区是十分重要的。

5）工业遗产项目更新的程度。对于工业遗产项目的更新，其初衷是振兴废弃的工业遗产，降低经济成本，使之获得新生的过程。因此，在更新完成的项目里，对于工业遗产更新的程度，也应成为公众满意度后评价的一项指标。

6）公共活动空间的满意度。随着人们生活水平的不断提高，由工业厂房改造而成的聚会厅、生日宴会、展览等活动得以顺利实现。项目中公共活动空间的数量、体量也可以侧面反映出一个项目的活力。

7）停车的方便程度。大多数更新项目都具有较为丰富的业态结构，除正常的工作外，还会有大量的阶段性或周期性的人群聚集，由于人群各类阶层不同，出行方式也不同，需具备便捷的停车方式。

8）项目内的物理环境。室内环境的装饰和设计风格是否协调，这包括室内的环境气氛、清洁度和室内声光热环境与改造功能的协调度等多方面的内容。

9）建筑设施的管理与维护。其中包括消防和物业等多方面设施，一些项目中的相关设施损毁、缺乏，形同虚设。为加强建筑物、构筑物、设备基础的维修和保养，防止损坏和发生事故，保证安全生产。故该指标也被作为一个考量指标。

（2）功能层面的内容，主要包括：

1）对当地人民文化娱乐的影响。随着人民生活水平提高，人们更加追求精神上的享受，更新的工业遗产项目可以提供给人们如影剧院、文化活动中心、健身房等文化娱乐场所的需求。该指标目的是为了探索在种种变化产生后，当地人民文化娱乐生活的体验如何。

2）对就业的影响。分析研究项目是否增加就业机会，吸引公众来此就业，就带来了流量和活力，同时也降低了社会矛盾的发生几率。

3）对周边的带动作用。随着项目初具规模，将和周边的各项环境因素形成一个整体。环境中的自然景观和项目的自身建设都会对项目周边产生一定的引导和带动的作用，故该指标也作为评价的一个指标。

4）业态类型与地段的契合度。地段现有的功能在某种程度上可以体现该地段的特点，所以该地段能容纳的业态类型和功能是有一定范畴的，所以更新改造的项目要符合地段的特点。

5）资源综合利用效益。项目的更新和对资源的重新利用是否有助于减少当地资源的浪费，是否提高了各类资源的利用率。

6）对城市面貌的改善。许多工业遗产更新项目都成了城市的标志性建筑（群），如北京的798和唐山的启新水泥工业博物馆等，即使是在二、三线城市的很多矿场更新也成了著名的景点。

7）文化教育意义。文化产业可能是唯一一个更新历史和现代文化的业态类型，通过重新整合城市空间，保存了城市的历史语境。除了更新项目本身的教育意义外，该指标还可以根据影响区域内学生入学率、大专及以上学历的人数比例、各级各类学校的数量、师资力量等的变化来衡量。

8）绿化景观的丰富度。改造前，在满足工业生产需要的前提下设置工业厂房。通过更新再利用，项目景观绿化的丰富度可以愉悦公众身心，因此该项指标也是作为评价指标之一的原因。

9）对居住环境的影响。在居住环境规划的过程中，居住环境应与周围环境和人居环境相协调，令居民生活更加舒适，工作更加方便，环境更加美化。

（3）行为层面的内容，主要包括：

1）城市交通的可达性。更新项目的区域位置条件大致可分为城市中心区、城市边缘、城市近郊和偏远农村，不同的区位条件，交通方面对公众的影响也不同。

2）对所在地区居民交往的影响。对该地区居民的情感互动及其人际关系进行分析，评估项目的活力是否受到公众的认可[44]。

3）道路与步行系统的完善度。随着生活水平的提高，居民出行方式呈多样化的发展趋势，但由于部分项目规模较小或厂区较为狭窄，使得步行系统无法得以改善，该指标旨在分析再利用项目是否提高了步行系统的完善度。

4）公众对于项目活力的认可度。从城市层面考虑，促进城市经济文化的发展是更新项目的目标；从公众层面考虑，是为了提高人们的生活质量。若项目在使用的过程中缺少活力，这在很大程度上会影响项目各方面的发展，因此该指标也被作为一个评价指标[45]。

5）交流休憩空间的舒适程度。休憩空间是为人们提供休息环境的场所，是人们日常生活的重要片段，是一个国家社会政策和国民消费水平的反映。随着居民公共闲暇生活时间的增多，城市休憩空间的不足和分布构成的不合理会对市民生活产生一定的影响。

5.3.3　评价模型的建立

通过上文列出的三个准则层的各个评价指标的具体内容，本节将按照上文中提出的工业遗产更新项目公众满意度后评价模型的建立程序来一步步完成模型的建立。制定专家问卷与市民问卷的原则借鉴前文社会影响后评价的制定原则。

（1）确定工业遗产更新项目公众满意度的评价指标

作者利用 2017 年度第五届中国城乡规划更新学术研讨会和 2017 年度第八届中国工业建筑遗产学术研讨会的机会，通过会议现场收集调研问卷及邮箱发送网络电子问卷两种途径，向国内工业遗产保护与更新领域的专家学者发放问卷 130 份，收回有效问卷 118 份。

在此之后，作者通过实地调研和网络的方式向使用者发放问卷 200 份，收回有效问卷 181 份。两份问卷结果见表 5-3、表 5-4。

表 5-3 评价指标及其权重调查问卷（专家版）

评价指标 \ 权重	1	3	5	7	9
A_1 项目改造的整体风格	16（13.5%）	24（20.3%）	24（20.3%）	40（33.9%）	14（11.9%）
A_2 工业文化的氛围	16（13.5%）	30（25.4%）	22（18.6%）	40（33.9%）	10（8.5%）
A_3 新建建筑与工业遗迹的协调度	18（15.3%）	34（28.8%）	40（33.9%）	18（15.3%）	8（6.8%）
A_4 空间格局改造的合理度	16（13.5%）	42（35.6%）	30（25.4%）	20（16.9%）	10（8.5%）
A_5 工业遗产再利用的程度	4（3.3%）	10（8.5%）	26（22.0%）	38（32.2%）	40（33.9%）
A_6 公共活动空间的满意度	6（5.0%）	6（5.0%）	34（28.8%）	48（40.7%）	24（20.3%）
A_7 停车的方便程度	4（3.3%）	18（15.3%）	26（22.0%）	40（33.9%）	30（25.4%）
A_8 项目内的物理环境	6（5.0%）	22（18.6%）	26（22.0%）	38（32.2%）	26（22.0%）
A_9 建筑设施的管理和维护	12（10.1%）	36（30.1%）	20（16.9%）	32（27.1%）	18（15.3%）
B_1 对当地人民文化娱乐的影响	8（6.8%）	26（22.0%）	28（23.7%）	40（33.9%）	16（13.5%）
B_2 对就业的影响	6（5.0%）	8（6.8%）	18（15.3%）	48（40.7%）	38（32.2%）
B_3 对周边的带动作用	8（4.2%）	20（16.7%）	26（20.8%）	36（33.3%）	28（25.0%）
B_4 业态类型与地段的契合度	8（6.8%）	28（23.7%）	38（32.2%）	30（25.4%）	14（11.9%）
B_5 资源综合利用效益	6（5.0%）	24（20.3%）	34（28.8%）	38（32.2%）	16（13.5%）
B_6 对城市面貌的改善	14（11.9%）	30（25.4%）	40（33.9%）	24（20.3%）	10（8.5%）
B_7 文化教育意义	22（18.6%）	32（27.1%）	34（28.8%）	16（13.5%）	14（11.9%）
B_8 绿化景观的丰富程度	7（5.9%）	7（5.9%）	26（22.0%）	38（32.2%）	40（33.9%）
B_9 对周边地区居住环境的影响	20（16.9%）	33（28.0%）	20（16.9%）	30（25.4%）	15（12.7%）
C_1 城市交通的可达性	8（6.8%）	10（8.5%）	36（30.5%）	44（37.3%）	20（16.9%）
C_2 对所在地区居民交往的影响	6（5.0%）	14（11.9%）	32（27.1%）	46（39.0%）	20（16.9%）
C_3 道路与步行系统的完善度	6（5.0%）	6（5.0%）	44（37.3%）	44（37.3%）	18（15.3%）
C_4 公众对于项目活力的认可度	6（5.0%）	16（13.5%）	20（16.7%）	50（42.4%）	26（22.0%）

续表

评价指标 \ 权重	1	3	5	7	9
C_5 交流休憩空间的舒适度	10（8.5%）	16（13.5%）	28（23.7%）	42（35.6%）	22（18.6%）
C_6 公共设施的便利度	6（5.0%）	18（15.3%）	20（16.7%）	34（28.8%）	40（33.9%）
C_7 项目本身对市民的吸引力	27（22.9%）	25（21.2%）	35（29.7%）	20（16.9%）	11（9.3%）
C_8 流动人口的变化带来的影响	18（15.3%）	30（25.4%）	31（26.3%）	19（16.1%）	20（16.9%）
C_9 新居住民和原居住民的交流与冲突	24（20.3%）	19（16.1%）	27（22.9%）	24（20.3%）	24（20.3%）

表格来源：作者自绘

表 5-4　评价指标及其权重调查问卷（市民版）

问题 \ 关注度	不关注	略微关注	一般关注	很关注	特别关注
A_1 项目改造的整体风格	26（14.3%）	33（18.2%）	61（33.7%）	43（23.8%）	18（10.0%）
A_2 工业文化的氛围	10（5.5%）	26（14.3%）	67（37.0%）	53（29.3%）	25（13.8%）
A_3 新建建筑与工业遗迹的协调度	26（14.3%）	24（13.3%）	64（35.4%）	54（29.8%）	13（7.2%）
A_4 空间格局改造的合理度	25（13.8%）	35（19.3%）	65（35.9%）	38（21.0%）	18（10.0%）
A_5 工业遗产再利用的程度	7（3.9%）	13（7.2%）	52（28.7%）	74（40.9%）	35（19.3%）
A_6 公共活动空间的满意度	6（3.3%）	28（15.5%）	46（25.4%）	73（40.3%）	28（15.5%）
A_7 停车的方便程度	1（0.1%）	14（7.7%）	44（24.3%）	74（40.9%）	48（26.5%）
A_8 项目内的物理环境	9（5.0%）	17（9.4%）	38（21.1%）	64（35.4%）	53（29.3%）
A_9 建筑设施的管理和维护	10（5.5%）	17（9.4%）	39（21.5%）	57（31.5%）	58（32.0%）
B_1 对当地人民文化娱乐的影响	13（7.2%）	8（4.4%）	44（24.3%）	79（43.6%）	37（20.4%）
B_2 对就业的影响	11（6.1%）	16（8.8%）	27（15.0%）	66（36.5%）	61（33.7%）
B_3 对周边的带动作用	7（3.9%）	10（5.5%）	48（26.5%）	79（43.6%）	37（20.4%）
B_4 业态类型与地段的契合度	15（8.3%）	13（7.2%）	51（28.2%）	69（38.1%）	33（18.2%）
B_5 资源综合利用效益	3（1.7%）	16（8.8%）	88（48.6%）	54（29.8%）	20（11.0%）
B_6 对城市面貌的改善	10（5.5%）	14（7.7%）	31（17.1%）	83（45.9%）	43（23.8%）
B_7 文化教育意义	10（5.5%）	14（7.7%）	61（33.7%）	70（38.7%）	26（14.3%）
B_8 绿化景观的丰富程度	18（9.9%）	15（8.3%）	44（24.3%）	57（31.5%）	47（25.9%）
B_9 对周边地区居住环境的影响	35（19.3%）	40（22.1%）	31（17.1%）	49（27.1%）	26（14.4%）
C_1 城市交通的可达性	6（3.3%）	4（2.2%）	12（6.6%）	90（49.7%）	69（38.1%）
C_2 对所在地区居民交往的影响	12（6.6%）	3（1.7%）	9（5.0%）	91（50.2%）	66（36.5%）

续表

问题 \ 关注度	不关注	略微关注	一般关注	很关注	特别关注
C_3 道路与步行系统的完善度	10（5.5%）	18（10.0%）	26（14.3%）	76（42.0%）	51（28.2%）
C_4 公众对于项目活力的认可度	11（6.1%）	14（7.7%）	31（17.1%）	73（40.3%）	52（28.7%）
C_5 交流休憩空间的舒适度	5（2.8%）	17（9.4%）	27（15.0%）	75（41.4%）	57（31.5%）
C_6 公共设施的便利度	8（4.4%）	17（9.4%）	32（17.1%）	60（33.1%）	64（35.4%）
C_7 项目本身对市民的吸引力	32（17.7%）	43（23.8%）	30（16.6%）	50（27.6%）	26（14.4%）
C_8 流动人口的变化带来的影响	40（22.1%）	23（12.7%）	31（17.1%）	47（25.9%）	40（22.1%）
C_9 新居住民和原居住民的交流与冲突	37（20.4%）	43（23.8%）	35（19.3%）	40（22.1%）	26（14.4%）

表格来源：作者自绘

通过表中可以看出，“建筑设施的管理和维护”“对周边地区居住环境的影响”“项目本身对市民的吸引力”“流动人口的变化带来的影响”和“新居住民和原居住民的交流与冲突”这五个指标市民和专家均认为其重要的人数比例都没有超过67%（2/3），根据本书之前提到的筛选方法，决定对这五个指标进行删除。

根据上文中对专家问卷及市民问卷结果的统计和分析，最终筛选出所有评价指标并建立工业遗产更新项目公众满意度后评价模型，如图5–2所示。

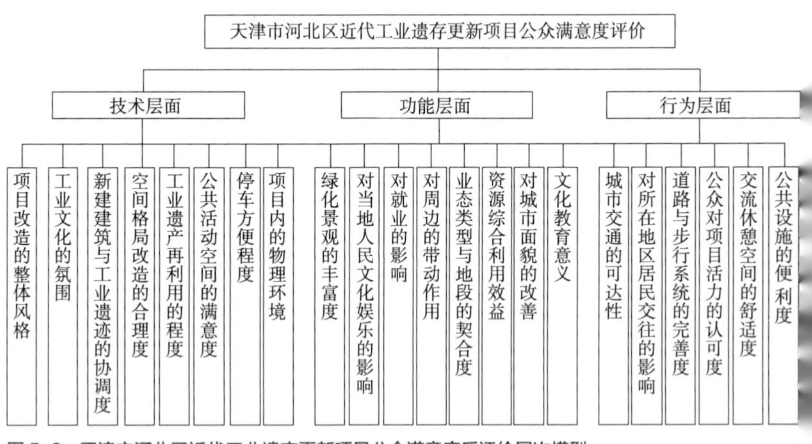

图5–2 天津市河北区近代工业遗产更新项目公众满意度后评价层次模型
（图片来源：作者自绘）

（2）权重的确定及评价模型的建立

在建立层次模型之后，必须要进行权重的确定，才能得出最终的评价模型。各项因子权重的计算借鉴前文中的原则及方法。通过公式计算出各评价指标的具体权重数值之后，将同一准则层中的各指标权重相加，总和即为该准则层的权重，最终得出工业遗产更新项目公众满意度后评价的评价模型，见表 5-5。

表 5-5 工业遗产更新项目公众满意度后评价模型

目标层	准则层		指标层		
	名称	权重	编号	名称	权重
天津市河北区近代工业遗产更新项目公众满意度后评价模型	技术层面	0.372	A	A_1 项目改造的整体风格	0.041
			B	A_2 工业文化的氛围	0.036
			C	A_3 新建建筑与工业遗迹的协调度	0.029
			D	A_4 空间格局改造的合理度	0.062
			E	A_5 工业遗产再利用的程度	0.059
			F	A_6 公共活动空间的满意度	0.055
			G	A_7 停车方便程度	0.050
			H	A_8 项目内的物理环境	0.040
	功能层面	0.407	I	B_1 绿化景观的丰富度	0.044
			J	B_2 对当地人民文化娱乐的影响	0.062
			K	B_3 对就业的影响	0.051
			L	B_4 对周边的带动作用	0.041
			M	B_5 业态类型与地段的契合度	0.046
			N	B_6 资源综合利用效益	0.054
			O	B_7 对城市面貌的改善	0.053
			P	B_8 文化教育意义	0.056
	行为层面	0.221	Q	C_1 城市交通的可达性	0.057
			R	C_2 对所在地区居民交往的影响	0.055
			S	C_3 道路与步行系统的完善度	0.055
			T	C_4 公众对项目活力的认可度	0.035
			U	C_5 交流休憩空间的舒适度	0.015
			V	C_6 公共设施的便利度	0.015

表格来源：作者自绘

以上就是工业遗产更新项目的公众满意度后评价体系，今后，在评价新增工业遗产更新项目的公众满意度时，公众可以对问卷的指标进行评分，最后通过评价模型得出评价结果。基于此评价模型，对不同类型的项目进行公众满意度后评价，总结公众满意度的规律，为还未改造的工业遗产在将来的更新的过程中提供一个发展方向。

5.4 评价结果——以天津市河北区工业遗产更新项目为例

5.4.1 天津市河北区工业遗产更新项目发展现状

天津市河北区近代工业遗产更新项目可按业态类型分为都市工业、办公、住宅、创意产业园和博物馆五大业态类型，建立评价模型之后，将其应用到具体项目中才是最重要的。本章将对这五大业态类型的12个项目进行更新公众满意度后评价。基于本章所提出的公众满意度后评价的原则和程序，制作出市民调查问卷。

天津在中国近代发展史上具有举足轻重的地位，素有“百年中国看天津”之称，而天津在近代中国近百项“中国第一”中，又有近三成与工业发展有关。天津的近代工业始于洋务运动，与中国工业化同时起步，成为中国现代化运动的北方中心；洋务派在天津建立一系列工矿和军工企业，开创了中国北方工业化的先河；北洋新政时期，天津成为中国近代民族工业重要发源地之一；民国时期，基于抵制洋货、实业救国的民族气节，天津发展成为华北地区的工业中心，中国第二大工业城市，天津工业也进入发展的“黄金时期”，出现了“抵羊”毛线、“红三角”等一批蜚声中外的民族工业品牌；中华人民共和国成立后，天津作为综合型工业城市，成为中国北方重要的制造业基地，为中国工业恢复作出了巨大贡献。

河北区作为天津起源地之一，具有丰富的人文景观和悠久的历史。同时，河北区也是天津重要的工业基地，是天津市内六区内工业历史最悠久、工业遗产最丰富的区域。随着天津工业战略东移，大量近代工业遗产被完整保留，形成了河北区独具特色的区域文化。在此背景下，河北区对区域内需产业升级的近代工业遗产项目进行了一系列的更新尝试，相关政府部门对此进行了指导。以创意产业园为例，2015年区十次党代会提出了“建设新园区、提升老园区、改造旧园区”的总体发展思路，对工业存量资源进行分类提升改造。基于以上背景，河北区近年来建设了“财富绿道丹庭”“华津 3526 创意产业园”和“巷肆文化创意产业园”等工业遗产更新项目的实例。

作者通过对上述工业遗产项目的走访和调研，总结出了目前已经再利用完成的更新项目（表 5–6），并对其业态类型进行了分类。18 处工业遗产已经基本改造完成的项目共有 12 处，其中办公类三项，都市工业类两项，创意产业园类四项，博物馆类一项。

表 5–6　河北区再利用完成的工业遗产更新项目分类表

业态类型	项目名称
办公	天津达仁堂制药厂旧址、天津橡胶四厂、天津利生体育用品厂
都市工业	天津国营无线电厂旧址、津浦路西沽机厂旧址
创意产业园	三五二六厂旧址、天津纺织机械厂旧址、天津内燃机磁电厂旧址、天津红星・18 创意产业园
住宅	天津建筑机械厂旧址、天津造币总厂旧址
博物馆	比商天津电车电灯股份有限公司

表格来源：作者自绘

5.4.2　评价结果

以前文所述的评价模型为依据，项目组对天津市河北区目前已实施更新的全部 12 个案例进行了大量问卷调查，得到了翔实的数据，由于篇幅所限，在每一业态类型中选择一个项目对评价结果进行详细介绍。

（1）都市工业类项目公众满意度后评价——以国营天津无线电厂为例

从表 5–7 和图 5–3、图 5–4 中可以看出，国营天津无线电厂在“技术层面”方面得分普遍偏高，可以看出该项目的工业氛围十分浓重，尤其是“工业文化的氛围”“项目改造的整体风格”和“工业遗产再利用的程度”这三项评分很高，而且权重很高。在“功能层面”方面的得分相比“技术层面”略低。在“行为层面”方面，得分普遍偏高，尤其是“公共设施便利度”一项，得到了 6.46 的高分，但由于该指标的权重不高，故加权后得分并不突出，得到了 0.10 分。国营天津无线电厂公众满意度后评价得分为 5.25

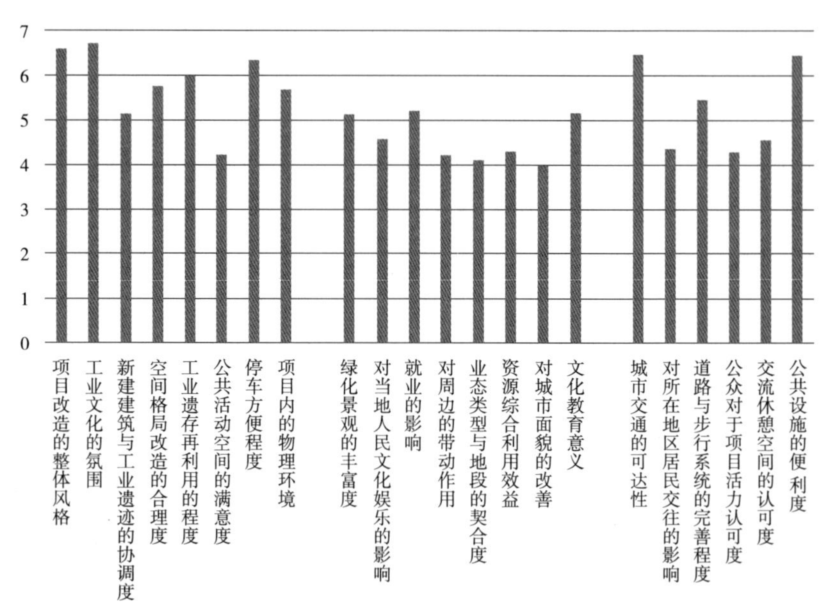

图 5-3　国营无线电厂各评价指标得分统计图

（图片来源：作者自绘）

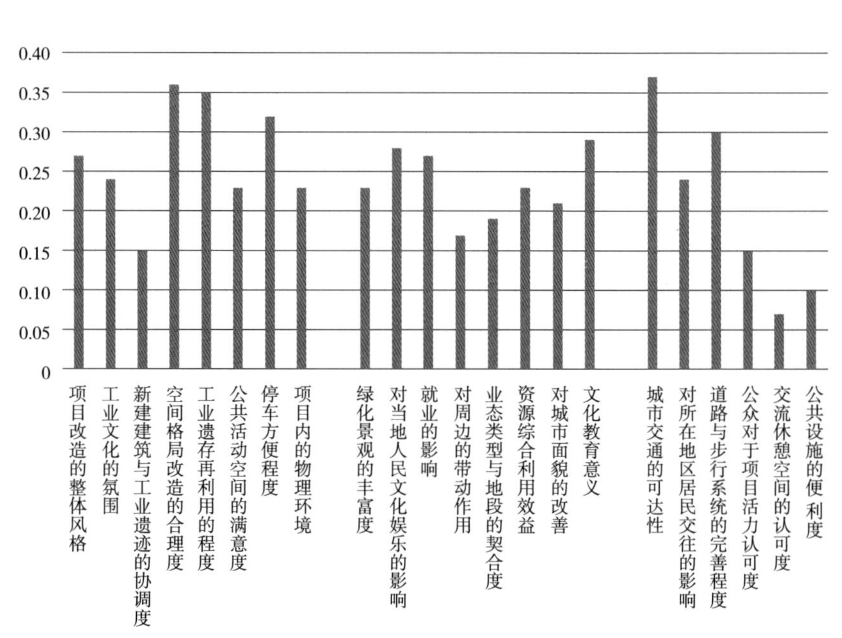

图 5-4　国营无线电厂各评价指标加权得分统计图

（图片来源：作者自绘）

分，处于中高值，虽然对于河北区周边环境带来的影响较低，但在解决民众的就业问题方面作用显著。

表 5-7　国营天津无线电厂各评价指标得分统计表

准则层			指标层				
名称	加权	加权得分	编号	名称	得分	权重	加权得分
技术层面	0.372	2.15	A	A_1 项目改造的整体风格	6.59	0.041	0.27
			B	A_2 工业文化的氛围	6.73	0.036	0.24
			C	A_3 新建建筑与工业遗迹的协调度	5.14	0.029	0.15
			D	A_4 空间格局改造的合理度	5.76	0.062	0.36
			E	A_5 工业遗产再利用的程度	6.01	0.059	0.35
			F	A_6 公共活动空间的满意度	4.23	0.055	0.23
			G	A_7 停车方便程度	6.35	0.05	0.32
			H	A_8 项目内的物理环境	5.69	0.04	0.23
功能层面	0.407	1.87	I	B_1 绿化景观的丰富度	5.13	0.044	0.23
			J	B_2 对当地人民文化娱乐的影响	4.57	0.062	0.28
			K	B_3 就业的影响	5.21	0.051	0.27
			L	B_4 对周边的带动作用	4.23	0.041	0.17
			M	B_5 业态类型与地段的契合度	4.10	0.046	0.19
			N	B_6 资源综合利用效益	4.30	0.054	0.23
			O	B_7 对城市面貌的改善	4.00	0.053	0.21
			P	B_8 文化教育意义	5.16	0.056	0.29
行为层面	0.221	1.23	Q	C_1 城市交通的可达性	6.48	0.057	0.37
			R	C_2 对所在地区居民交往的影响	4.36	0.055	0.24
			S	C_3 道路与步行系统的完善程度	5.46	0.055	0.30
			T	C_4 公众对于项目活力的认可度	4.29	0.035	0.15
			U	C_5 交流休憩空间的认可度	4.56	0.015	0.07
			V	C_6 公共设施的便利度	6.46	0.015	0.10
总分	5.25						

表格来源：作者自绘

（2）办公类项目公众满意度后评价——以天津橡胶四厂（巷肆）为例

从表 5-8 和图 5-5、图 5-6 中可以看出，天津橡胶四厂（巷肆）在“技术层面”方面得分突出，受到大众好评，尤其是“工业遗产再利用的程度”和“公共活动空间的满意程度”这两项，无论是得分还是权重得分都远远

表 5-8　天津橡胶四厂（巷肆）项目各评价指标得分统计表

准则层			指标层				
名称	加权	加权得分	编号	名称	得分	权重	加权得分
技术层面	0.372	2.36	A	A_1 项目改造的整体风格	6.98	0.041	0.29
			B	A_2 工业文化的氛围	5.64	0.036	0.20
			C	A_3 新建建筑与工业遗迹的协调度	6.97	0.029	0.20
			D	A_4 空间格局改造的合理度	6.32	0.062	0.39
			E	A_5 工业遗产再利用的程度	6.75	0.059	0.40
			F	A_6 公共活动空间的满意度	7.69	0.055	0.42
			G	A_7 停车方便程度	4.21	0.05	0.21
			H	A_8 项目内的物理环境	6.35	0.04	0.25
功能层面	0.407	2.69	I	B_1 绿化景观的丰富度	5.13	0.044	0.23
			J	B_2 对当地人民文化娱乐的影响	7.63	0.062	0.47
			K	B_3 就业的影响	4.31	0.051	0.22
			L	B_4 对周边的带动作用	5.62	0.041	0.23
			M	B_5 业态类型与地段的契合度	7.32	0.046	0.34
			N	B_6 资源综合利用效益	7.61	0.054	0.41
			O	B_7 对城市面貌的改善	5.84	0.053	0.31
			P	B_8 文化教育意义	8.64	0.056	0.48
行为层面	0.221	1.37	Q	C_1 城市交通的可达性	5.46	0.057	0.31
			R	C_2 对所在地区居民交往的影响	6.21	0.055	0.34
			S	C_3 道路与步行系统的完善程度	5.25	0.055	0.29
			T	C_4 公众对于项目活力的认可度	7.69	0.035	0.27
			U	C_5 交流休憩空间的认可度	5.63	0.015	0.08
			V	C_6 公共设施的便利度	5.21	0.015	0.08
总分	6.42						

表格来源：作者自绘

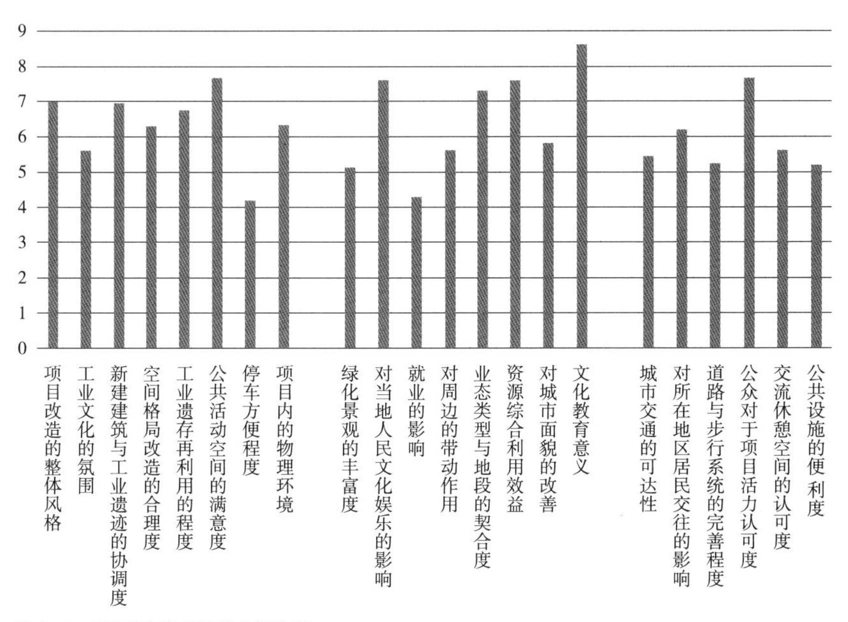

图 5-5　巷肆各评价指标得分统计图

（图片来源：作者自绘）

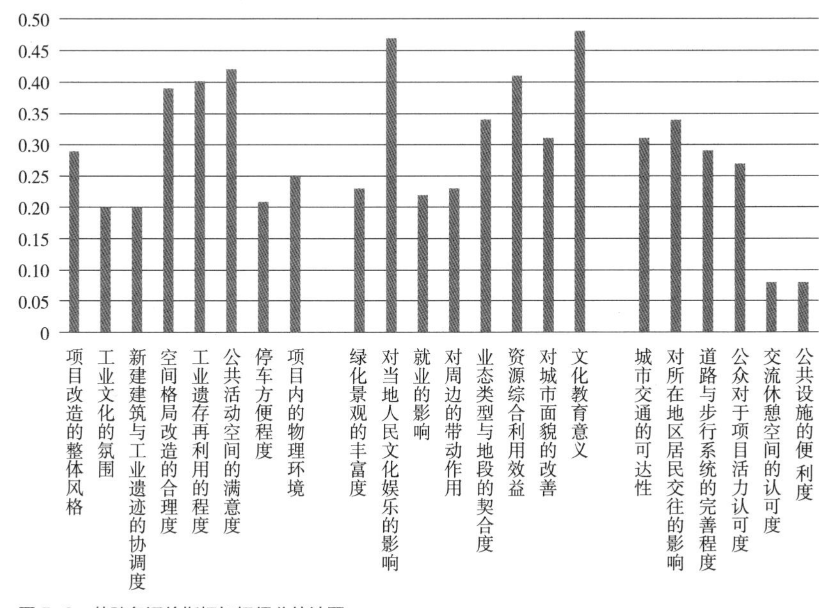

图 5-6　巷肆各评价指标加权得分统计图

（图片来源：作者自绘）

超出同层面其他指标分数。在“功能层面”方面得分普遍偏高，其中“文化教育意义”一项十分突出，得分 8.64 分，权重得分 0.48 分。在“行为层面”方面，“城市交通的可达性”一项收到公众好评，得分为 5.46 分，权重得分为 0.31 分。

天津橡胶四厂（巷肆）公众满意度后评价得分为 6.42 分，处于中高值。该项目可达性很高，公众到此十分方便，并且项目内有丰富的吸引公众的休闲娱乐和办公场所，有一定的户外交流休憩空间，能够吸引大量民众前来。但由于其体量较小，在其他方面的社会影响带动力不足。

（3）住宅类项目公众满意度后评价——以天津建筑机械厂（绿道丹庭）为例

从表 5-9 和图 5-7、图 5-8 中可以看出，天津建筑机械厂（绿道丹庭）在“技术层面”方面得分偏高，收到公众好评。其中“工业遗产再利用的程度”和“空间格局改造的合理度”两项得分相比其他指标得分较高。在“功能层面”方面，其中“对城市面貌的改善”一项得分远远超出其他指标。在“行为层面”方面，由于项目改造的整体风格受公众喜欢，有着良好的工业文化的氛围，大大加强了周边居民之间的交流，该项目

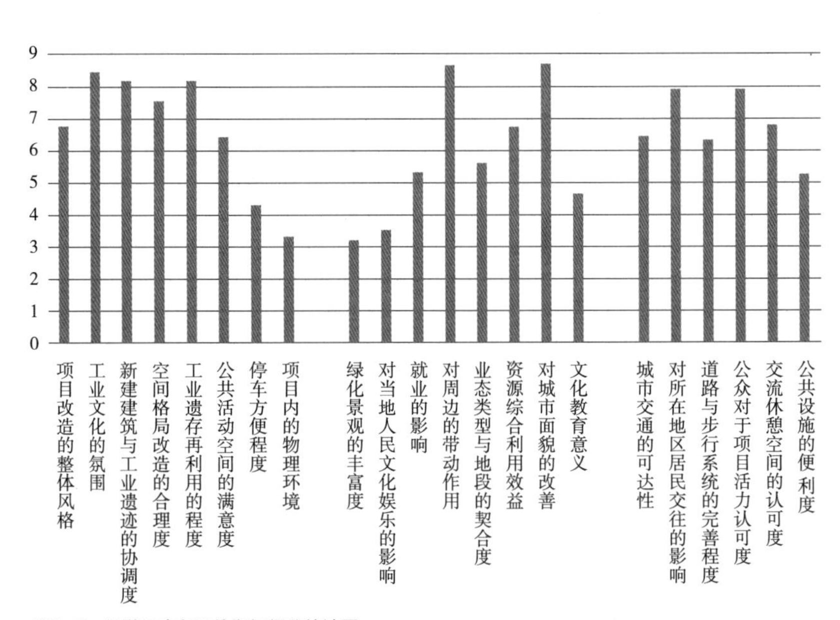

图 5-7 绿道丹庭各评价指标得分统计图

（图片来源：作者自绘）

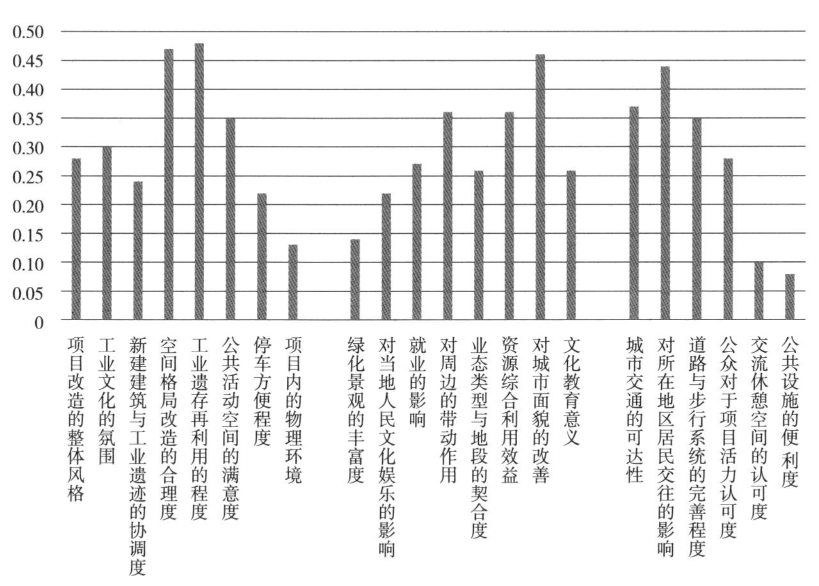

图 5-8　绿道丹庭各评价指标加权得分统计图
（图片来源：作者自绘）

表 5-9　天津建筑机械厂（绿道丹庭）项目各评价指标得分统计表

准则层			指标层				
名称	加权	加权得分	编号	名称	得分	权重	加权得分
技术层面	0.372	2.47	A	A_1 项目改造的整体风格	6.79	0.041	0.28
			B	A_2 工业文化的氛围	8.46	0.036	0.30
			C	A_3 新建建筑与工业遗迹的协调度	8.21	0.029	0.24
			D	A_4 空间格局改造的合理度	7.56	0.062	0.47
			E	A_5 工业遗产再利用的程度	8.21	0.059	0.48
			F	A_6 公共活动空间的满意度	6.45	0.055	0.35
			G	A_7 停车方便程度	4.31	0.05	0.22
			H	A_8 项目内的物理环境	3.34	0.04	0.13
功能层面	0.407	2.33	I	B_1 绿化景观的丰富度	3.21	0.044	0.14
			J	B_2 对当地人民文化娱乐的影响	3.54	0.062	0.22
			K	B_3 就业的影响	5.32	0.051	0.27
			L	B_4 对周边的带动作用	8.67	0.041	0.36
			M	B_5 业态类型与地段的契合度	5.62	0.046	0.26

续表

准则层			指标层				
名称	加权	加权得分	编号	名称	得分	权重	加权得分
功能层面	0.407	2.33	N	B_6 资源综合利用效益	6.75	0.054	0.36
			O	B_7 对城市面貌的改善	8.72	0.053	0.46
			P	B_8 文化教育意义	4.67	0.056	0.26
行为层面	0.221	1.62	Q	C_1 城市交通的可达性	6.45	0.057	0.37
			R	C_2 对所在地区居民交往的影响	7.93	0.055	0.44
			S	C_3 道路与步行系统的完善程度	6.34	0.055	0.35
			T	C_4 公众对于项目活力的认可度	7.92	0.035	0.28
			U	C_5 交流休憩空间的认可度	6.81	0.015	0.10
			V	C_6 公共设施的便利度	5.26	0.015	0.08
总分	6.42						

表格来源：作者自绘

的“交流休憩空间的认可度”一项得分达到了6.81分，达到了吸引周边人气的作用。

天津建筑机械厂（绿道丹庭）项目公众满意度后评价得分为6.42分，处于中高值。其带来的更多的是“功能层面”对于城市的影响，工业遗产更新手法巧妙，加强了周边居民的交流，增加了当地人民的文化娱乐活动。

（4）文化创意产业园类项目公众满意度后评价——以天津纺织机械厂（1946文化创意产业园）为例

从表5-10和图5-9、图5-10中可以看出，天津纺织机械厂（1946文化创意产业园）在“技术层面”方面得分偏低。其中“公共活动空间的满意度”和“项目改造的整体风格”两项得分相比其他指标得分较高。在“功能层面”方面，其中“文化教育意义”和“是否节约资源”这两项十分受到公众认可。在“行为层面”方面，由于园区临街，公众对于“城市交通的可达性”一项更加认可，对于连廊下的道路步行系统也较为满意。但由于园区呈长条状分布，其交流休憩空间较为单一。

天津纺织机械厂（1946文化创意产业园）项目公众满意度后评价得分为4.35分，处于中值。其带来的更多的是“技术层面”对于园区的影响，

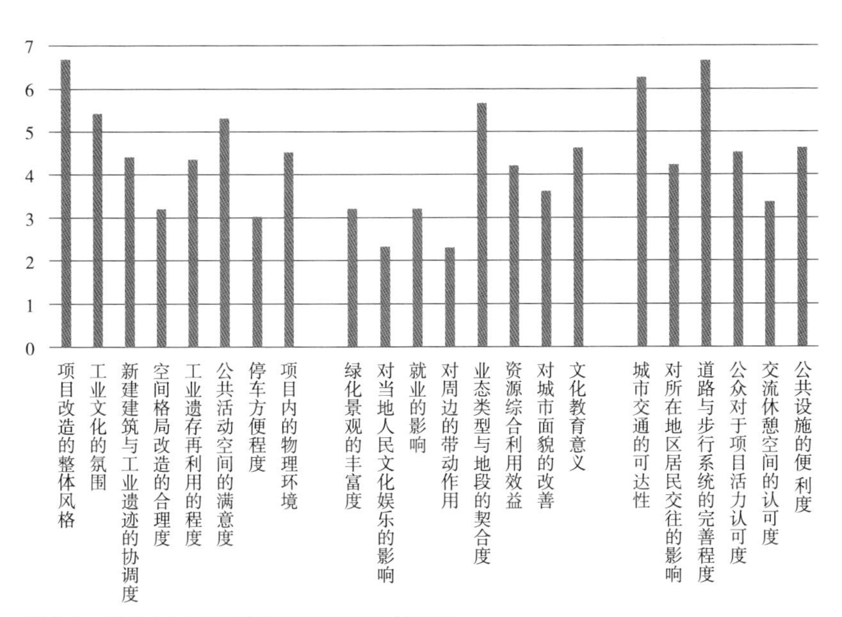

图 5-9　1946 文化创意产业园各评价指标得分统计图

（图片来源：作者自绘）

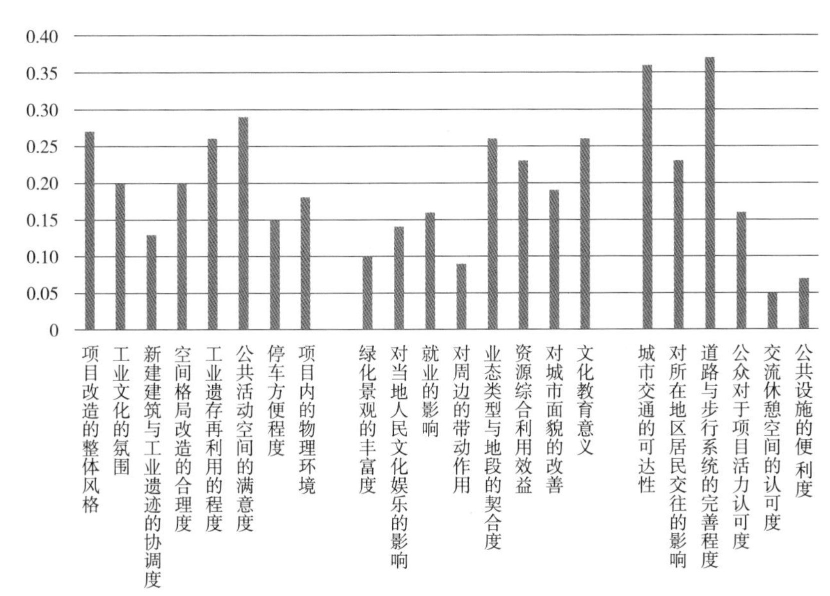

图 5-10　1946 文化创意产业园各评价指标加权得分统计图

（图片来源：作者自绘）

表 5-10 天津纺织机械厂（1946 文化创意产业园）项目各评价指标得分统计表

准则层			指标层				
名称	加权	加权得分	编号	名称	得分	权重	加权得分
技术层面	0.372	1.68	A	A_1 项目改造的整体风格	6.68	0.041	0.27
			B	A_2 工业文化的氛围	5.43	0.036	0.20
			C	A_3 新建建筑与工业遗迹的协调度	4.42	0.029	0.13
			D	A_4 空间格局改造的合理度	3.21	0.062	0.20
			E	A_5 工业遗产再利用的程度	4.35	0.059	0.26
			F	A_6 公共活动空间的满意度	5.31	0.055	0.29
			G	A_7 停车方便程度	3.02	0.05	0.15
			H	A_8 项目内的物理环境	4.52	0.04	0.18
功能层面	0.407	1.43	I	B_1 绿化景观的丰富度	3.21	0.044	0.1
			J	B_2 对当地人民文化娱乐的影响	2.32	0.062	0.14
			K	B_3 就业的影响	3.22	0.051	0.16
			L	B_4 对周边的带动作用	2.31	0.041	0.09
			M	B_5 业态类型与地段的契合度	5.67	0.046	0.26
			N	B_6 资源综合利用效益	4.21	0.054	0.23
			O	B_7 对城市面貌的改善	3.62	0.053	0.19
			P	B_8 文化教育意义	4.62	0.056	0.26
行为层面	0.221	1.24	Q	C_1 城市交通的可达性	6.27	0.057	0.36
			R	C_2 对所在地区居民交往的影响	4.24	0.055	0.23
			S	C_3 道路与步行系统的完善程度	6.65	0.055	0.37
			T	C_4 公众对于项目活力的认可度	4.52	0.035	0.16
			U	C_5 交流休憩空间的认可度	3.37	0.015	0.05
			V	C_6 公共设施的便利度	4.62	0.015	0.07
总分	4.35						

表格来源：作者自绘

开展的丰富多样的文化活动有利于宣传和提高园区形象。另外使用者表示园区内的交通状况有需要改进的地方，否则会降低园区使用的舒适度。

（5）博物馆类项目公众满意度后评价——以比商天津电车点灯股份有限公司为例

从表 5-11 和图 5-11、图 5-12 中可以看出，比商天津电车点灯股份

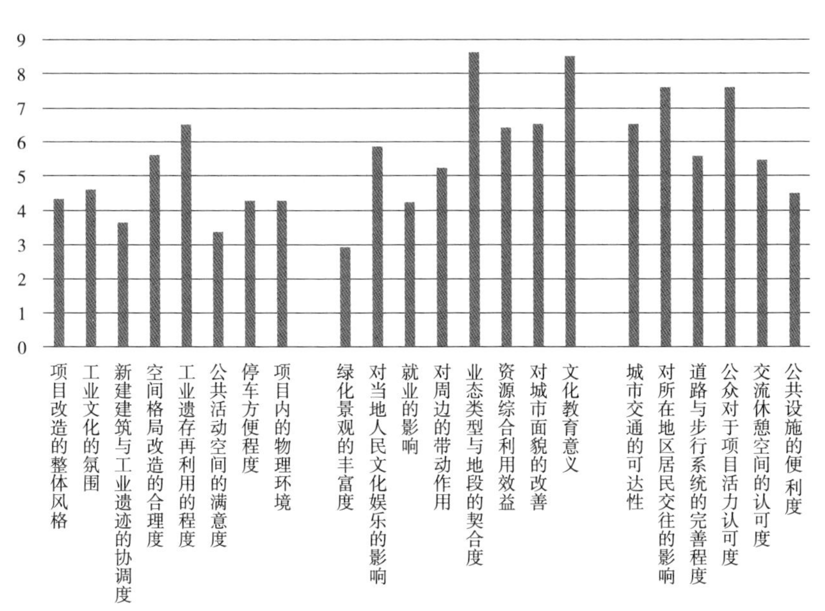

图 5-11　比商天津电车点灯股份有限公司各评价指标得分统计图
（图片来源：作者自绘）

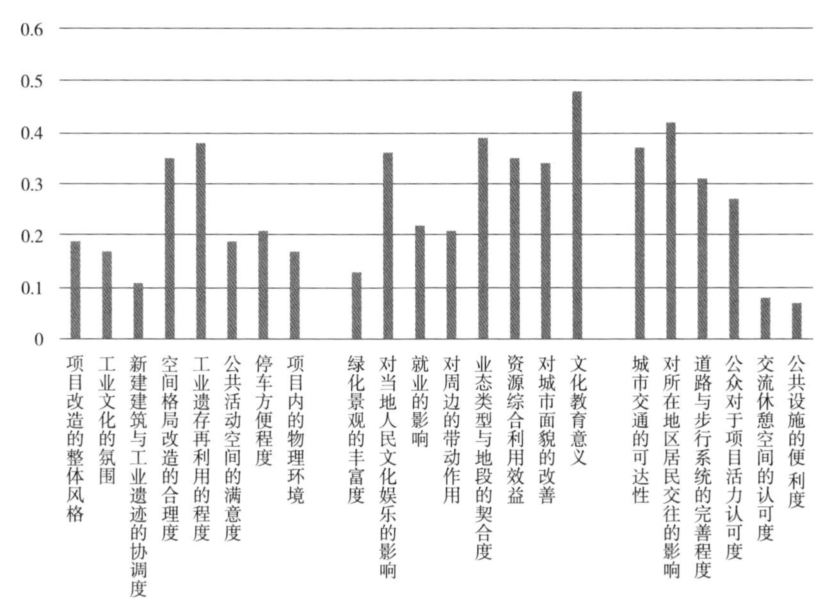

图 5-12　比商天津电车点灯股份有限公司各评价加权得分统计图
（图片来源：作者自绘）

表5-11 比商天津电车点灯股份有限公司项目各评价指标得分统计表

准则层			指标层				
名称	加权	加权得分	编号	名称	得分	权重	加权得分
技术层面	0.372	1.77	A	A_1 项目改造的整体风格	4.35	0.041	0.19
			B	A_2 工业文化的氛围	4.62	0.036	0.17
			C	A_3 新建建筑与工业遗迹的协调度	3.65	0.029	0.11
			D	A_4 空间格局改造的合理度	5.62	0.062	0.35
			E	A_5 工业遗产再利用的程度	6.52	0.059	0.38
			F	A_6 公共活动空间的满意度	3.39	0.055	0.19
			G	A_7 停车方便程度	4.29	0.05	0.21
			H	A_8 项目内的物理环境	4.31	0.04	0.17
功能层面	0.407	2.48	I	B_1 绿化景观的丰富度	2.96	0.044	0.13
			J	B_2 对当地人民文化娱乐的影响	5.84	0.062	0.36
			K	B_3 就业的影响	4.26	0.051	0.22
			L	B_4 对周边的带动作用	5.24	0.041	0.21
			M	B_5 业态类型与地段的契合度	8.64	0.046	0.39
			N	B_6 资源综合利用效益	6.45	0.054	0.35
			O	B_7 对城市面貌的改善	6.49	0.053	0.34
			P	B_8 文化教育意义	8.54	0.056	0.48
行为层面	0.221	1.52	Q	C_1 城市交通的可达性	6.53	0.057	0.37
			R	C_2 对所在地区居民交往的影响	7.64	0.055	0.42
			S	C_3 道路与步行系统的完善程度	5.62	0.055	0.31
			T	C_4 公众对于项目活力的认可度	7.62	0.035	0.27
			U	C_5 交流休憩空间的认可度	5.47	0.015	0.08
			V	C_6 公共设施的便利度	4.53	0.015	0.07
总分	5.77						

表格来源：作者自绘

有限公司在“技术层面”方面得分偏低。其中“新建建筑与工业遗迹的协调度”和“工业文化的氛围”两项未受到公众认可，该项目属于天津市一级工业遗产，不可移动和改造，仅能将其功能转变为参观展览。“功能层面”方面，其中“文化教育意义”和“资源综合利用效益”这两项受到公众认可。

在“行为层面”方面，由于工业类博物馆的针对性较强且免费开放，公众都认为它促进了相关人士的交流，内部休憩空间也相对人性化。

比商天津电车点灯股份有限公司项目公众满意度后评价得分为 5.77 分，处于高值。虽然在“技术层面”上无法作进一步的探讨，但在其他方面都给城市和周边居民带来了巨大的文化教育意义和积极的社会影响。

5.5　评价结果分析

5.5.1　整体情况分析

从项目得分的方面来看，天津市河北区近代工业遗产更新项目的公众满意度是比较高的。但由于在打分方面公众较为保守，大多都选择了中间分值，故各项目的得分没有很大差别。

项目具体得分情况如图 5-13 所示。

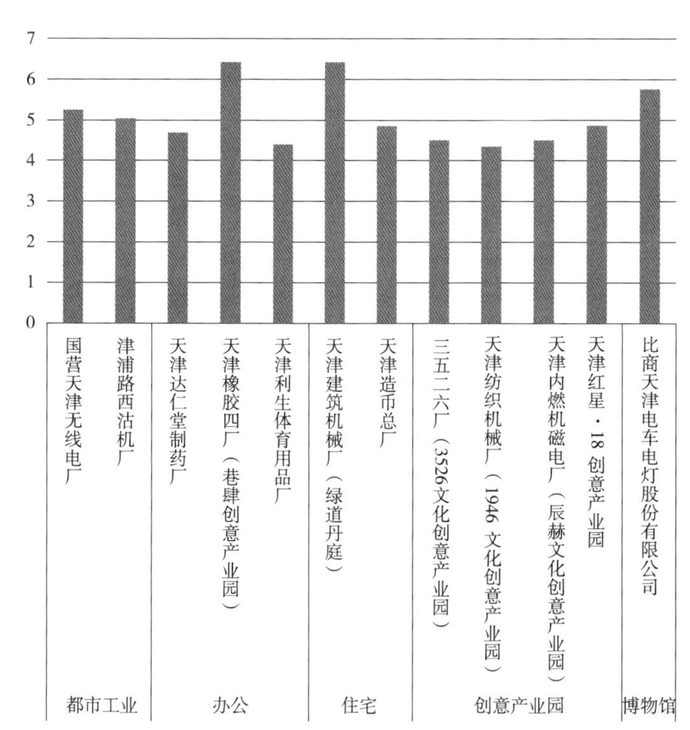

图 5-13　公众满意度后评价各个项目得分
（图片来源：作者自绘）

从图 5-13 中可以看出，项目的得分都集中在 4 ～ 7 分之间，得分超过 6 分的有 2 个项目，其中一个为住宅类项目——天津建筑机械厂（绿道丹庭），另一个为办公类项目——天津橡胶四厂（巷肆创意产业园）。低于 5 分的项目有 7 个，其中两个为办公类，一个为住宅类，四个为创意产业园类。天津利生体育用品厂项目得分最低，为 4.4 分。其余项目得分全部位于 5 ～ 6 分之间。而在同类项目之间差异方面，都市工业类和创意产业园类这两种业态类型差异较小，其中都市工业类差异只有 0.2 分，办公类项目得分差异较大，最高得分与最低得分的差异达到了 1.57 分。

5.5.2　各业态类型项目公众满意度后评价结果比较

（1）各业类型项目平均得分比较

将上述 12 个项目的得分按业态类型计算平均值，具体得分如图 5-14 所示。

可以看出在满分为 9 分的条件下，博物馆类项目和住宅类项目平均分较高。办公类和都市工业类项目得分非常接近。而创意产业园类项目的平均分数相对较低，仅得到了 4.55 分。

通过分析得知，就公众满意度方面来看，在天津市河北区近代工业遗产更新项目中，更新为住宅类和博物馆类项目在公众心中的认可度最高，对于市民的工作生活有着推动作用。若能解决办公类和都市工业类项目在交通和选址方面的问题，也具有很大优势。而创意产业园类更新项目，由于自身的体量和规模较小，园区内的交通问题与建筑面貌陈旧的原因，使得其公众满意度不如前两类那么大，但也不能忽视其对民众和社会的文化教育意义。此外，博物馆类的更新项目由于受展览的类型、规模等因素的影响较多，故项目的公众满意度要针对不同的项目进行不同的分析。

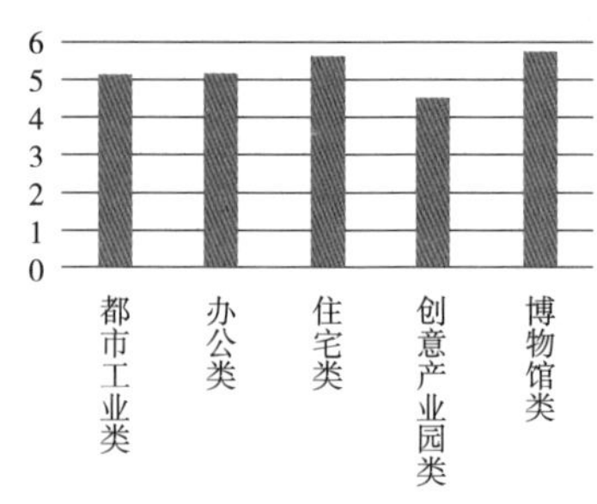

图 5-14　各业态类型项目平均得分

（图片来源：作者自绘）

（2）都市工业类项目公众满意度后评价

都市工业类工业遗产更新项目的各指标平均得分如图 5-15 所示，加权得分如图 5-16 所示，公众满意度后评价加权得分折线图如图 5-17 所示。

从图 5-15 和图 5-16 中可以看到，都市工业类工业遗产更新项目在“技术层面”这方面的 9 个评价指标得分普遍偏高，尤其是“空间格局改造的

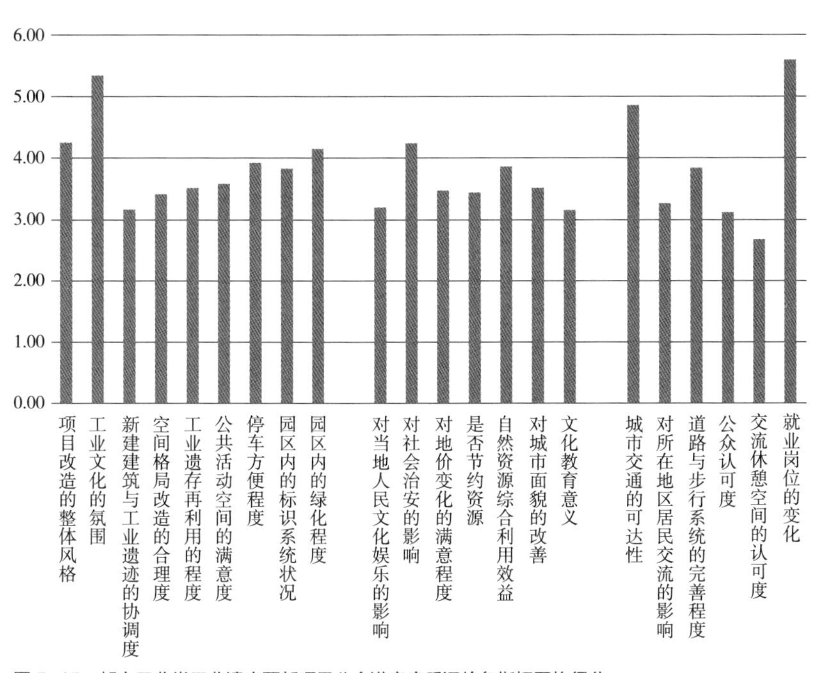

图 5-15　都市工业类工业遗产更新项目公众满意度后评价各指标平均得分

（图片来源：作者自绘）

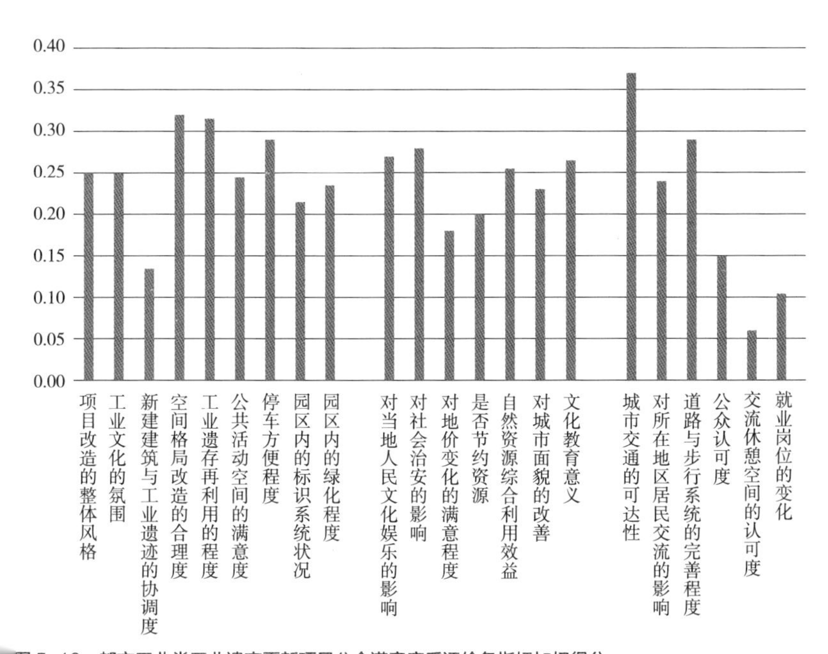

图 5-16　都市工业类工业遗产更新项目公众满意度后评价各指标加权得分

（图片来源：作者自绘）

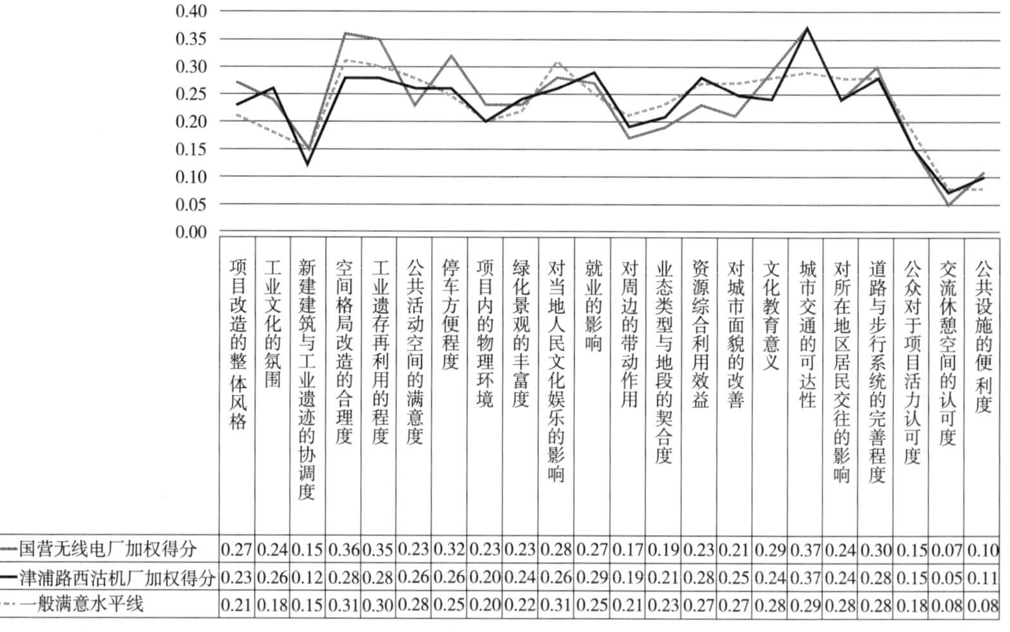

	项目改造的整体风格	工业文化的氛围	新建建筑与工业遗迹的协调度	空间格局改造的合理度	工业遗存再利用的程度	公共活动空间的满意度	停车方便程度	项目内的物理环境	绿化景观的丰富度	对当地人民文化娱乐的影响	就业的影响	对周边的带动作用	业态类型与地段的契合度	资源综合利用效益	对城市面貌的改善	文化教育意义	城市交通的可达性	对所在地区居民交往的影响	道路与步行系统的完善程度	公众对于项目活力认可度	交流休憩空间的认可度	公共设施的便利度
国营无线电厂加权得分	0.27	0.24	0.15	0.36	0.35	0.23	0.32	0.23	0.23	0.28	0.27	0.17	0.19	0.23	0.21	0.29	0.37	0.24	0.30	0.15	0.07	0.10
津浦路西沽机厂加权得分	0.23	0.26	0.12	0.28	0.28	0.26	0.26	0.20	0.24	0.26	0.29	0.19	0.21	0.28	0.25	0.24	0.37	0.24	0.28	0.15	0.05	0.11
一般满意水平线	0.21	0.18	0.15	0.31	0.30	0.28	0.25	0.20	0.22	0.31	0.25	0.21	0.23	0.27	0.27	0.28	0.29	0.28	0.28	0.18	0.08	0.08

图 5-17　都市工业类工业遗产更新项目公众满意度后评价各指标加权得分折线图

（图表来源：作者自绘）

合理度”和“工业遗产再利用的程度”这两项得分最高，可见该类项目内的工业氛围十分浓厚，给予了设计者极大的肯定。

在“功能层面”方面，相比“技术层面”得分偏低，尤其是“对地价变化的满意程度”和“是否节约资源”两项得分最低。但在“文化教育意义”“自然资源综合利用效益”和“对社会治安的影响”这三项，公众对其给予了肯定的评价。

在“行为层面”方面，大家表示对“就业岗位的变化”一项比较认可，得到了 5.60 分的高分，由于该指标权重系数低，故加权得分 0.25 分。在“城市交通的可达性”一项的加权得分最高，为 0.37 分，说明到达此类项目的交通方式十分多样，公众可以选择不同的出行方式到此。

作者认为都市工业类的更新项目需要加大项目与周边居民和社会的交流，可以通过举办各种社会活动和营造公共休憩空间的方式，宣传自己的工业文化，也可以加强周边居民之间的交流与沟通。

通过图 5-17 可以看出，国营无线电厂项目和津浦路西沽机厂两项目的各项指标得分走向趋同，说明市民对于都市工业类项目的评价较为一致，在对目前的工业遗产还不确定将其更新为何种类型的时候，不改变其原有的建筑功能或许也是一种保护的方式。其中国营无线电厂项目在“空间格局改造的合理度”和“停车方便程度”两指标的得分分别为 0.36 分和 0.32 分，明显高于津浦路西沽机厂项目的得分。作者通过调研发现，国营无线电厂项目可提供充足的室外停车场地，停车十分方便。

（3）办公类项目公众满意度后评价

办公类工业遗产更新项目的公众满意度后评价各指标平均得分如图 5-18 所示，加权得分如图 5-19 所示，加权得分折线图如图 5-20 所示。

总体来说，在河北区的办公类项目中，天津橡胶四厂（巷肆）的评分最高，为 6.42 分。若除去这个最高分，那么平均分为 4.54 分。

从图 5-18 ~ 图 5-20 中可以看到，办公类工业遗产更新项目在“技术层面”这方面“空间格局改造的合理度”和“工业遗产再利用的程度”这两项得分偏高，但在“园区内的绿化情况”和“新建建筑与工业遗迹的协调度”几个方面的得分偏低，说明办公类项目对于工业遗产的改造力度较大，在新旧建筑的呼应方面思考比重较低。

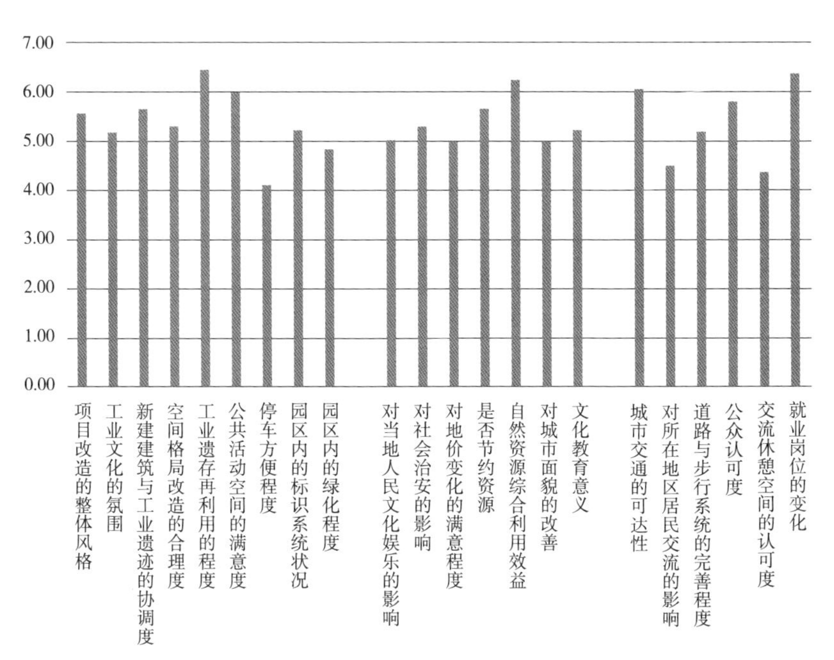

图 5-18　办公类工业遗产更新项目公众满意度后评价各指标平均得分
（图片来源：作者自绘）

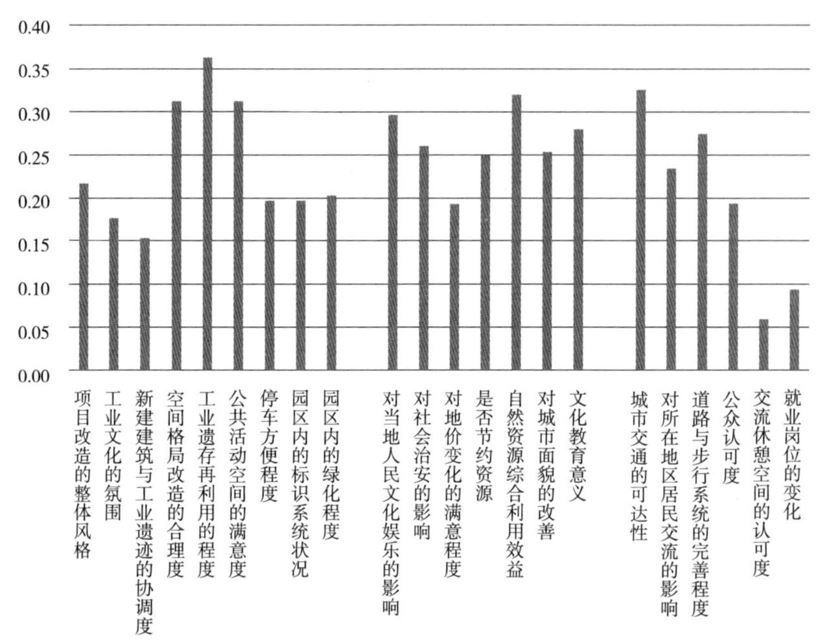

图 5-19　办公类工业遗产更新项目公众满意度后评价各指标加权得分

（图片来源：作者自绘）

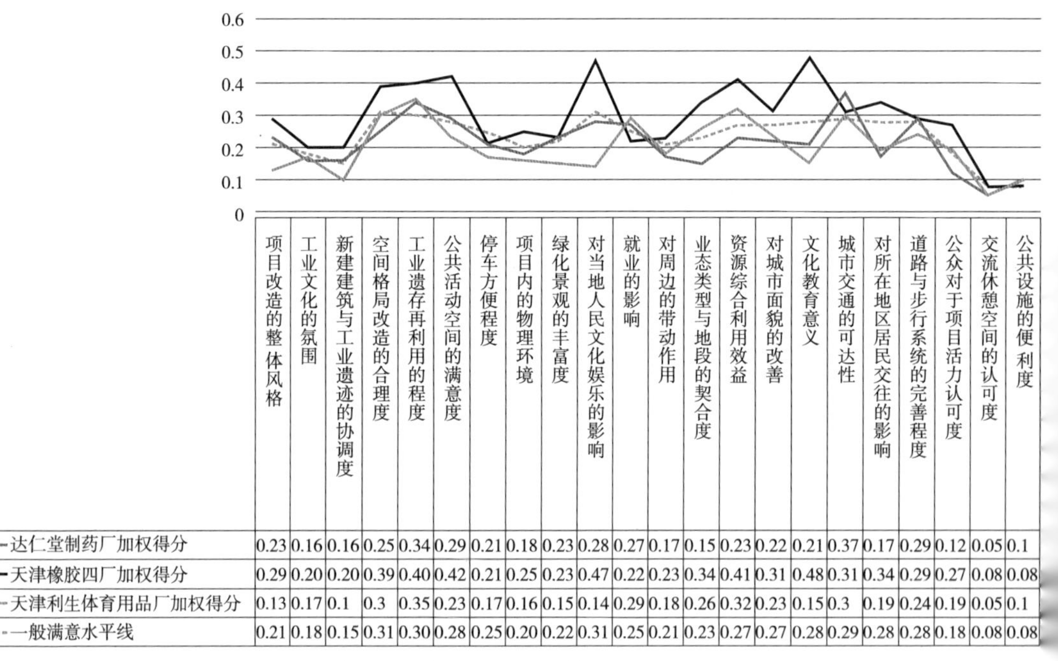

	项目改造的整体风格	工业文化的氛围	新建建筑与工业遗迹的协调度	空间格局改造的合理度	工业遗存再利用的程度	公共活动空间的满意度	停车方便程度	项目内的物理环境	绿化景观的丰富度	对当地人民文化娱乐的影响	就业的影响	对周边的带动作用	业态类型与地段的契合度	资源综合利用效益	对城市面貌的改善	文化教育意义	城市交通的可达性	对所在地区居民交往的影响	道路与步行系统的完善程度	公众对于项目活力认可度	交流休憩空间的认可度	公共设施的便利度
—达仁堂制药厂加权得分	0.23	0.16	0.16	0.25	0.34	0.29	0.21	0.18	0.23	0.28	0.27	0.17	0.15	0.23	0.22	0.21	0.37	0.17	0.29	0.12	0.05	0.1
—天津橡胶四厂加权得分	0.29	0.20	0.20	0.39	0.40	0.42	0.21	0.25	0.23	0.47	0.22	0.23	0.34	0.41	0.31	0.48	0.31	0.34	0.29	0.27	0.08	0.08
—天津利生体育用品厂加权得分	0.13	0.17	0.1	0.3	0.35	0.23	0.17	0.16	0.15	0.14	0.29	0.18	0.26	0.32	0.23	0.15	0.3	0.19	0.24	0.19	0.05	0.1
---一般满意水平线	0.21	0.18	0.15	0.31	0.30	0.28	0.25	0.20	0.22	0.31	0.25	0.21	0.23	0.27	0.27	0.28	0.29	0.28	0.28	0.18	0.08	0.08

图 5-20　办公类工业遗产更新项目公众满意度后评价各指标加权得分折线图

（图片来源：作者自绘）

在“功能层面”方面，相比“技术层面”得分更加平均，在“自然资源综合利用效益”和“对社会治安的影响”这两项公众认可度较高，在社会治安和当地人民的文化娱乐方面有一定的积极作用。

在“行为层面”方面，“交流休憩空间的认可度”一项得分偏低，可以看出休闲娱乐对于公众的重要性，营造更加令人放松和舒适的工作环境可以使人减轻工作压力，从而提高工作效率。

该类更新项目的特点是工业遗产再利用的程度非常高，并给就业岗位带来了很大的变化,对居民收入带来了一定的提高。尤其天津橡胶四厂（巷肆）项目更新后的整体形象和细部处理非常好,给城市面貌带了不小的改善。但该项目缺少公众所需的公共娱乐空间，无法进一步促进居民间的交流。

（4）住宅类项目公众满意度后评价

住宅类工业遗产更新项目的公众满意度后评价各指标平均得分如图 5–21 所示，加权得分如图 5–22 所示，加权得分折线图如图 5–23 所示。

从图 5–21 ~ 图 5–23 中可以看到，住宅类工业遗产更新项目在“技术层面”这方面的 9 个评价指标得分差异较大，其中是“空间格局改造的合

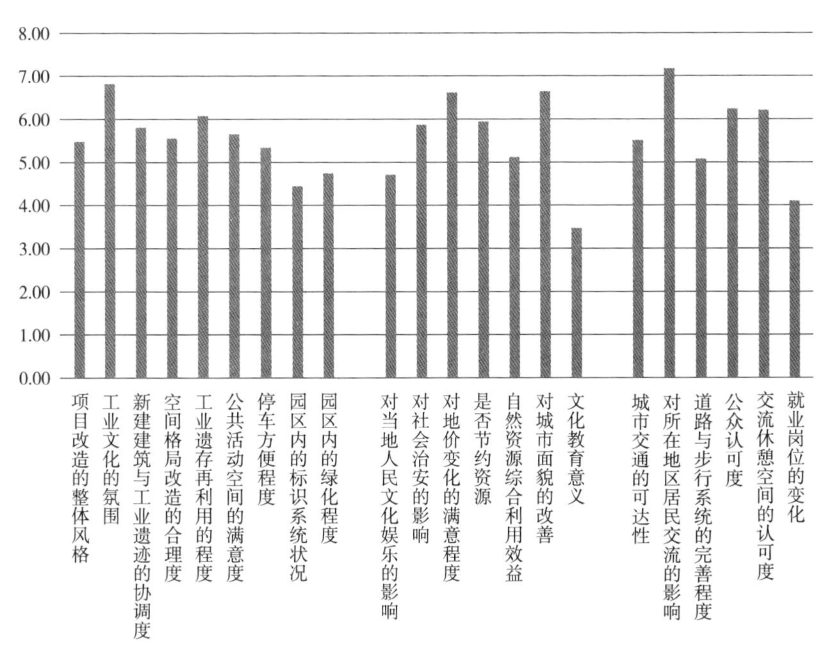

图 5–21 住宅类工业遗产更新项目公众满意度后评价各指标平均得分

（图片来源：作者自绘）

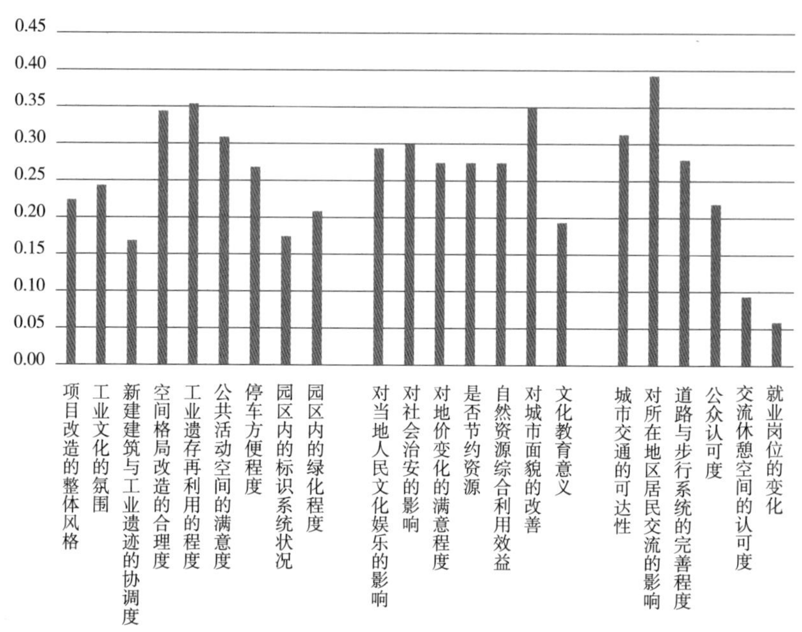

图 5-22 住宅类工业遗产更新项目公众满意度后评价各指标加权得分

（图片来源：作者自绘）

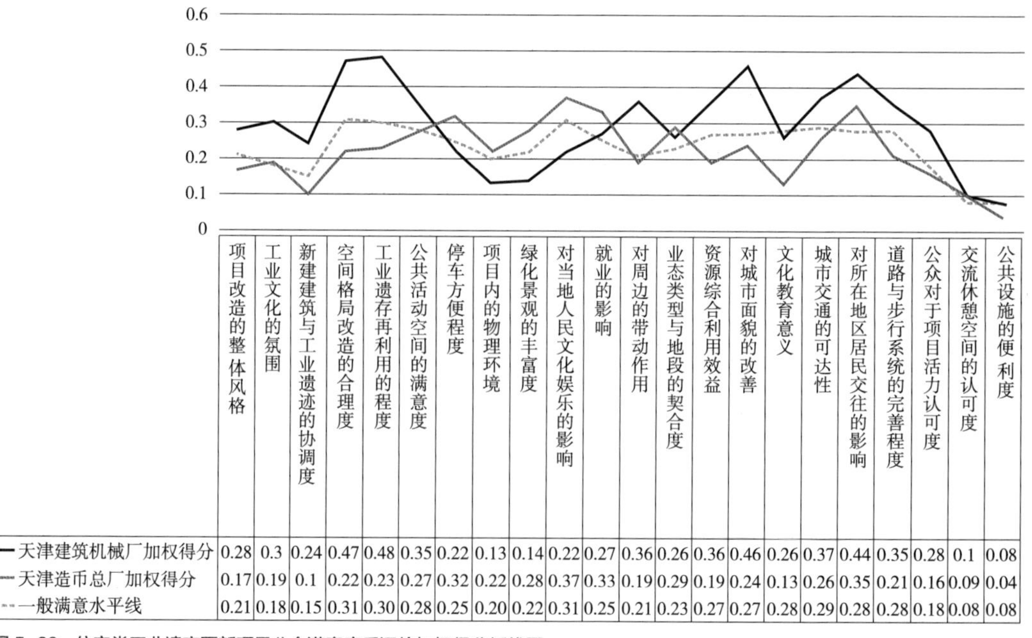

	项目改造的整体风格	工业文化的氛围	新建建筑与工业遗迹的协调度	空间格局改造的合理度	工业遗存再利用的程度	公共活动空间的满意度	停车方便程度	项目内的物理环境	绿化景观的丰富度	对当地人民文化娱乐的影响	就业的影响
天津建筑机械厂加权得分	0.28	0.3	0.24	0.47	0.48	0.35	0.22	0.13	0.14	0.22	0.27
天津造币总厂加权得分	0.17	0.19	0.1	0.22	0.23	0.27	0.32	0.22	0.28	0.37	0.33
一般满意水平线	0.21	0.18	0.15	0.31	0.30	0.28	0.25	0.20	0.22	0.31	0.25

	对周边的带动作用	业态类型与地段的契合度	资源综合利用效益	对城市面貌的改善	文化教育意义	城市交通的可达性	对所在地区居民交往的影响	道路与步行系统的完善程度	公众对于项目活力认可度	交流休憩空间的认可度	公共设施的便利度
天津建筑机械厂加权得分	0.36	0.26	0.36	0.46	0.26	0.37	0.44	0.35	0.28	0.1	0.08
天津造币总厂加权得分	0.19	0.29	0.19	0.24	0.13	0.26	0.35	0.21	0.16	0.09	0.04
一般满意水平线	0.21	0.23	0.27	0.27	0.28	0.29	0.28	0.28	0.18	0.08	0.08

图 5-23 住宅类工业遗产更新项目公众满意度后评价加权得分折线图

（图片来源：作者自绘）

理度”和“工业遗产再利用的程度”这两项得分与办公类项目得分类似，处于比较高的分数。工业氛围浓郁，项目改造手法得到公众一致认可。

在“功能层面”方面，其中“对城市面貌的改善”和“对地价的满意程度”两项得分偏高。该类项目不仅可以提供大量的公众居住场所，还能对于工业遗产历史文化教育和周边地价的涨幅产生巨大的积极作用，带动了城区文化和经济的共同发展，也能通过集聚一定的人气，达到自身的宣传作用。

在“行为层面”方面，“交流休憩空间的认可度”一项得分很高，为 6.24 分，但由于该指标权重很低，加权得分为 0.10 分。可以看出公众对于河北区住宅类项目的室外交流空间十分认可，有集聚人流作用的休闲娱乐健身设施可以增加该地区的人气，增加周边居民的交流。

在河北区的两个住宅类项目中，天津建筑机械厂（绿道丹庭）得分为 6.42 分，天津造币总厂旧址项目得分为 4.85 分，前者相比后者得分高出 1.57 分。图 5–23 中可以看出，说明公众对于天津建筑机械厂（绿道丹庭）项目更新的认可度很高，天津机械厂项目在“空间格局改造的合理度”“工业遗产再利用的程度”“公共活动空间的满意度”和“对城市面貌的改善”等几个指标的得分远高于天津造币总厂项目。作者经过调研发现，天津造币总厂项目尽管本身有较为丰富的室外活动场所，但缺少了富有吸引力的建筑空间和公共娱乐设施，而天津建筑机械厂项目的开发建设在符合城区产业布局的定位的同时，也发挥了交通便利、周边资源密集和基础设施完善的优势，将项目的潜力最大程度地发挥出来。

（5）创意产业园类项目公众满意度后评价

创意产业园类工业遗产更新项目的公众满意度后评价各指标平均得分如图 5–24 所示，加权得分如图 5–25 所示，加权得分折线图如图 5–26 所示。

从图 5–24 和图 5–25 中可以看到，创意产业园类工业遗产更新项目在“技术层面”这方面的 9 个评价指标得分参差不齐，其中是“新建建筑与工业遗迹的协调度”这项得分相比其他指标得分偏低，部分项目沿用原先旧厂房的框架结构和立面，整体风格较为单一，缺乏立面变化及特点。但“工业遗产再利用的程度”一项得分相比其他指标偏高。

在“功能层面”方面，该类项目在“文化教育意义”一项方面的得分最高，通过引进以艺术、摄影等相关文化教育产业为主的企业类型和举办多种多样的社会活动，对城市的经济和文化教育产生积极影响。

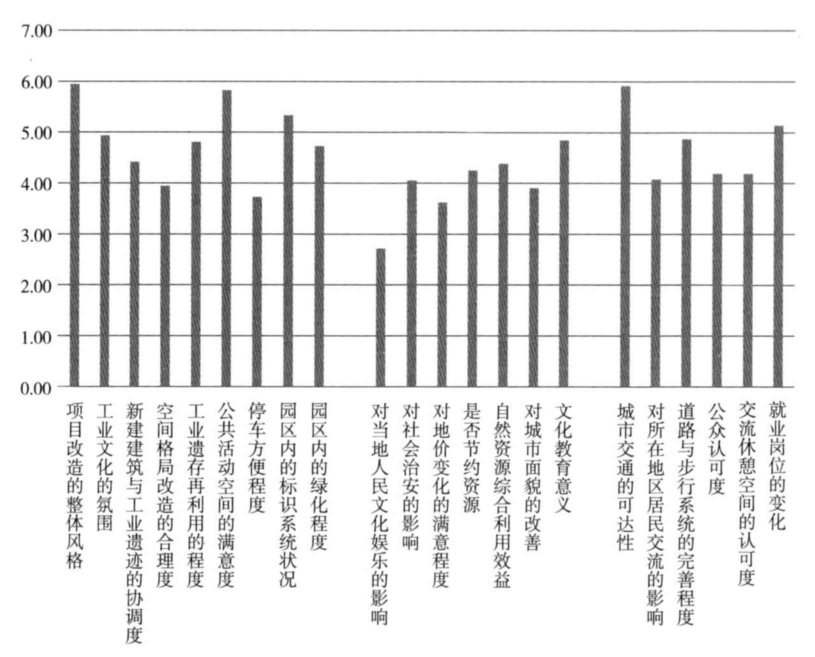

图 5-24 创意产业园类工业遗产更新项目公众满意度后评价各指标平均得分
（图片来源：作者自绘）

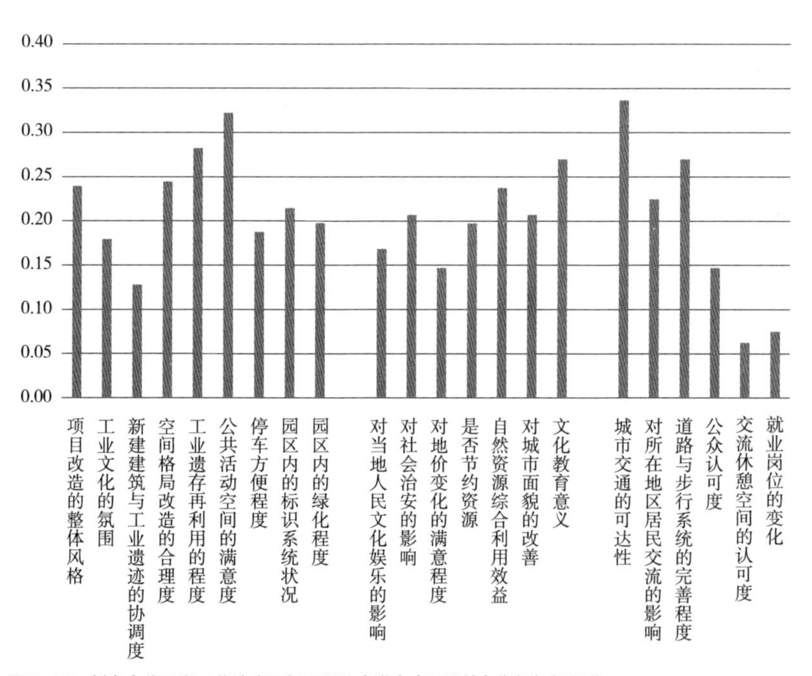

图 5-25 创意产业园类工业遗产更新项目公众满意度后评价各指标加权得分
（图片来源：作者自绘）

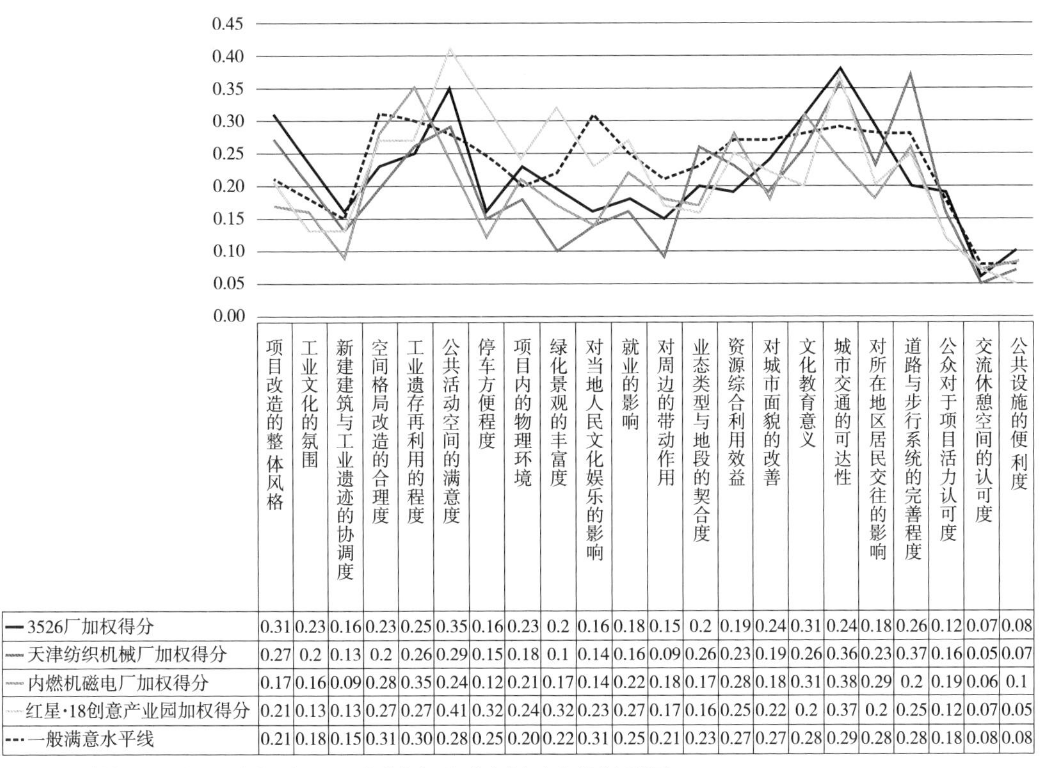

	项目改造的整体风格	工业文化的氛围	新建建筑与工业遗迹的协调度	空间格局改造的合理度	工业遗存再利用的程度	公共活动空间的满意度	停车方便程度	项目内的物理环境	绿化景观的丰富度	对当地人民文化娱乐的影响	就业的影响	对周边的带动作用	业态类型与地段的契合度	资源综合利用效益	对城市面貌的改善	文化教育意义	城市交通的可达性	对所在地区居民交往的影响	道路与步行系统的完善程度	公众对于项目活力认可度	交流休憩空间的认可度	公共设施的便利度
3526厂加权得分	0.31	0.23	0.16	0.23	0.25	0.35	0.16	0.23	0.2	0.16	0.18	0.15	0.2	0.19	0.24	0.31	0.24	0.18	0.26	0.12	0.07	0.08
天津纺织机械厂加权得分	0.27	0.2	0.13	0.2	0.26	0.29	0.15	0.18	0.1	0.14	0.16	0.09	0.26	0.23	0.19	0.26	0.36	0.23	0.37	0.16	0.05	0.07
内燃机磁电厂加权得分	0.17	0.16	0.09	0.28	0.35	0.24	0.12	0.21	0.17	0.14	0.22	0.18	0.17	0.28	0.18	0.31	0.38	0.29	0.2	0.19	0.06	0.1
红星·18创意产业园加权得分	0.21	0.13	0.13	0.27	0.27	0.41	0.32	0.24	0.32	0.23	0.27	0.17	0.16	0.25	0.22	0.2	0.37	0.2	0.25	0.12	0.07	0.05
一般满意水平线	0.21	0.18	0.15	0.31	0.30	0.28	0.25	0.20	0.22	0.31	0.25	0.21	0.23	0.27	0.27	0.28	0.29	0.28	0.28	0.18	0.08	0.08

图 5-26　创意产业园类工业遗产更新项目公众满意度后评价各指标加权得分折线图
（图片来源：作者自绘）

在“行为层面”方面，“城市交通的可达性”一项得分很高。“园区内道路与步行系统的完善程度”受到公众广泛好评，但在“交流休息空间的认可度”和“公众认可度”方面表现较差，不能满足园区使用者的正常需求。

从图 5-26 可以看出，总体来说创意产业园类项目各个方面得分普遍不高，各个项目的得分走势大致相同，但在分数方面大多低于一般满意水平线，说明该类项目在市民心中的认可度较低。

（6）博物馆类项目公众满意度后评价

博物馆类工业遗产更新项目的公众满意度后评价各指标平均得分如图 5-27 所示，加权得分如图 5-28 所示。

从图 5-27 和图 5-28 中可以看到，在“技术层面”方面，公众对于“工业遗产再利用的程度”和“工业格局改造的合理度”表示认可，可利用不同的空间格局开展艺术展览、讲座、教育活动和艺术项目。

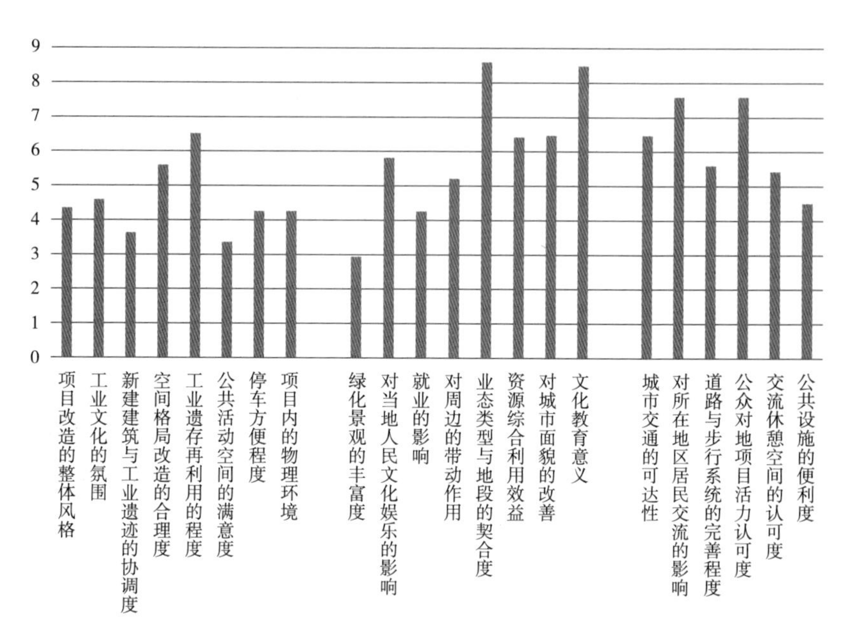

图 5-27 博物馆类工业遗产更新项目公众满意度后评价各指标得分

（图片来源：作者自绘）

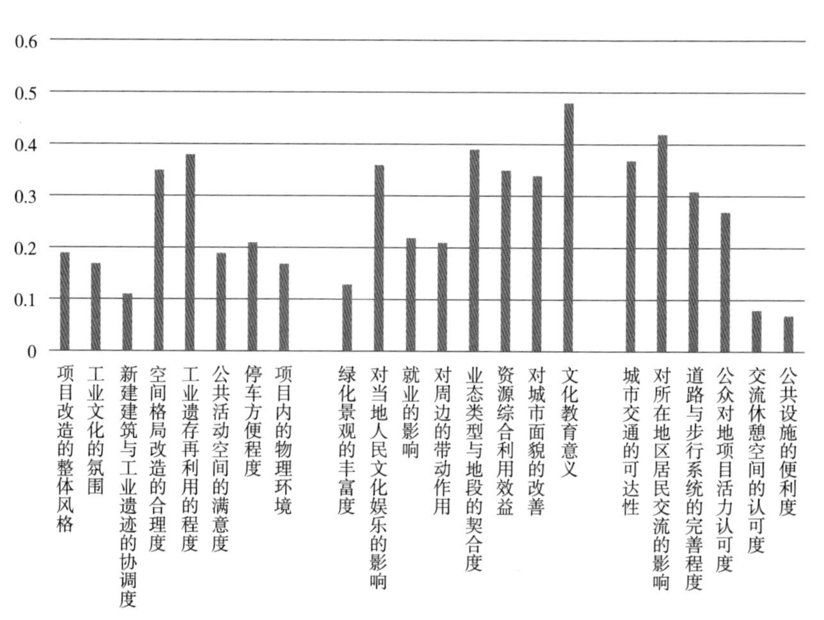

图 5-28 博物馆类工业遗产更新项目公众满意度后评价各指标加权得分

（图片来源：作者自绘）

在“功能层面”方面，该类项目在“文化教育意义”一项方面的得分最高，将工业遗产项目再利用为博物馆，丰富了其社会功能，同时也承担了更多的社会责任。

在“行为层面”方面，博物馆类项目在“就业岗位的变化”一项的评分指标不高，得分为 4.53 分，加权得分 0.07 分，可见该项目虽然提供了一些就业岗位，也带来了一定的流动人口，但对居民的收入的影响微乎其微。

5.5.3　公众满意度后评价各指标评价结果比较

（1）各类型总体情况比较

作者就调研数据分别从评价模型的三个准则层，即对“技术层面”“功能层面”和“行为层面”这三个方面入手，进一步研究，经过加权计算后得出了各类更新项目在这三个方面得分的平均值，具体情况如图 5–29 所示。

通过图 5–29 可知，五类项目在技术层面得分较为平均，住宅类和都市工业类项目得分较高。在功能层面得分参差不齐，博物馆类项目得分远高于其他四类项目，而都市工业类和创意产业园类项目得分远低于一般满意水平线。在行为层面五类项目得分均在 1 分以上，表现较为优秀。因此，都市工业类、创意产业园类和博物馆类项目是我们需要注意并大力改善和

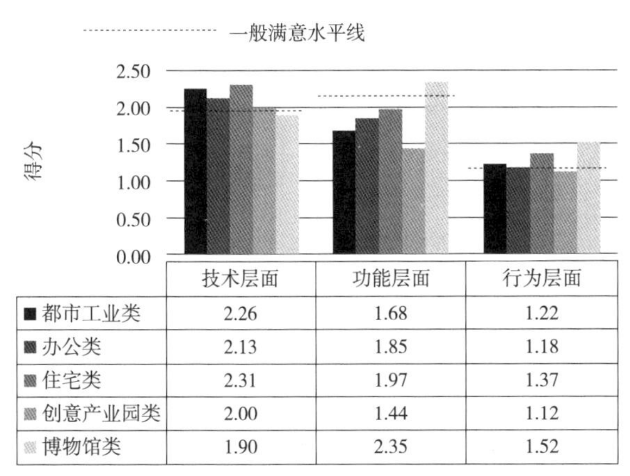

	技术层面	功能层面	行为层面
都市工业类	2.26	1.68	1.22
办公类	2.13	1.85	1.18
住宅类	2.31	1.97	1.37
创意产业园类	2.00	1.44	1.12
博物馆类	1.90	2.35	1.52

图 5–29　各类更新项目平均得分
（图片来源：作者自绘）

提高的业态类型，其中必然存在着许多的问题。住宅类和办公类项目虽在三个层面中的得分较高，但项目间存在差异性，例如住宅类项目天津建筑机械厂的整体得分为 6.42 分，而天津造币总厂的总体得分为 4.85 分。造成各项目间得分差异的原因是什么？是哪几项指标得分令公众满意度较低，导致创意产业园类项目得分偏低？为了探究这些问题，作者对这三个准则层中的各指标层，即每一项评价指标的得分进行了更细致的统计与分析。

（2）技术层面

技术层面各评价指标加权得分如图 5–30 所示。

通过图 5–30 不难发现，技术层面的 8 个评价指标的得分反映出公众对于更新项目“技术层面”的影响评价普遍较好，但有个别指标的得分差距较大。

项目整体改造的风格方面，所有类型的项目评价得分普遍偏高，尤其是都市工业类和创意产业园类更新项目，得分分别为 0.25 分和 0.24 分。说明天津市河北区近代工业遗产的更新项目在初期的设计方面得到了市民和使用者的普遍认可。

工业文化的氛围方面，都市工业类项目的得分最高，为 0.25 分。但办公类、创意产业园类和博物馆类项目的得分低于一般满意水平线。这几类

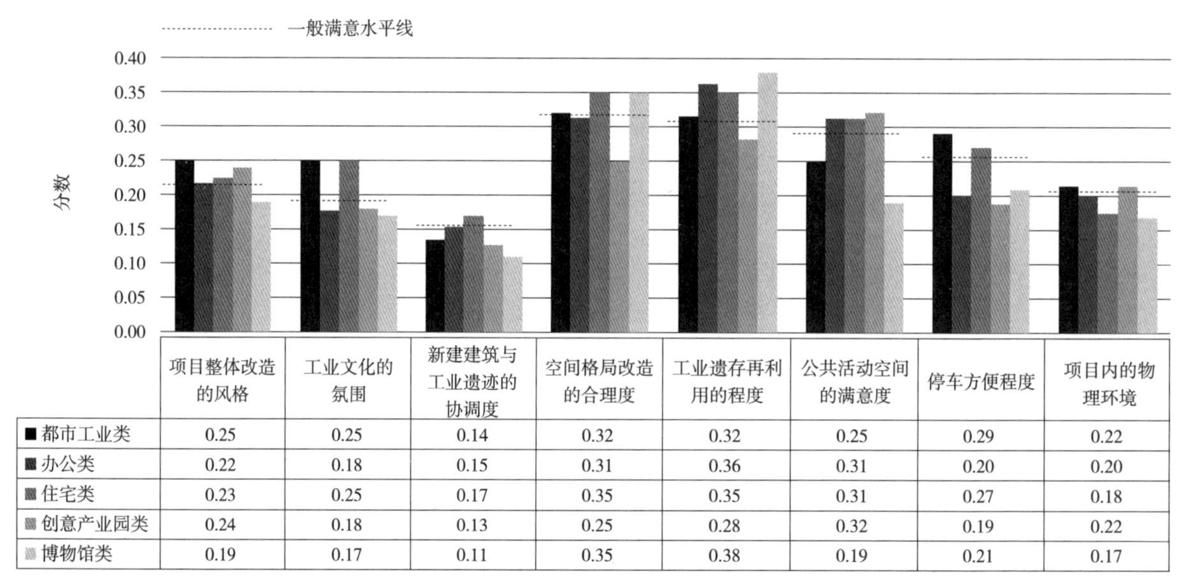

	项目整体改造的风格	工业文化的氛围	新建建筑与工业遗迹的协调度	空间格局改造的合理度	工业遗存再利用的程度	公共活动空间的满意度	停车方便程度	项目内的物理环境
■ 都市工业类	0.25	0.25	0.14	0.32	0.32	0.25	0.29	0.22
■ 办公类	0.22	0.18	0.15	0.31	0.36	0.31	0.20	0.20
■ 住宅类	0.23	0.25	0.17	0.35	0.35	0.31	0.27	0.18
■ 创意产业园类	0.24	0.18	0.13	0.25	0.28	0.32	0.19	0.22
■ 博物馆类	0.19	0.17	0.11	0.35	0.38	0.19	0.21	0.17

图 5–30　技术层面各评价指标加权得分

（图片来源：作者自绘）

项目均沿用了原先旧厂房的框架结构和立面砖墙，整体风格较为单一，缺乏立面变化的特点，改造设计时注入的工业元素较少，不了解其背景的市民会以为项目是为了营造复古的氛围而设计的，不会想到是一出工业遗产再利用的项目。

新建建筑与工业遗迹的协调度方面，总体得分相对其他评价指标总体得分偏低，住宅类项目在该指标中得分最高，为 0.17 分。其中原因是因为天津建筑机械厂（绿道丹庭）项目在市民评价中的认可度很高，该项目更新时设计手法巧妙，保留了遗存中部分废旧墙体，工业氛围十分浓郁。都市工业类项目得分最低，究其原因是在于该类项目大多仅仅将建筑的功能做了改变，对其建筑形态方面的再利用涉及较少。

空间格局改造的合理度方面，该指标的权重明显高于前三个指标，其中博物馆类和住宅类项目的得分最高，均为 0.35 分。它将适应工业流程的厂区空间体系转化成现代工作、生活、交流所需要的场所，功能复杂。因此，在这方面得到市民的认可，说明这两类项目的功能分配合理，分区格局明确，能够体现出设计者较高的设计水平。但创意产业园类项目的得分较低。

工业遗产再利用的程度方面，办公类和博物馆类项目的得分位居前列，得分为 0.36 分和 0.38 分，二类项目再次活化了废弃的工业遗产，与新的产业类型相融合，降低了新建和改造的人力物力成本。创意产业园类项目得分最低，为 0.28 分。由于创意产业园类项目的业态类型与之前的工业遗产差距偏大，因此改造和再利用的成本也会相应增加，个别项目的开发者为了减少项目投资，而使得部分创意产业园类项目没有得到较好的再利用效果。裸露的墙皮，杂乱的园区环境等都是目前亟待解决的问题。

公共活动空间的满意度方面，五类项目的得分参差不齐，其中都市工业类和博物馆类项目的得分较低，分别为 0.25 分和 0.19 分。其内部厂区大多用做了停车场，整体较为杂乱，故停车是否便利很大程度上影响了公共活动空间是否能满足使用者的需求。随着人们生活水平的不断提高，富有创意的新型交流方式也在渐渐改变着大众的生活，例如在创意产业园类项目中开展的小众派对、动漫展览和小型演出等活动都因为有工业遗产再利用而设计出的大空间得以顺利实现，不仅能促进园区吸纳人流，也可以侧面反映出一个项目的活力。

停车方便程度方面，相比以上几个指标，该指标各项目得分情况普遍得分偏低，仅有都市工业类和住宅类项目超过一般满意水平线，得分分别为 0.29 分和 0.27 分。由于大部分项目都处于市区中心，周围有适量的餐饮等商业业态，交通便利，可达性高，由于个别园区体量和规模较小的原因，园区内停车条件较差，给园区内部的交通问题带来消极的影响。

项目内的物理环境方面，市民对各类项目的评分较为平均，其中创意产业园类型项目得分较高，为 0.22 分。说明设计者在进行改造时，将原有建筑充分进行了利用，在室内空间设计时进行了周密的考虑，且许多入驻的公司在室内装修风格上都重视了植物与景观的互动，通过这种互动增加室内的活力。

由此我们看出，提高项目内停车的方便程度和公共活动空间的丰富度是各类项目在技术层面需要解决的当务之急，只有使用者的角度考虑问题，而不是只顾眼前利益和商机，才能更好地使项目满足大众的需求，从而提升项目在市民心中技术层面的认可度。

（3）功能层面

功能层面各评价指标加权得分如图 5-31 所示。

绿化景观的丰富度方面整体表现不如人意，仅有都市工业类项目一项超过了一般满意水平线，得分为 0.24 分。例如津浦路西沽机厂园区内，可

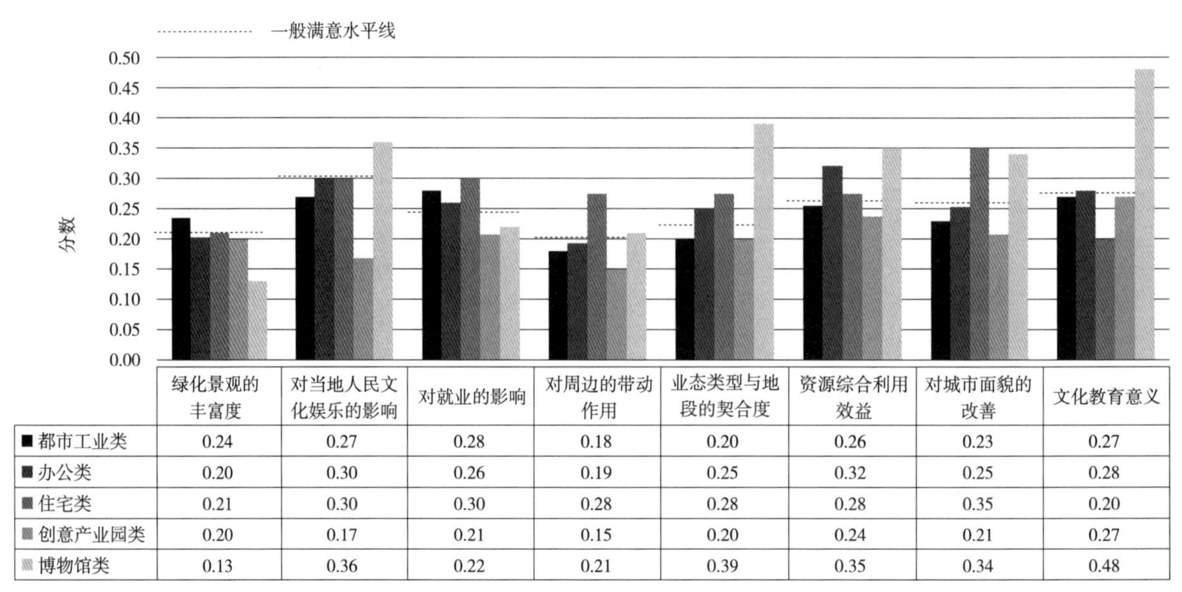

	绿化景观的丰富度	对当地人民文化娱乐的影响	对就业的影响	对周边的带动作用	业态类型与地段的契合度	资源综合利用效益	对城市面貌的改善	文化教育意义
■ 都市工业类	0.24	0.27	0.28	0.18	0.20	0.26	0.23	0.27
■ 办公类	0.20	0.30	0.26	0.19	0.25	0.32	0.25	0.28
■ 住宅类	0.21	0.30	0.30	0.28	0.28	0.28	0.35	0.20
■ 创意产业园类	0.20	0.17	0.21	0.15	0.20	0.24	0.21	0.27
▒ 博物馆类	0.13	0.36	0.22	0.21	0.39	0.35	0.34	0.48

图 5-31　技术层面各评价指标加权得分

（图片来源：作者自绘）

以发现道路两边都种有绿植，绿化覆盖面积较大，楼与楼之间均设置了绿化带。其他几类项目的表现之所以不尽如人意，是因为绿化景观不是项目所需的必要条件，对于那些规模较小、公共空间狭小的项目来说，提高绿化景观的丰富度难度很大。

对当地人民文化娱乐的影响方面的一般满意水平线相比功能层面其他指标较高，说明市民对这一项有很高的关注度。创意产业园类和都市工业类项目得分较低，为 0.17 分和 0.27 分。博物馆类项目得分最高，为 0.36 分，该类项目可推出以艺术展览、讲座、教育活动和艺术演出等项目来聚集人流，同时也充实了市民的休闲娱乐生活，丰富了其社会功能，承担了更多的社会责任。值得一提的是办公类项目天津橡胶四厂（巷肆），项目内有 160m^2 的书吧，可以为市民提供服务；另有 400m^2 的小型美术馆和玻璃幕墙观景平台，通透明亮，外部有观光电梯直达。既延续了人们心中的城市记忆，又为市民的文化娱乐生活提供了一个全新的场所。

对就业的影响方面，市民对都市工业类、办公类和创意产业园类项目认可度较高，超过了一般满意水平线，说明这三类项目可以给城市创造大量的就业机会和条件。而博物馆类和住宅类项目由于自身业态类型的局限性，虽然也能解决一部分人的就业问题，但数量较少。

对周边的带动作用方面，整体表现不佳，其中创意产业园类项目仅得到 0.15 分，仅有住宅类项目的得分超过了一般满意水平线。究其原因，住宅类项目中包含了大量的市民，有了稳定的客流，项目的周边应运而生了大量商业餐饮类盈利性设施，带动了周边地区经济的发展。而到创意产业园类项目的人群大多为项目内企业员工和客户，目的性较强，对周边的积极作用较小。

业态类型与地段的契合度方面，五类项目得分参差不齐，其中博物馆类项目得分最高，为 0.39 分，都市工业类和创意产业园类项目得分最低，均为 0.20 分。作者通过研究前人文献成果得知，项目服务人群、产业结构、功能定位、选址和面积等几个方面对契合度的影响较多。例如博物馆类项目，项目的规模相对其他项目较小，学生、白领、普通市民和相关领域的学者都是该项目的服务人群，因此市民对该项目较为认可。但如创意产业园类项目，服务人群较为单一，其功能定位和选址时并未重点考虑与周边地段的关系，导致得分偏低。

从图 5-31 中可以看出公众对节约资源方面的影响方面普遍表示认可，尤其是对博物馆类项目的内部环境气氛表示十分认可，不仅优化了内部空间构造，也减少了资源的浪费。尽管不清楚节约资源的程度具体有多少，但时刻保持对于节约资源的考虑，还是具有深远意义的。

对城市面貌的改善方面，住宅类和博物馆类项目得分较高，二类项目大多在沿街或市区核心位置，对于城市立面和城市街景具有积极的作用。

博物馆类项目作为具有展示功能的文化建筑，在文化教育意义的方面占据高分位置，可以实现其独特历史文化与现代城市空间的重新融合，使城市文脉得以延续，更加丰富。除了更新项目本身的教育意义外，其更新是否推动教育也是对当地居民的重要影响之一。

通过上述分析可以得知，在功能层面中，绿化景观的丰富度、对当地人民文化娱乐的影响和对周边的带动作用这三个指标的权重相对较高，而五类项目在这三个指标中的表现不尽如人意，故只有从这几方面入手，才能在功能层面有所提高。

（4）行为层面

行为层面各评价指标加权得分如图 5-32 所示。

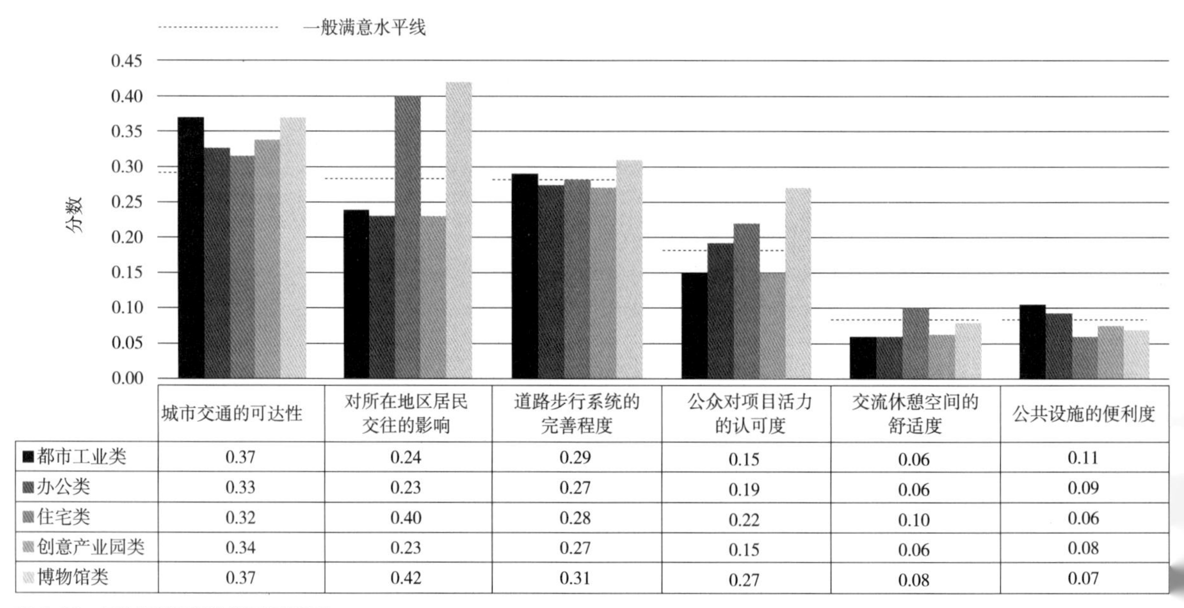

	城市交通的可达性	对所在地区居民交往的影响	道路步行系统的完善程度	公众对项目活力的认可度	交流休憩空间的舒适度	公共设施的便利度
都市工业类	0.37	0.24	0.29	0.15	0.06	0.11
办公类	0.33	0.23	0.27	0.19	0.06	0.09
住宅类	0.32	0.40	0.28	0.22	0.10	0.06
创意产业园类	0.34	0.23	0.27	0.15	0.06	0.08
博物馆类	0.37	0.42	0.31	0.27	0.08	0.07

图 5-32 行为层面各评价指标加权得分

（图片来源：作者自绘）

在城市交通的可达性方面，各类项目得分和权重均比较高，均超过了 0.29 分的一般满意水平线，各类项目在选址时就较为关注地段的选择，慢慢由于规模的扩大，经过一段时间的经营，大到公交线路，小至道路宽度，确实给该地的交通便利性带来积极的影响。

在对所在地区居民交往的影响方面，仅有住宅类项目和博物馆类项目得到了公众的一致认可，主要原因在于住宅类建筑有部分室外活动空间和绿化环境可以达到吸引人流的作用，而博物馆类项目定期举办的展览等活动可以吸引对此感兴趣的人群集聚于此，对于提高项目区域人气也有积极的作用。但都市工业类和创意产业园类项目的使用人群较为单一，大多为到此上班的工人和企业员工，对所在地区的居民影响较小。

在道路步行系统的完善程度方面，各类项目的得分较为平均，得分均在一般满意水平线上下。由于部分项目体量规模不大，园区内的道路多以人行道为主，尤其在天津纺织机械厂（1946 文化创意产业园）内的空中连廊，历史感和文艺气息十分浓郁。

在交流休憩空间的认可度方面，各类项目的得分均偏低，仅有住宅类项目勉强超过一般满意水平线，为 0.10 分。住宅类项目中有楼宇之间围合而成的集中绿地，天津建筑机械厂项目的绿地旁还设立了超市，小型鱼池和一些绿化景观加以陪衬。但在其他几类项目中，由于公共休憩和配套服务设施均属于非盈利性设施，容易被开发商忽略，而正是这些设施的缺失使得该指标的市民认可度偏低。

在公共设施的便利度方面，各项目得分较低，仅有都市工业类和办公类的得分超过了一般满意水平线，得分分别为 0.11 分和 0.09 分。且五类项目中的公共厕所的设置也是少之又少，作者只有在住宅类和博物馆类项目调研时发现了公厕，其余项目几乎未设置。

由此我们看出，在行为层面中，对所在地区居民交往的影响、交流休憩空间的舒适度和公共设施的便利度这三个方面的市民认可度较低，在今后的设计建议中可针对这三个指标有针对性地提出设计建议，进而提高各类项目在行为层面中的表现。

第6章

工业遗产类创意产业园更新项目适应性后评价

Post-evaluation on the Adaptability of Industrial Heritage Creative Industry Park Renewal Projects

创意产业园作为工业遗产的重要更新类型，在国内掀起了一股“工业遗产类创意产业园区”的建设热潮，但一些工业遗产类创意产业园的建设存在着盲目跟风的现象。由于不同区域之间的差异，不同城市中的工业遗产类创意产业园项目对城市发展和市民生活的适应程度也存在着巨大差异。那么目前已更新的创意产业园项目是否能够有效地适应当地城市发展，适应社会生活？因此，本章从“社会适应性”“环境适应性”和“经济适应性”三方面入手，对具有不同等级城市特征的北京、天津、唐山三个城市中的代表性工业遗产类创意产业园项目进行适应性后评价和结果分析，以期为其他城市工业遗产类创意产业园项目的适应性发展提供数据支持和决策依据。

6.1 缘起

6.1.1 研究背景

由于大量的工业遗产在城市发展中失去用武之地，加之我国创意产业的发展进程一直在加速，工业遗产与创意产业的结合成为旧工业地段再生的一种有效途径。在此背景下，工业遗产类创意产业园项目在北京、上海、唐山、沈阳等大中小城市之间相继发展壮大，掀起一股“工业遗产类创意产业园区”的建设热潮。

然而作者在对全国众多工业遗产类创意产业园项目的调研考察中发现该类项目的建设存在一些不平衡的现象。例如北京的工业遗产类创意产业园发展状态良好，园区的艺术气息浓厚，能吸引一些知名企业入驻，可以经常看到园区举办展览活动，甚至有些项目经常有大量游客来此参观游玩，使得园区充满活力；而作者多次去到的唐山工业遗产类创意产业园通常呈现出衰败的状态，园区内人烟稀少，公共服务设施不足，未能形成良好的艺术氛围。据了解，当地市民对其发展也表示不认可。同样是由国内一线设计团队设计改造而成，为什么不同城市中工业遗产类创意产业园项目呈现出如此巨大的差异？由此可见，全国各地争相建设的众多工业遗产类创意产业园项目，很多是一种盲目跟风现象，并不能与所在城市发展状态形成良好互动。工业遗产类创意产业园项目的发展需要与该城市人口结构、经济结构、环境氛围等相适应，其适应性是该城市特有的社会、环境、经济因素共同作用的产物。然而对于不同等级城市，旧工业地段是否都适合更新为创意产业园？所实施项目是否适应该城市发展的需要？是否能推动周边产业和经济的发展？这些都是值得我们思考的问题。

6.1.2　研究的目的与意义

据本课题组不完全统计，截至 2018 年 6 月，国内已实施旧工业地段更新项目数量已接近 400 项，而创意产业园类项目所占比例逐年上升，可见工业遗产类创意产业园项目在我国发展速度之快。但作者在多次考察中发现一些工业遗产类创意产业园项目无法适应该城市和市民，未能与之形成良好互动，很大程度上阻碍了工业遗产类创意产业园的可持续发展。工业遗产类创意产业园适应性研究涉及社会人口结构、城市经济结构、环境等多方面内容，然而对于工业遗产类创意产业园适应性尚未形成完整的评价体系可以对其进行评价和分析。

本书试图建立一套完整、客观的工业遗产类创意产业园适应性后评价体系，从具有不同等级城市特征的北京、天津、唐山三个城市入手，在三个城市中选取具有代表性工业遗产类创意产业园项目，应用建立的适应性后评价体系对其进行适应性评价，并分析评价结果，进一步比较研究该类项目对京津唐地区不同城市适应性的强弱，从而发现其适应性差异，探究导致这种适应性差异的原因，分别对北京、天津、唐山不同等级城市，建立具有针对性的工业遗产类创意产业园适应性发展对策，以期更好地实现京津唐一体化发展，并为其他城市工业遗产类创意产业园项目的适应性发展提供科学依据和理论支持。

6.2　适应性后评价的涵盖范围

6.2.1　适应性理论的发展

适应性理论最早起源于生物学领域，它是达尔文进化论中的一种生存理念。用于解释一些复杂生物现象的特征，主要表达生命体的谐调互生关系。1930 年，奥地利学者冯・贝塔朗从多个角度对适应性理论进行探究，他认为应该将研究对象看作一个功能整体，其中各个组成部分有着紧密联系，相互作用相互影响，而这种观念表达了各个领域、阶层广泛存在的特点。适应观的思想是贯穿本书研究的重要理论基础，主要体现在以下三个方面：

（1）系统思想

系统思想强调整体性，将研究对象看作由许多相互紧密联系的要素组成的整体。同时还应该将其看作是一个以人为核心的系统形式，这要比以物为中心更加主动。系统论主张从整体的角度研究，处理好要素与要素之间、要素与系统之间的关系，才能使整个系统是可持续良性发展的。适应性系统更能体现出互利共生的关系。所以本书研究的适应性正是通过调整自身各结构要素，来更好地适应城市发展和市民需求的一种系统性行为。

（2）共生思想

1980年，共生思想由黑川纪章提出，并成为其建筑设计的核心理论。共生思想强调人与自然、内部与外部的这种协同共生关系。适应性的共生思想表现在对不同空间的适应能力和短期的应变能力两个方面。

（3）演替思想

演替思想强调演化更迭，是一种长期的系统结构秩序形成过程，从生物学角度来看，演替就是生物种群为了长期适应生存环境而发生的一系列种群替代的过程。由于生态系统中环境不断变化，很难发现演替过程的规律。因此在研究过程中，不应该过分强调解决问题的办法，而是应该着重分析问题产生的原因。

基于对上述三种适应性思想的基础研究，作者认为适应性分析是多元化的、综合的、与各结构要素相结合的研究课题。

6.2.2 适应性的概念

美国圣塔菲研究所的著名学者约翰·H·霍兰德（John.H.Holland）在其著作《隐秩序》（Hidden Order）中指出“适应性是生物体调整自己以达到适应环境的目标的过程”。我国《辞海》对“适应”的解释为“生物在生存竞争中适合环境条件而形成的一定性状的现象，它是自然选择的结果”。然而适应性的概念在不同领域有着不同解释。经济学领域将“适应性”解释为某区域的产业结构与该城市之间的相互适应程度；社科学领域将“适应性”解释为不同文化之间的相互适应，或者文化对人和环境的影响；城市学领域将“适应性”解释为市民的生活需求和城市结构要素的适应关系。

由此可见，适应性概念一般分为以人为主体的生物有机体的适应和由人衍生出的社会、经济、环境等非生物有机体的适应。前者集中应用于生物学、哲学等研究领域，后者集中应用于经济学、城市空间学、社会学等研究领域。但无论如何，适应性研究都是研究对象与其所在空间环境之间相互影响的过程，相当于一种事物与另一种事物或其他多种事物之间的适应关系。

6.2.3　创意产业园适应性后评价概念

我国改革开放以来，人们对创新文化及其社会服务体系的需求在创意产业的发展趋势上充分体现，创意产业正以多元化、现代化、全面化的步伐大力发展着。国内外对“创意产业园适应性后评价”没有做出明确的定义，但有相关学者提出城市创意产业园适应性可解释为：创意产业园在初期规划设计以及在建设后的可持续发展过程中，与城市的社会经济基础相互协调发展的关系，与市民形成互动的关系[1]。而适应性后评价是指采用一定评价方法，对创意产业园项目进行数据采集、统计处理，进行判断该园区是否适应于城市和市民，与其形成良好互动。

创意产业园适应性是一个复杂综合的系统，城市的社会经济系统与园区系统之间相互关联，这种联系可能使其相互促进推动，也可能相互制约，“适应性”便表现在这种系统之间制约和协调的关系中。创意产业园适应性后评价不仅体现在评价指标的量化上，还体现在适应性内容的不同层面上。不同社会层次结构、经济发展水平的城市对创意产业园起到的支撑作用不同，同样，创意产业园对城市的经济性、环境结构和社会影响等方面也体现出相应差异。因此，创意产业园的建设和发展依附于城市的社会经济等发展水平，只有与之相适应，才能形成良好互动，相互促进发展，这种适应性也是一种动态的、不断变化的系统。

[1] 田冬梅，白丽华. 基于模糊AHP模型的都市创意产业园适应性评价研究[J]. 企业导报，2010（1）：291-293.

6.2.4 国内外研究动态

（1）国外

作者在对文献进行研究的过程中发现，国外的设计界学者最早将适应性理论应用于建筑研究领域，主要涉及以下几个方面。

关于空间适应性的研究：1919 年，勒·柯布西耶提出的“多米诺体系”首次区分结构和非结构部分，将钢筋混凝土柱子作为承重结构，使空间能够被更自由划分，提升了空间的整体流动性；1960 年，以日本建筑师丹下健三为代表的“新陈代谢派”逐渐发展起来，他主张事物的生衰变化，认为城市和建筑不是静止的事物，而是动态发展着的，类似生物的新陈代谢；1990 年，一个新概念“生长的家”被加拿大的艾维·弗雷德曼提出，他主张设计时留有余地，后期户主可以自行发挥设计来满足不同住户的空间动态需求，同时减轻了居住者的住房经济负担。

关于适应性再利用的研究：对于旧建筑再利用方面，1965 年，美国景观大师伦斯·哈普林提出“历史建筑循环再利用”的概念，与适应性改造理论相吻合；1979 年，《巴拉宪章》首先提出“适应性再利用”理论，国外许多国家将其应用于城市建设，既有的历史建筑和一般工业建筑得到适当的保留，改造再利用的做法正在逐步取代拆除新建的方式。

（2）国内

适应性涉及的行业领域十分广泛，包括生物学、环境学、企业管理、道路交通、建筑等多个方面。过去，国内在建筑领域的适应性研究少之又少，随着我国城市建设的速度迅猛增长，城市土地变得寸土寸金，越来越多的学者关注并研究建筑方面的适应性问题，有些研究者开始倡导旧建筑的适应性更新再利用等。作者通过整理文献发现，国内对于相关领域的适应性研究主要体现在以下几个方面：

关于适应性设计的研究：从城市设计角度，同济大学的田宝江在《城市设计的理性与适应性——以浙江龙游太平路商业街区城市设计为例》（2005）中结合设计实例，阐明城市设计的核心价值不在于提供具体的空间形态，而在于设计策略和空间导则的制定，以规范空间形态的生成，强调城市设计理性与适应性的统一；从室内设计角度，林巧琴在《室内居住空间的适应性设计》（2007）中论述人们对室内居住空间的需求是不断变化的，为了有效解决这一动态需求，室内设计师应对室内进行适应性设计；从景观设计角度，武汉科技大学的刘伟毅在《试论校园景观设计的适应性》（2008）中论述了校园景观是校园群体环境的重要组成部分，一个好的校园景观设计对提高校园文化品位，培养高素质人才具有重要意义，并指出校园景观设计应与地域气候、建筑类型、交通流线（量）、物质功能、精神功能等方面相适应；从建筑设计角度，西安建筑科技大学的李咏瑜在《大学整体式公共教学楼建筑空间适应性设计研究》（2010）中针对大学整体式公共教学楼建筑空间适应性设计进行了论述，并提出新的高校的教学楼适应性设计理念，将单一、分散的传统教学楼空间模式改为集中化、规模化的发展模式。

关于适应性再利用的研究：浙江大学的张宇在其硕士论文《旧工业建筑的适应性再利用研究》（2007）中基于对适应性再利用的深入研究，提出可持续发展的再利用模式，根据国内外实例的研究结果，总结出在功能置换、新旧融合、空间整合、艺术成就以及低能耗改造等方面的旧工业建筑适应性再利用设计手法，最终提出针对我国国情的适应性再利用发展建议；北京建筑大学的王斐在其硕士论文《北京历史街区院落型建筑适应性再利用研究》（2014）中以北京历史街区院落型建筑为研究对象，归纳并分析其适应性特征，总结出北京历史街区院落型建筑的适应性再利用发展策略以指导之后历史建筑的改造；东南大学的蒋楠在《旧建筑适应性再利用潜力评价研究》（2018）中首先阐述旧建筑适应性再利用潜力评价的含义及其必要性，其后从历史文化、功能空间、经济效益三个方面，对旧建筑适应性再利用潜力展开分析与评价研究，最后将潜力评价与改造建议相对接，并为改造实施方案的形成提供直接依据。

关于创意产业园适应性的研究：天津商业大学的田东梅在《基于模糊AHP 模型的都市创意产业园适应性评价研究》（2010）中选取模糊综合评判法和层次分析法相结合的模糊 AHP 模型作为都市创意产业园适应性评价方法与模型，结合天津意库创意产业园实例对评价方法、模型进行验证，并对天津市创意产业园建设提出建议，进而对都市创意产业园的适应性规划提供了策略；浙江南方建筑设计有限公司的张辉等人在《创意产业园内废旧厂房改造适应性改造策略探析》（2013）中针对全国各地的创意产业园厂房改造项目不断增多的现状，已建项目的基础上，对厂房改造的适应性进行分析，提出了改造策略，探讨了各策略实施的条件及手法，为今后创意产业园厂房的改造项目提供了参考；西南交通大学的田骁祎在硕士论文《成都市文化创意产业园外部公共空间适应性研究》（2017）中用SD法对成都文化创意产业园外部公共空间进行适应性研究，希望为以后的创意产业园公共空间适应性设计提供理论依据。

6.3　工业遗产类创意产业园更新项目适应性后评价模型

6.3.1　影响工业遗产类创意产业园适应性的因素

目前国内关于该类项目适应性的评价没有一个完整系统的评价体系，现有成果研究内容差别较大。适应性在建筑学方面起步较晚，并且综合了人口结构、城市结构、经济结构、环境结构等多方面结构要素较为复杂。

通过对相关文献的研究发现，李慧民等人编著的《旧工业建筑再生利用评价基础》一书中结合国内实际案例，将旧工业建筑再生利用项目效果评价指标体系初步分为经济、社会、环境三大类指标，并对其具体指标进行优化筛选，最终确立旧工业建筑再生利用项目效果评价指标体系；田冬梅在其硕士论文《都市创意产业园规划与评价研究》中根据适应性分析的理论和应用，针对都市创意产业园适应性的内涵和任务从环境适应性、经济适应性、社会适应性这三方面建立都市创意产业园适应性后评价指标体系。

因此，在借鉴相似类型项目适应性后评价体系的理论基础上，综合考虑工业遗产改造对于创意产业园项目独有的特征，把握评价指标体系的构建原则，总结分析出影响工业遗产类创意产业园适应性的主要因素体现在以下三个方面：

（1）社会适应性

社会结构是由不同阶层的人群构成，这些多样的生活方式和变化的活动轨迹影响着产业园在城市中的适应性，例如就业和人口的变化。从工业遗产类创意产业园的角度来看，新型创意产业园一定程度会改善城市面貌，同时使工业历史文脉得以延续。作者通过实地调研，发现良好的社会适应性对城市的文化教育意义起着良好作用，公众的认可度也一定程度反映社会适应性的程度。由此可见，社会适应性很大程度地反映该类项目着对城市和市民的适应性强弱。

（2）环境适应性

产业园项目环境适应性的良好体现在：对使用者来讲是一个舒适的工作环境，对游客来讲是一次难忘的观光体验，对城市来讲是景观环境和城市面貌的完善。所处地段是否合理，交通是否便利，活动空间是否给人带来更多交流等，都会影响环境适应性。另外，也要考虑工业遗产本身具有的独特性。因此，环境适应性成为评估其适应性的重要准则。

（3）经济适应性

相较于其他业态类型的工业遗产改造项目，带有产业功能的项目应该能够带来更好的经济效益，但对于一些已实施的工业遗产类创意产业园项目，园区效益并未达到预期效果，没有很好发挥地段价值，没有给城市和市民带来较好的经济效益，导致当地民众对其的认可度很低。经济适应性是决定该类项目能否适应于该城市的必要条件。

工业遗产类创意产业园项目在该城市中的社会适应性、环境适应性、经济适应性三大要素相互制约，相互促进，最终形成判断该类项目适应性强弱的较为完整的系统。

6.3.2　评价指标体系的构建

本书基于全面性、科学性、适用性和可操作性的评价原则，根据层次分析法的原理，并借鉴和结合《都市创意产业园规划与评价研究》和《旧工业建筑再生利用评价基础》中理论体系构建评价模型和指标筛选的研究成果，将公众意见纳入其中，初步将三大影响因素确定为工业遗产类创意产业园适应性后评价的三个准则层，分别为社会适应性、环境适应性和经济适应性，并归纳总结了每个准则层可能包含的数个指标层。这些指标反映了工业遗产类创意产业园项目对于城市和市民的适应性程度，涵盖了人文、生活、自然、经济基础等多个方面。由此构建了工业遗产类创意产业园适应性后评价指标初步框架。

作者通过国内工业遗产保护及更新领域等相关专家学者、广大公众，以及多次实地调研的反馈，总结了各位专家和公众对该指标体系设置的一些意见。通过德尔菲法的筛选调整，最终确立了一个相对科学完整的工业遗产类创意产业园适应性后评价指标体系，见表 6–1。

表 6–1　最终工业遗产类创意产业园适应性后评价指标体系

目标层	准则层（一级指标）	指标层（二级指标）
A 工业遗产类创意产业园适应性评价	B_1 社会适应性	C_{11} 对人口和就业的影响
		C_{12} 工业文化氛围丰富性
		C_{13} 文化教育意义
		C_{14} 对城市面貌的改善度
		C_{15} 公众认可度
		C_{16} 是否有效节约资源
		C_{17} 社会资源的整合程度
	B_2 环境适应性	C_{21} 工业遗存与园区风貌的协调性
		C_{22} 所处地段的合理性
		C_{23} 城市交通的便利性
		C_{24} 道路与步行系统的完善度
		C_{25} 交往活动空间的满意度
		C_{26} 公共基础设施的完善度
		C_{27} 绿化景观环境的丰富度
		C_{28} 物理环境要素的舒适度
	B_3 经济适应性	C_{31} 是否最大程度发挥地段价值
		C_{32} 园区效益是否满足预期
		C_{33} 产业定位与城市规划的匹配度
		C_{34} 是否带动区域经济发展
		C_{35} 园区活力
		C_{36} 店面的出租程度
		C_{37} 对居民收入的影响

表格来源：作者自绘

在此基础上，通过对影响工业遗产类创意产业园各因素的分析，构建了一套较为完整的评价指标体系，最终需要根据层次分析法的基本步骤建立一个从目标层到准则层再到指标层的多层次递阶的结构模型，如图 6–1 所示。

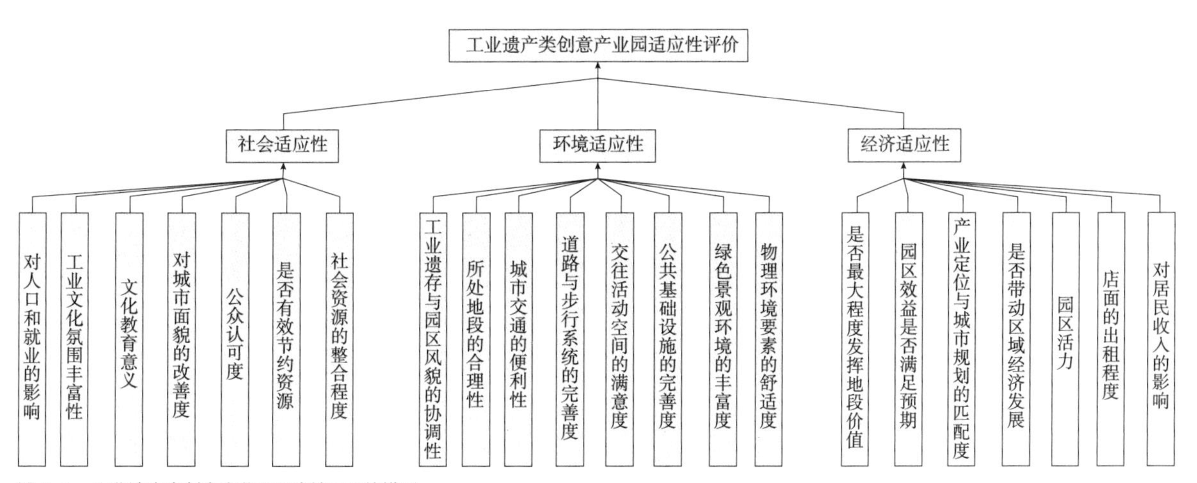

图 6-1　工业遗产类创意产业园适应性后评价模型
（图片来源：作者自绘）

6.3.3　评价指标体系权重的确定

由于每个指标在不同人群的心理预期和需求不同，所以每个指标在评价模型中的重要程度也不同。在建立了工业遗产类创意产业园适应性后评价结构模型之后，下一步的重要任务就是确定各指标的权重，这一步骤在层次分析法过程中也是关键环节，需要通过构建判断矩阵和专家问卷调查，通过求解计算，得到各指标的权重，具体操作如下：

应用萨迪提出的“九分位相对重要比例标度法”，将相对重要程度划分为 9 个等级对同一层次的各指标进行两两比较，确定之间的相对重要程度。

根据以上标度法，以问卷的形式让专家对各指标的相对重要程度进行两两比较，并进行赋值，构成各层指标的判断矩阵。这些专家选自工业遗产及创意产业园相关领域的研究学者以及本文所调研创意产业园项目的中高层管理人员，他们经验较多，对工业遗产类创意产业园各指标认知程度较高，相对所得数据较为可靠。

本书将工业遗产类创意产业园适应性这一目标层 A 分为 3 个准则层分别为 B_1、B_2、B_3，对这 3 个指标进行两两比较，得出 3 个一级指标对于总目标影响程度的重要性比较的判断矩阵 A—B；同理将 3 个准则层 B_1、B_2、B_3 分别分为 8 个指标层 C，分别对这 8 个指标进行两两比较，得出二级指标对于一级指标影响程度的重要性比较的判断矩阵 B_1—C、B_2—C、B_3—C。每一份专家问卷包括以下 1 个 A 层级矩阵、3 个 B 层级矩阵。

专家问卷所得数据依然存在极端主观性判断的可能性，故需要对每份专家调查问卷的每个层级判断矩阵结果进行一致性检验，为了检验各元素重要度之间的协调性，避免出现“A 比 B 重要，B 比 C 重要，而 C 又比 A 重要”这样的矛盾情况出现，保证其数据的真实可靠。故作者采用 AHP 软件对其进行计算，得到的结果更为准确。

通过上述步骤，即可得出各层级指标的权重值，见表 6–2。

表 6–2　工业遗产类创意产业园适应性后评价体系及权重

目标层	准则层（一级指标）		指标层（二级指标）		
	名称	权重	编号	名称	权重
A 城市工业遗产类创意产业园适应性	B_1 社会适应性	0.377	C_{11}	对人口和就业的影响	0.030
			C_{12}	工业文化氛围丰富性	0.047
			C_{13}	文化教育意义	0.055
			C_{14}	对城市面貌的改善度	0.040
			C_{15}	公众认可度	0.060
			C_{16}	是否有效节约资源	0.059
			C_{17}	社会资源的整合程度	0.086
	B_2 环境适应性	0.222	C_{21}	工业遗存与园区风貌的协调性	0.024
			C_{22}	所处地段的合理性	0.022
			C_{23}	城市交通的便利性	0.031
			C_{24}	道路与步行系统的完善度	0.018
			C_{25}	交往活动空间的满意度	0.037
			C_{26}	公共基础设施的完善度	0.026
			C_{27}	绿化景观环境的丰富度	0.029
			C_{28}	物理环境要素的舒适度	0.035
	B_3 经济适应性	0.401	C_{31}	是否最大程度发挥地段价值	0.048
			C_{32}	园区效益是否满足预期	0.029
			C_{33}	产业定位与城市规划的匹配度	0.060
			C_{34}	是否带动区域经济发展	0.077
			C_{35}	园区活力	0.061
			C_{36}	店面的出租程度	0.055
			C_{37}	对居民收入的影响	0.071

表格来源：作者自绘

6.4　评价结果——以京津唐工业遗产类创意产业园为例

在研究对象的选取方面，考虑到已实施的工业遗产类创意产业园项目主要在一线、二线、三线城市中，因此选取北京、天津和唐山作为三个等级城市的项目作为研究对象。京津唐分别代表着我国一线、二线、三线城市，地理位置相距 110~150km，呈正三角布局，并且均有着较为丰富的工业遗存资源，已有许多工业遗产类创意产业园项目得以实施。同时，在三个城市中选取工业遗产类创意产业园项目时，应综合考虑园区规模大小、距离市中心远近、园区类型是复合型还是单一型等因素，尽可能全面地选取更具代表性的项目。

6.4.1　北京地区各项目适应性后评价总体结果

北京的工业遗产类创意产业园在我国发展较早，项目数量也比较多，据本课题组建立的数据库统计，截至 2017 年 10 月，北京工业遗产类创意产业园项目共有 18 个。本书在北京地区选取了“798 艺术区”“竞园图片产业园”和“77 文创园”三个项目作为评价对象，这三个项目比较全面地代表了北京工业遗产类创意产业园的各个类型。

经过问卷调查，北京工业遗产类创意产业园项目适应性综合得分结果见表 6-3，括号内为加权之前的平均得分。

表 6-3　北京工业遗产类创意产业园项目适应性综合得分统计表

北京项目名称	社会适应性	环境适应性	经济适应性	总分
798 艺术区	1.40（3.71）	0.78（3.54）	1.43（3.57）	3.61
竞园图片产业园	1.24（3.27）	0.72（3.25）	1.28（3.18）	3.24
77 文创园	1.33（3.53）	0.82（3.71）	1.37（3.41）	3.52
北京工业遗产类创意产业园适应性综合得分：3.46				

表格来源：作者自绘

根据以上数据统计结果显示，北京地区的平均得分为 3.46 分，“798 艺术区”“竞园”“77 文创园”总分均在 3 分“一般满意”的水平之上，可以看出公众对于北京这些工业遗产类创意产业园项目的适应性是给予积极肯定的正面评价的。

从图 6–2 和图 6–3 中可以看到，北京该类项目在社会、环境、经济三方面的适应性得分均较高，得分在 3.39~3.50 分之间，各方面适应性表现突出。其中社会适应性得分最高，经济适应性得分相对较低。但由于经济适应性权重稍高，加权后的经济适应性得分略高于社会适应性得分。但社会适应性超过一般水平线较多，说明该类项目给城市和市民带来的社会效益最好，得到公众的高度认可。

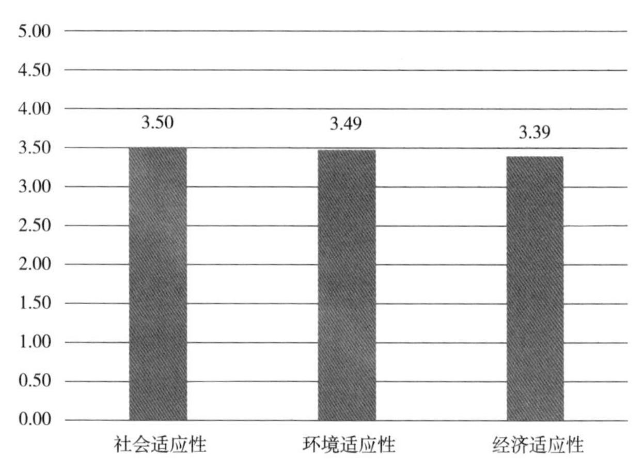

图 6–2 北京地区工业遗产类创意产业园适应性一级指标平均得分
（图片来源：作者自绘）

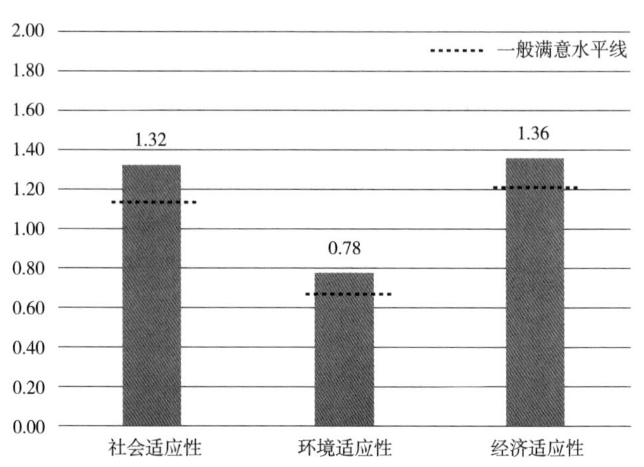

图 6–3 北京地区工业遗产类创意产业园适应性一级指标加权得分
（图片来源：作者自绘）

从图 6–4 中可以看到，受权重影响，“环境适应性”加权得分普遍较低。北京地区项目在“社会适应性”方面的几个指标加权得分大多高于一般满意水平线较多，只有“C_{11} 对人口和就业的影响”这一项与一般满意水平线几乎齐平，由此可见在北京地区发展该类项目能带来较多积极的社会影响，虽然能提供一些就业岗位，也带来了一定人口流动，但对于北京这种人口饱和，就业压力巨大的一线城市来说，创意产业园这种年轻化属性的业态对人口和就业的影响也是微乎其微。

在“环境适应性”方面的指标加权平均得分均超过一般满意水平不多，例如“C_{23} 城市交通的便利性”这一项几乎刚刚达到一般满意水平，可见对于当地市民来说，大城市的交通问题普遍给他们带来困扰，比如地价较高导致的停车位规划不足、公共交通站点较远等，但总体来说，环境适应性处于一般水平。

在“经济适应性”方面的几个指标加权得分均高于一般满意水平线较多，说明在北京的经济实力支撑下，该类项目也反过来促进了北京经济发

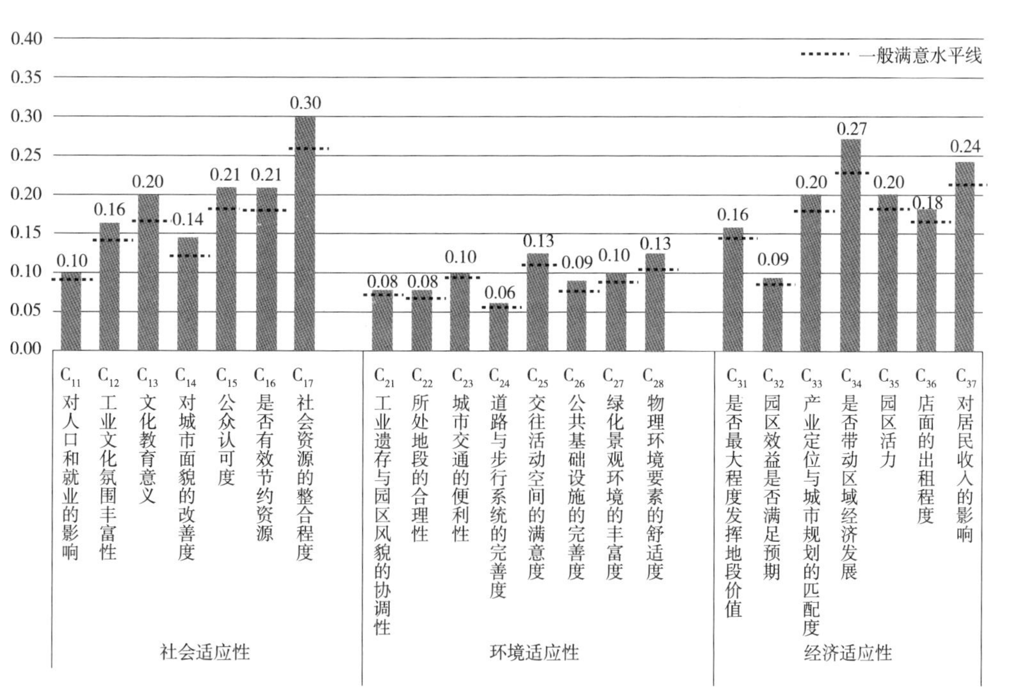

图 6–4　北京地区工业遗产类创意产业园适应性后评价二级指标平均加权得分

（图片来源：作者自绘）

展，这点在“C_{34}是否带动区域经济发展”这项指标中明显体现，加权得分为0.27分，远高于一般满意水平线，经济适应性较强。

总体来看，创意产业园这类工业遗产更新项目对于北京地区，在社会、环境、经济三方面均有较强的适应性，普遍得到大众较高的认可，也给城市和居民带来积极的影响。

6.4.2 天津地区各项目适应性后评价总体结果

天津的工业遗产创意产业园近年来在政府的支持下，数量上有所增加，业态的复合性上也有所创新和改进，但相较一线城市天津的园区发展尚未成熟。据本课题组建立的数据库统计，截至2017年10月，天津工业遗产类创意产业园项目共有10个。本书在天津地区选取了三个项目作为评价对象，分别为“意库创意产业园”“棉三创意街区”和“巷肆创意产业园”，这三个项目代表了早期和近期天津工业遗产类创意产业园的发展。

经过问卷调查，天津工业遗产类创意产业园项目适应性综合得分结果见表6–4，括号内为加权之前的平均得分。

表6–4 天津工业遗产类创意产业园项目适应性综合得分统计表

天津项目名称	社会适应性	环境适应性	经济适应性	总分
意库创意产业园	1.24（3.29）	0.72（3.25）	1.03（2.58）	2.99
棉三创意街区	1.25（3.30）	0.75（3.38）	1.19（2.96）	3.19
巷肆创意产业园	1.24（3.27）	0.73（3.28）	1.16（2.89）	3.13
天津工业遗产类创意产业园适应性综合得分：3.10				

表格来源：作者自绘

根据以上数据统计结果显示，天津地区的平均得分为3.10分，“棉三创意街区”和“巷肆创意产业园”总分均在3分“一般满意”的水平之上，而“意库创意产业园”总分为2.99分，没有达到一般满意水平。可以看出公众对于天津这些工业遗产类创意产业园项目的适应性给予了比较正面的评价。作者为了探究其更深层的原因，在下文深入分析了天津地区各级指标的适应性结果。

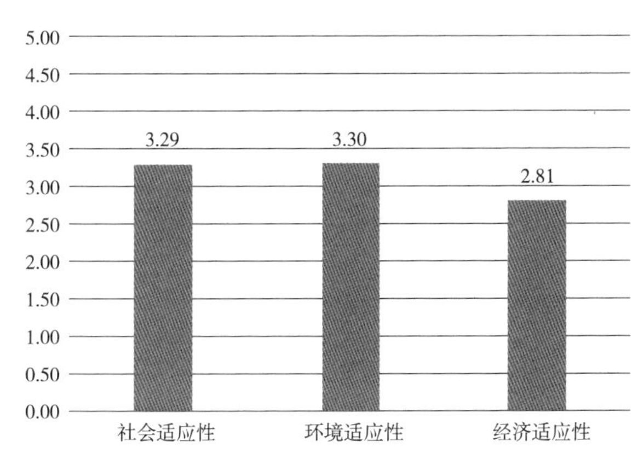

图 6-5　天津地区工业遗产类创意产业园适应性一级指标平均得分
（图片来源：作者自绘）

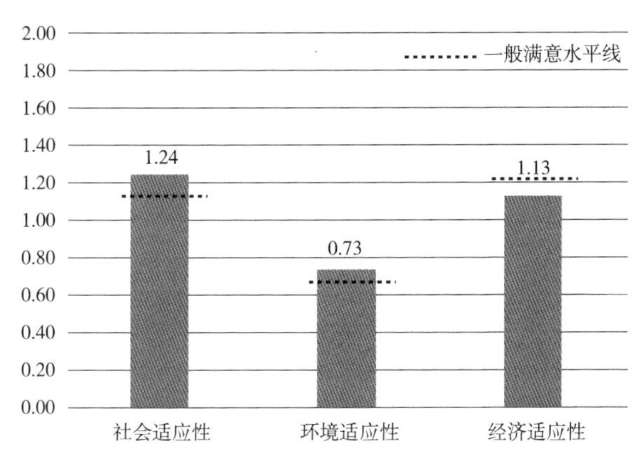

图 6-6　天津地区工业遗产类创意产业园适应性一级指标加权得分
（图片来源：作者自绘）

从图 6-5 和图 6-6 中可以看到，天津该类项目在社会和环境适应性两方面得分较高，分别为 3.29 分和 3.30 分，但由于环境适应性权重稍低，加权后得分分别为 1.24 分和 0.73 分，社会适应性加权得分仍旧较高，可见该类项目给天津和市民带来了较为积极的正面影响。而经济适应性偏低，得分为 2.81 分，加权后得分为 1.13 分，仍未达到一般满意水平，可见该类项目给天津和市民带来的经济效益较少。为进一步探究其规律，作者在下文中对二级指标进行了评价结果分析。

从图 6-7 中可以看到，同样受权重影响，“环境适应性”加权得分普遍较低。天津地区项目在“社会适应性”方面的几个指标加权得分均高于

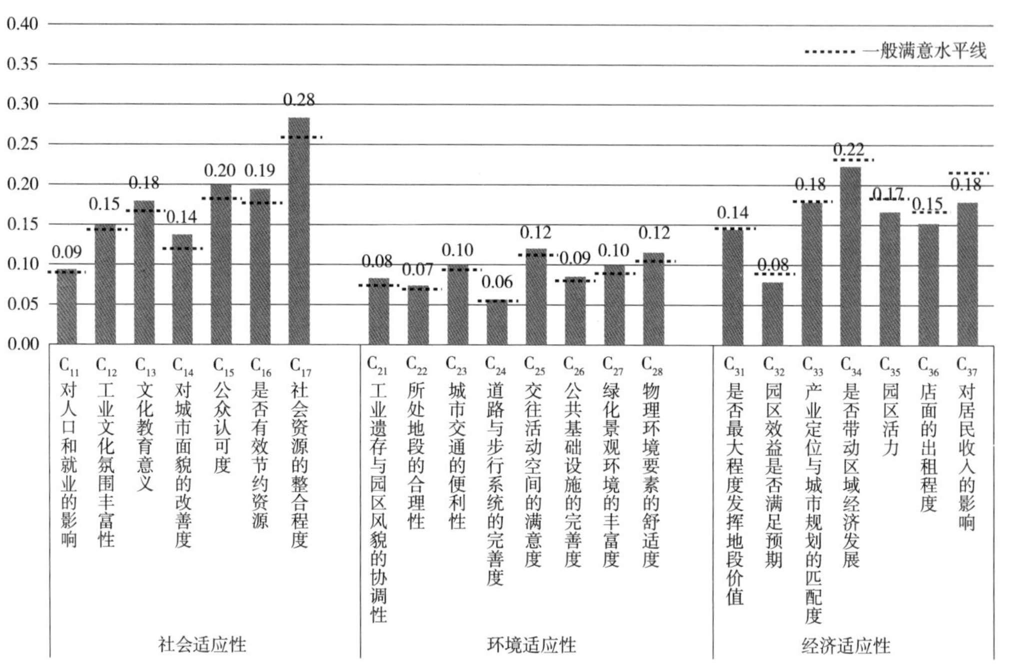

图 6-7　天津地区工业遗产类创意产业园适应性后评价二级指标平均加权得分

（图片来源：作者自绘）

一般满意水平线，“C_{15} 公众认可度”“C_{16} 是否有效节约资源”“C_{17} 社会资源的整合程度”几项都高于一般满意水平较多，加权得分为 0.20 分左右，“C_{17} 社会资源的整合程度”一项加权得分得到 0.28 的高分，说明天津地区对该类项目的改造比较注重对现有资源的有效利用和整合，从而有效改善城市面貌，也一定程度丰富了市民的文娱生活。

在“环境适应性”方面几个指标的加权平均得分基本齐平于一般满意水平线。“C_{25} 交往活动空间的满意度”相对加权得分较高，为 0.12 分，各项目都有较为明显的公共活动区域，可供人们交流休憩，有的项目设有集中绿地、休闲座椅和小型水池，给人们带来更舒适的交往空间感受。

在“经济适应性”方面，只有“C_{31} 是否最大程度发挥地段价值”和“C_{33} 产业定位与城市规划的匹配度”两项指标刚刚达到一般满意水平，天津创意产业园项目大多依据所在区域的规划定位，与周边产业均衡发展，力求最大程度发挥地段价值。但“C_{32} 园区效益是否满足预期”“C_{35} 园区活力”等指标收效甚微，虽然出租率基本能达到 60% 以上，但由于人流量小，有些园区无法带动区域经济的可持续发展。在作者走访过程中了解到，有些居民表示并不看好在黄金地段开发产业园，认为园区税收较少，对居民收入有负面影响。

整体来看，工业遗产类创意产业园项目在天津地区适应性一般，发展创意产业园项目给天津带来许多正面影响，尤其在社会适应性方面，但对于天津等城市的经济现状来说，其经济适应性无法支撑这类新型产业的良好循环。

6.4.3　唐山地区各项目适应性后评价总体结果

唐山是典型的资源型城市，具有丰富的工业遗存，在工业遗产改造方面进行了一系列的实践。其中工业遗产类创意产业园的实践起步较晚，项目数量较少，据本课题组建立的数据库统计，截至 2017 年 10 月，唐山工业遗产类创意产业园项目只有 2 个，因此本文选取了两个项目作为评价对象，分别为“启新 1889 文化创意产业园”和“陶瓷文化创意中心”。

经过问卷调查，唐山工业遗产类创意产业园项目适应性综合得分结果见表 6–5，括号内为加权之前的平均得分。

表 6–5　唐山工业遗产类创意产业园项目适应性综合得分统计表

唐山项目名称	社会适应性	环境适应性	经济适应性	总分
启新 1889 文化创意产业园	1.03（2.72）	0.64（2.91）	0.86（2.14）	2.53
陶瓷文化创意中心	1.07（2.83）	0.58（2.60）	0.86（2.16）	2.51
唐山工业遗产类创意产业园适应性综合得分：2.52				

表格来源：作者自绘

根据以上数据统计结果显示，唐山地区的平均得分为 2.52 分，“启新 1889 文化创意产业园”和“陶瓷文化创意中心”总分均未达到 3 分“一般满意”的水平，可以看出唐山这些工业遗产类创意产业园项目对于该城市和市民的适应性较差。作者为了探究其更深层的原因，在下文深入分析了各级指标的适应性结果。

从图 6–8 和图 6–9 中可以看到，唐山该类项目在社会、环境和经济三方面的适应性表现都不突出。社会适应性得分稍高，为 2.77 分，加权后得

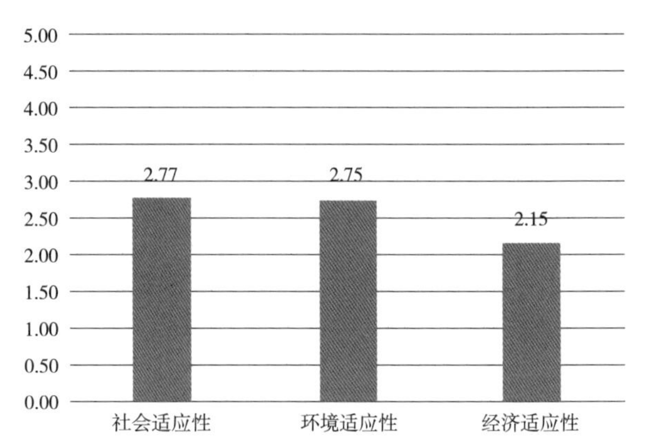

图 6-8　唐山地区工业遗产类创意产业园适应性一级指标平均得分
（图片来源：作者自绘）

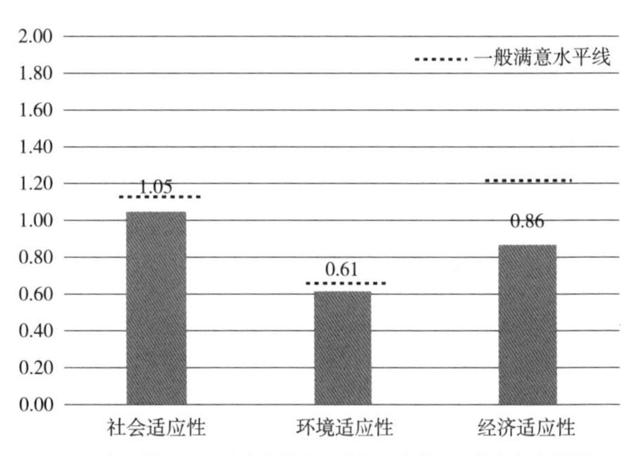

图 6-9　唐山地区工业遗产类创意产业园适应性一级指标加权得分
（图片来源：作者自绘）

分仍旧最高，为 1.05 分，但并未达到一般满意水平。环境适应性得分也较好，为 2.75 分，加权后得分为 0.61 分，是距一般满意水平线最近的一项指标，说明环境适应性是比较可控的。经济适应性得分相对较低，仅得到 2.15 分，加权后得分仍距一般满意水平线较远，为 0.86 分，可见该类项目受唐山城市经济水平影响，经济适应性较差，也没有给城市和市民带来正面影响。为进一步探究其规律，作者在下文中对二级指标进行了评价结果分析。

从图 6-10 中可以看到，“社会适应性”“环境适应性”和“经济适应性”三方面的加权得分均低于一般满意水平线。唐山地区项目在“社会适应性”方面的指标中只有“C_{14} 对城市面貌的改善度”一项接近一般满意水平，加权得分为 0.12 分，确实可以看出该类项目一定程度上改善了唐山

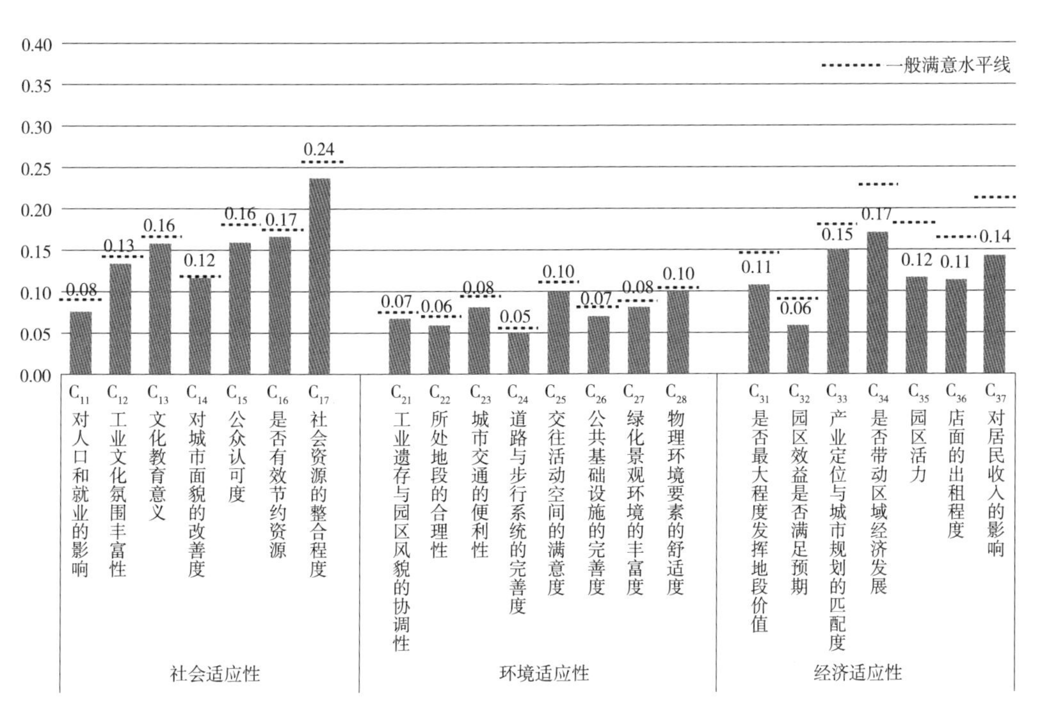

图 6-10 唐山地区工业遗产类创意产业园适应性后评价二级指标平均加权得分
（图片来源：作者自绘）

的城市面貌，“启新 1889”工业与现代风格融合的园区被打造为城市新名片，工业氛围浓厚。但由于唐山文化创意产业尚处于起步阶段，创意人才的缺失和产业意识的薄弱，导致未能很好地利用和整合唐山现有社会资源，“C_{11} 对人口和就业的影响”更是微乎其微。

在“环境适应性”方面几个指标虽未达到一般满意程度，但都较为接近一般满意水平，将传统产业转化为文化创意产业，虽然是新型趋势，但如果没有充分考虑“C_{22} 所处地段的合理性”，公共交通线路较少影响“C_{23} 城市交通的便利性”等，都使得该类项目不能很好地适应当地环境。

“经济适应性”方面是三大方面中各项指标与一般水平线差距最大的，“C_{35} 园区活力”很低，商户普遍较少。园区产业定位思路不够清晰，许多企业商铺得不到有效指导和扶持，导致无法带动区域经济发展。

整体来看，工业遗产类创意产业园项目在唐山地区适应性较弱，发展创意产业园项目没有给唐山带来较为积极影响，甚至不适合发展该类项目。尤其在经济适应性方面，说明对于唐山等城市的经济现状来说，无法支撑这类新型产业的良好发展，而此类项目也并不能为城市带来新的经济增长点。因此，大规模建设工业遗产类创意产业园是否恰当值得思考。

6.5 评价结果的比较与分析

通过对每个城市各项目之间适应性得分结果的综合比较，能够看出同一城市的工业遗产类创意产业园适应性项目的同异，进而从社会适应性、环境适应性、经济适应性这三个准则层入手，找到影响不同城市工业遗产类创意产业园适应性的关键性问题，并提出针对性的发展建议。

6.5.1 整体评价结果分析

各城市各项目的总体得分情况如图 6-11 所示。

从图中可以看出，京津唐地区八个更新项目的得分集中在 2~4 分之间，得分超过 3 分的有 5 个项目，其中三个在北京地区，两个在天津地区，“798 艺术区”更是得到了 3.61 的高分居于这个 8 个项目榜首。低于 2.6 分的项目有两个，均在唐山地区。剩余一个天津项目得分在 2.6~3 分之间。而在同一城市项目之间得分差异方面，唐山地区差异最小，只有 0.02 分的差异，而其他两个地区差异相对稍大，但整体趋同。总体来看，北京和

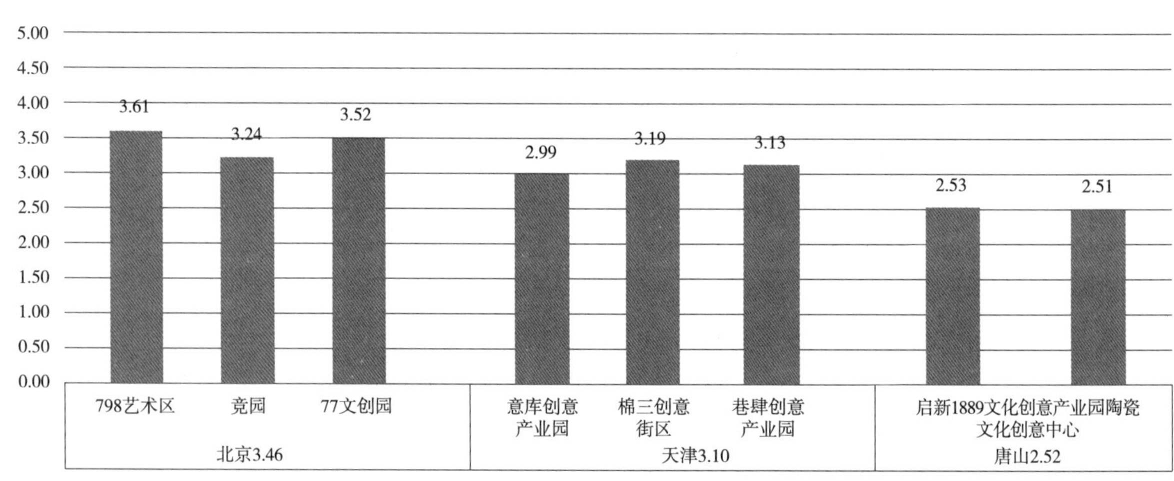

图 6-11 京津唐地区工业遗产类创意产业园适应性后评价各项目得分
（图片来源：作者自绘）

天津这些工业遗产类创意产业园项目对于城市和市民的适应性表现较好，只有一个项目得分稍低。而公众对唐山该类项目的适应性给予较为负面的评价。

6.5.2　各城市内部项目适应性后评价结果比较

（1）北京地区各项目适应性后评价结果比较

北京三个项目得分如图 6-12 所示。其总分均在 3 分以上，说明该类项目在北京的适应性较强，其中“798 艺术区”的最终适应性得分最高，为 3.61 分，与其知名度比较相符，但仍然低于作者心理预期分值；“77 文创园”紧随其后，总分居中，为 3.52 分，与“798 艺术区”仅仅相差 0.09 分，与其规模较小有很大关系；“竞园”在这三个项目中得分偏低，为 3.24 分，与“77 文创园”相差 0.28 分，与“798 艺术区”更是相差 0.37 分之多，据作者所了解，大概率与其影视图片的产业主题有关，其消费水平较高，相对受众人群较少。

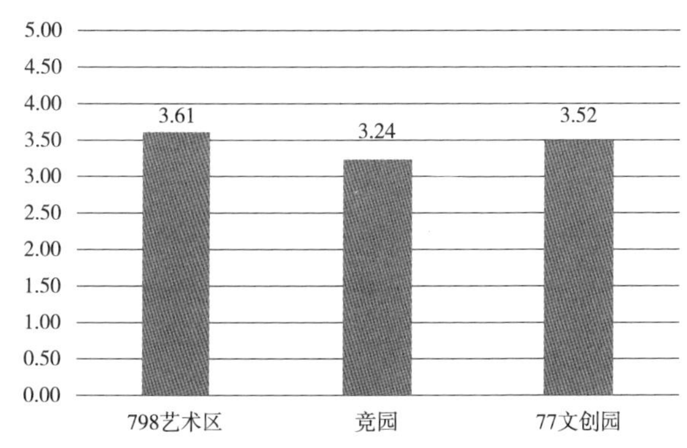

图 6-12　北京地区各项目适应性总分
（图片来源：作者自绘）

从图 6-13 和图 6-14 可以看出，北京这三个工业遗产类创意产业园项目的一级指标得分均比较高，且都在一般满意水平线之上，在 3.18~3.71 分之间。三个项目在社会适应性、环境适应性和经济适应性这三方面得分非常平均，并且三个项目之间差异较小。“798 艺术区”在社会和经济适应性方面均表现最为突出，在环境适应性方面稍逊于“77 文创园”。

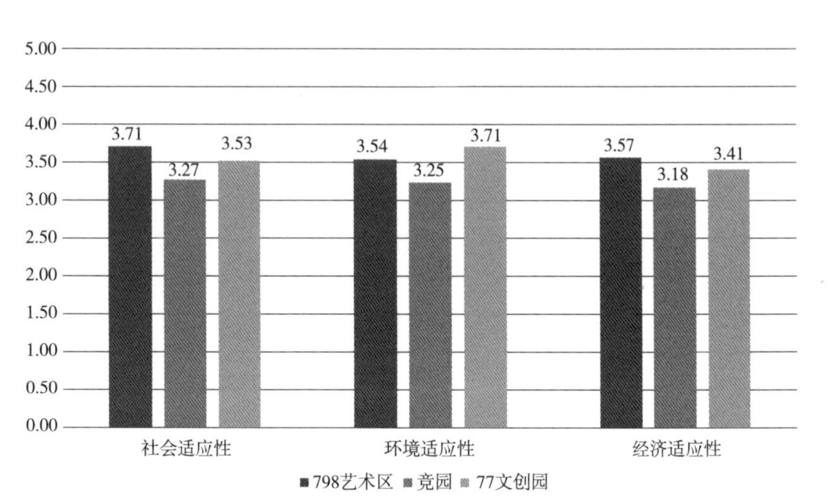

图 6-13 北京各项目一级指标得分统计图

（图片来源：作者自绘）

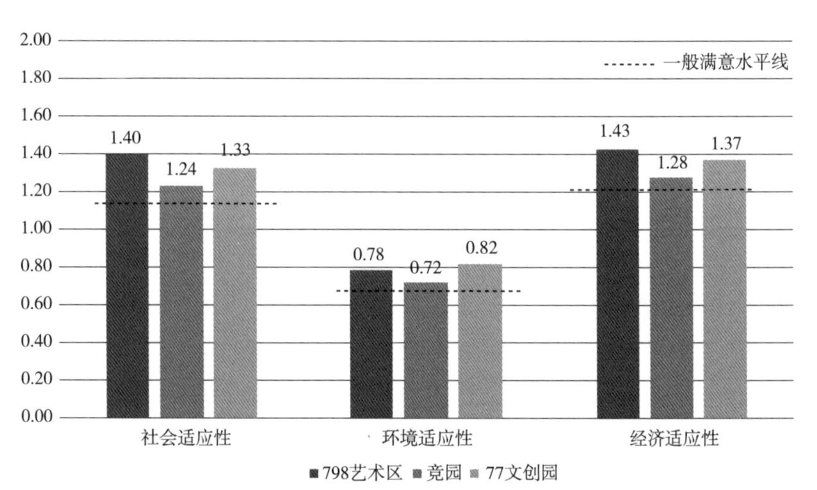

图 6-14 北京各项目一级指标加权得分统计图

（图片来源：作者自绘）

在社会适应性方面，798 艺术区得分最高，得到了 3.71 的高分，加权后得分仍然较高，为 1.40 分。竞园在这方面得分稍低，仅拿到 3.27 分，加权后也仅仅得到 1.24 分。据作者了解，公众对竞园的认可度确实不太高。在环境适应性方面，77 文创园获得了 3.71 的高分，但由于该指标权重较低，故加权得分只得到 0.82 分，798 艺术区略低于 77 文创园，得到 3.54 分，加权后为 0.78 分，由于 798 艺术区是最早的一批创意产业园，相对于晚些改造的 77 文创园，其建筑环境较为老旧，而 77 文创园整体风格更为现代规整。竞园在这方面得分最低，仅得到 3.25 分，加权后也仅基本达到一般满意，为 0.72 分。在经济适应性方面，还是 798 艺术区得分较高，为 3.57 分，由于该指标权重稍高，故加权后得分较为突出，为 1.43 分。在这方面竞园依然得到较低分数，为 3.18 分，受该指标高权重的影响，加权后得分较为突出，但在该指标中依然最低，为 1.28 分。

总的来看，这三个项目对于该城市和市民的适应性均表现出正面的影响，在社会、环境和经济三方面的适应性均高于一般满意水平，并且与水平线的距离差异很小。说明该类项目在北京均具有良好的适应性，与北京的社会、环境和经济等方面能形成良好的互动。798 艺术区在"社会适应性"和"经济适应性"两方面均高于其他两个项目，与其宣传力度和产业规划定位均有关系。而竞园在"社会适应性""环境适应性""经济适应性"三个一级指标中得分均为三个项目中的最低分，想要分析其中原因，就要从二级指标的得分结果入手，进一步分析其规律。

从图 6-15 ~ 图 6-17 可以看出，北京各项目在"社会适应性""环境适应性"和"经济适应性"这三个准则层下的二级指标得分中也体现出一

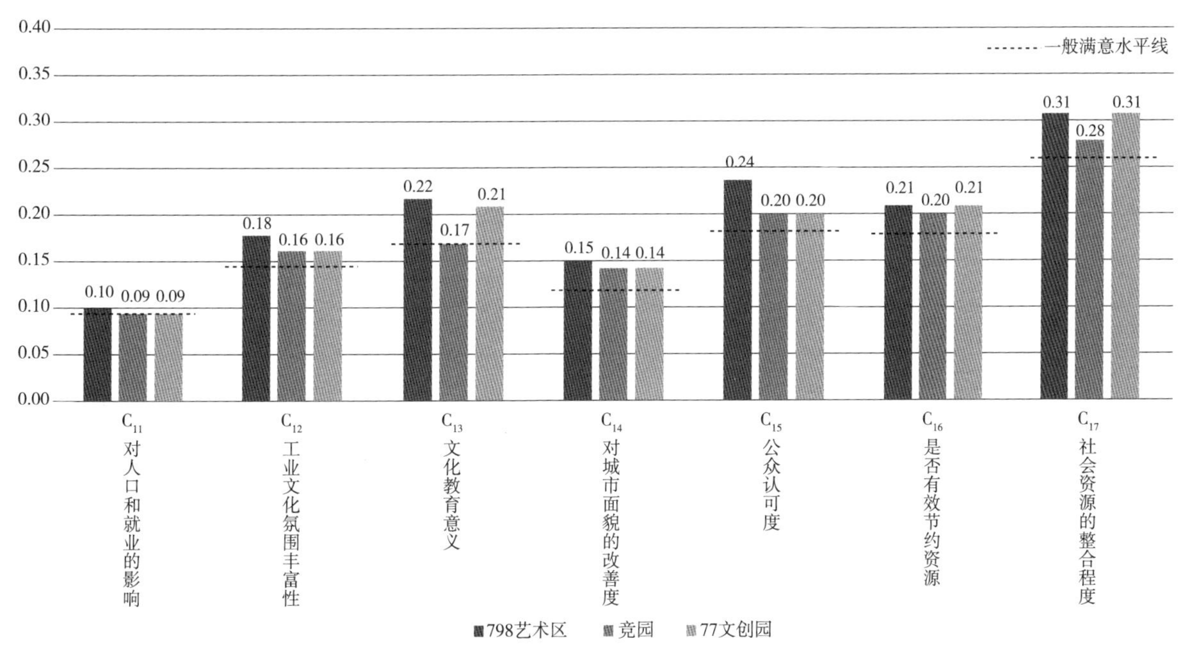

图 6-15　北京各项目"社会适应性"方面的二级指标加权得分统计图

（图片来源：作者自绘）

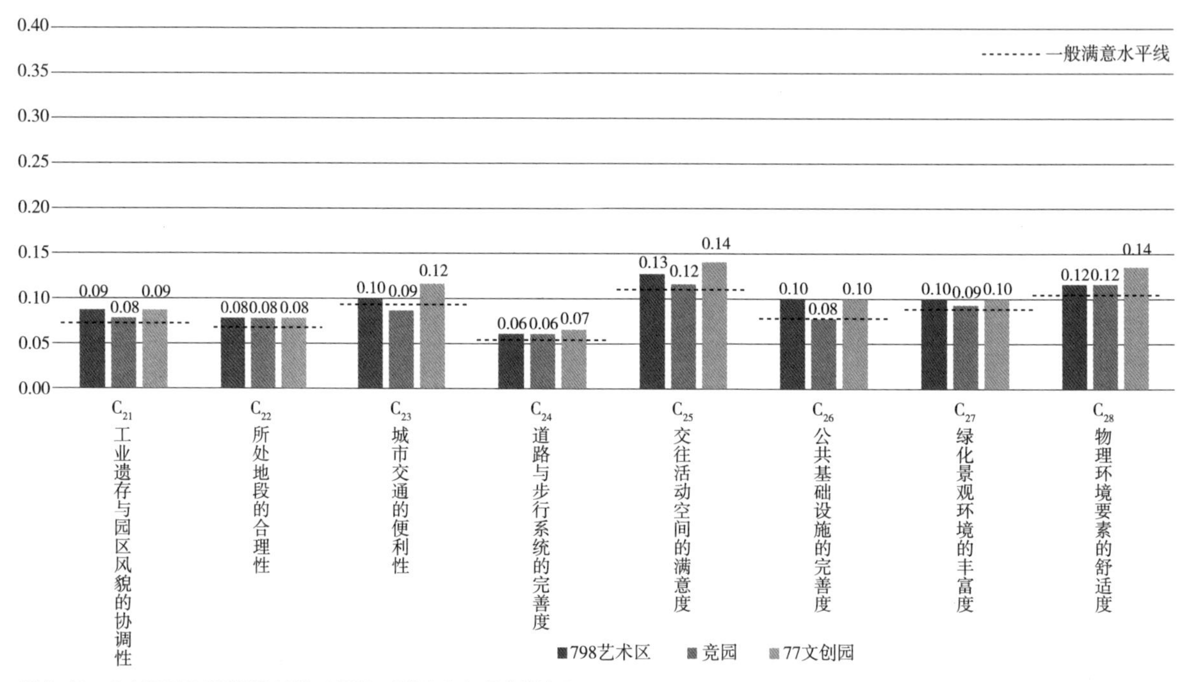

图6-16　北京各项目“环境适应性”方面的二级指标加权得分统计图
（图片来源：作者自绘）

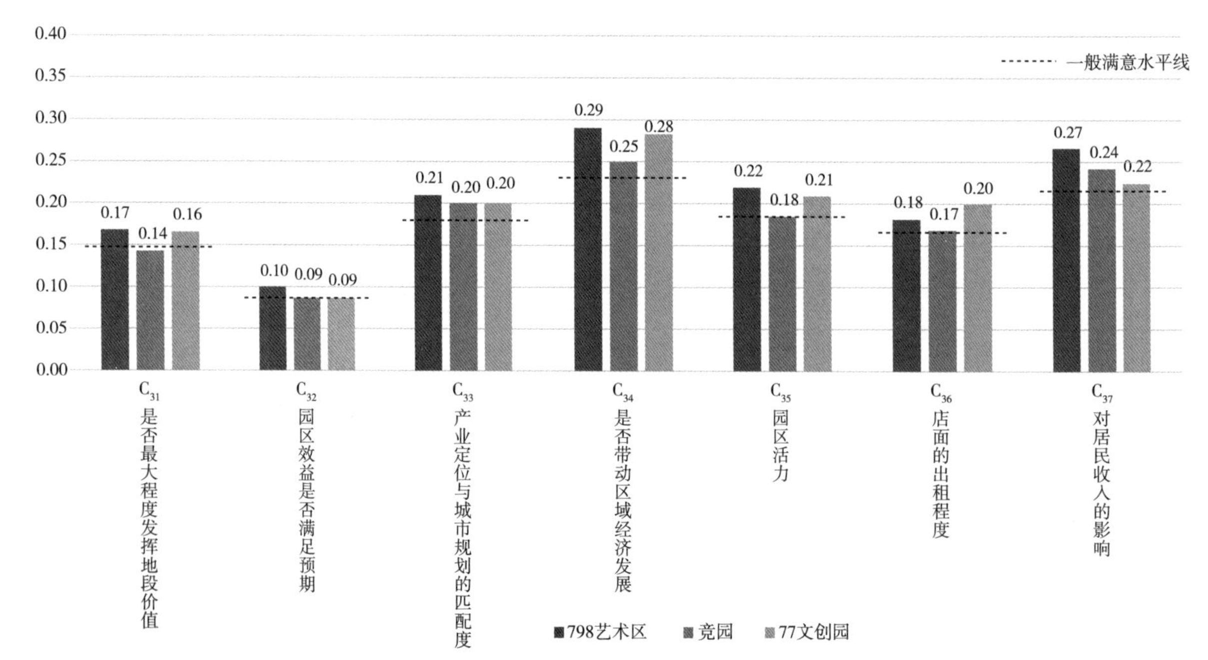

图6-17　北京各项目“经济适应性”方面的二级指标加权得分统计图
（图片来源：作者自绘）

定的差异。在“环境适应性”方面，由于各指标权重相对较低，故该层下的二级指标加权得分均较低，且各指标之间呈现出的差异也不明显。而“社会适应性”和“经济适应性”两方面各指标权重较高，导致该层下的二级指标加权得分相对较高，且各指标之间呈现的差异较为明显，但三个项目分别在各二级指标加权得分较为相近。

如图 6–15 所示，在“社会适应性”方面，各项指标得分存在一定差异，但均处于一般满意水平之上。“C_{17} 社会资源的整合程度”对于北京三个项目均为得分最高的一项指标，该指标权重较高，说明该项指标对整体社会适应性的影响较大。其中“798 艺术区”和“77 文创园”都拿到了 0.31 的高分，“798 艺术区”内聚集着各种社会资源，大到设计公司，小到小吃饮品，通过对其的整合和优化配置，达到了较成熟的水平并得到了公众的认可。“77 文创园”规模虽小，但也整合着不同的社会资源，比如舞蹈排练与培训机构、小剧院、影视创意公司、咖啡厅以及建筑业界有名的“都市实践”事务所等。“C_{11} 对人口和就业的影响”是相对得分最低的一项指标，三个项目得分均在 0.09~0.10 分之间，且仅仅达到一般满意水平。“77 文创园”和“竞园”都是以影视图片为主题的创意产业园，可以提供的就业范围较为局限。“798 艺术区”虽然业态种类较丰富，但是在作者走访过程中了解到，这里的大多工作者不以此为主业，因为靠展览、手工艺等盈利很难，所以对人口和就业没有很大帮助，并且工作室大多处于闭馆状态，只有少数真正的艺术家在此进行创作并以此谋生。其实就创意产业园这种新兴产业来说，所需的人才较为年轻化、艺术化，确实在人口和就业方面无法提供很多贡献。“798 艺术区”和“77 文创园”在“C_{13} 文化教育意义”上所得的分数与“竞园”差异性最大，“竞园”仅仅得到 0.17 分，刚达到一般满意水平，其他两个项目远高于它。作者走访时，“798 艺术区”和“77 文创园”都频繁举行过较为大众化、有参与感的活动，很大程度上丰富了市民的文娱生活，其中不乏有一些文化教育类的活动，从而增加了“C_{13} 文化教育意义”。

如图 6–16 所示，在“环境适应性”方面，各指标加权得分基本保持在一般满意水平线之上。“C_{25} 交往活动空间的满意度”和“C_{28} 物理环境要素的舒适度”是得分相对最高的两项，其中“77 文创园”在这两项指标中均得到 0.14 的高分。“77 文创园”的开发者和设计者在设计前期咨询了众多建筑界设计大师的意见，受到霍尔“开放空间”思想的启发，将园区内五栋建筑以连廊形式连接穿插起来，营造出有趣的光影效果，增加了人与人交流的可能性。同时，园区的装饰设计风格很好地将工业风和现代风格相结合。“C_{23}城市交通的便利性”是三个项目差异最大，且相对离一般满意水平线最近的一项指标，三个项目在该项指标中的加权得分在0.09~0.12分之间。其中“竞园”得分最低，为0.09分，“竞园”相对停车位较为充足，但公交站点位置设置不合理，作者几次访问，都听到园区使用者抱怨这一相同问题。“798艺术区”距离市中心较远，虽然有一些公交和地铁，但站点距离园区还有一段距离，一定程度上给游客的出行带来不便。“77文创园”在该指标中得分较高，为0.12分，相对“798艺术区”公共交通较为便利，距离1公里有地铁东四站，距离300米有公交美术馆东站，但由于位于东城核心区，地价较高，园区内规划的停车位较少，给该园区的工作人员和来此办事的人们带来不便。这三个项目在“C_{23}城市交通的便利性”问题上处理得都不够完善，给大家带来不同程度的不便。此外，“C_{21}工业遗存与园区风貌的协调性”“C_{22}所处地段的合理性”“C_{26}公共基础设施的完善度”“C_{27}绿化景观环境的丰富度”四个指标上得分在0.08~0.10之间，与一般满意水平线基本齐平。三个项目均在一定程度上保留了旧工业遗迹作为构筑物或景观要素，例如“798艺术区”保留下来的锯齿形现浇筒壳结构厂房、室外纵横的管道和墙上随处可见的涂鸦，“77文创园”的老烟囱、烫金模切机等，都极具工业特色和氛围，能够唤起人们对工业时代的记忆。

如图6-17所示，在“经济适应性”方面，各指标和各项目的加权得分之间差异相对较大，但基本达到一般满意水平之上。“C_{34}是否带动区域经济发展”对于北京三个项目均为得分最高的一项指标，其中“798艺术区”得分最高。如今“798艺术区”已发展成为北京热门旅游景点之一，各地游客会到此观光。虽然“798艺术区”最初是被一批艺术家发掘的，但随着名气的增大，大量商业渗入形成规模，带动了当地消费。“竞园”也得到0.25分，该园区以图片媒体产业为主，吸纳了摄影、传媒、广告等方面的多个知名机构入驻，这类中高端产业的发展必然带动一定区域范围内的经济发展。但从“C_{32}园区效益是否满足预期”的加权得分来看，这种促进显然没有达到人们的预期。“798艺术区”加权得分为0.10分，该园区虽早期名声大噪，现在也被大多游客所认可，但据作者了解，近年来 798 文创公司的经营效益并不乐观，甚至常年亏损。“竞园”加权得分为 0.09 分，可以看出虽然一些企业可以带动经济发展，但对于普通老百姓而言具有很大局限性，市民对其效益的认可度并不高。而且据作者了解园区一些店面的流动性很强，经常有运营不善的店面不断更替。

（2）天津地区各项目适应性后评价结果比较

如图 6–18 所示，天津大多数该类项目适应性良好，在 3 分以上，只有一个项目未达到 3 分。但三个项目得分相差很少，在 2.99~3.19 分之间，说明该类项目在天津的适应性较一般。其中“棉三创意街区”适应性得分最高，与其为天津市最大规模工业遗产类创意产业园有关；“巷肆创意产业园”紧随其后，总分居中，为 3.13 分，与“棉三创意街区”仅仅相差 0.06 分，说明如此小规模的改造还是为城市带来了一定积极影响；“意库创意产业园”在这三个项目中得分偏低，仅获得 2.99 分，与“巷肆创意产业园”相差 0.14 分，与“棉三创意街区”更是相差 0.20 分之多，据作者了解，该园区建设时间较早，设计手法和管理方法较为局限，导致今天的园区内环境脏乱、空间失序。

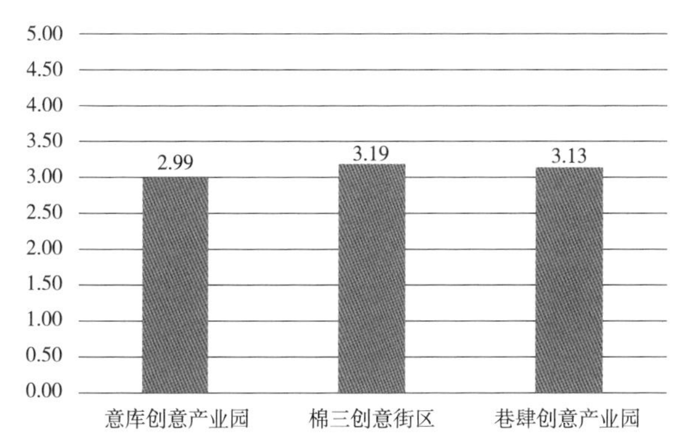

图 6–18　**天津地区各项目适应性总分**
（图片来源：作者自绘）

从图 6–19 和图 6–20 可以看出，天津这三个工业遗产类创意产业园项目的一级指标中，社会适应性和环境适应性得分较高，项目之间得分差异很小，且都在一般满意水平线之上，在 3.25~3.38 分之间。而经济适应性

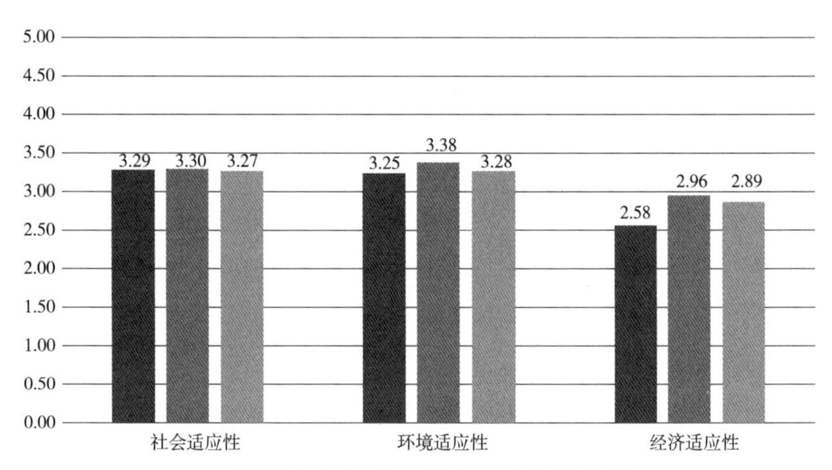

图 6-19 天津各项目一级指标得分统计图

（图片来源：作者自绘）

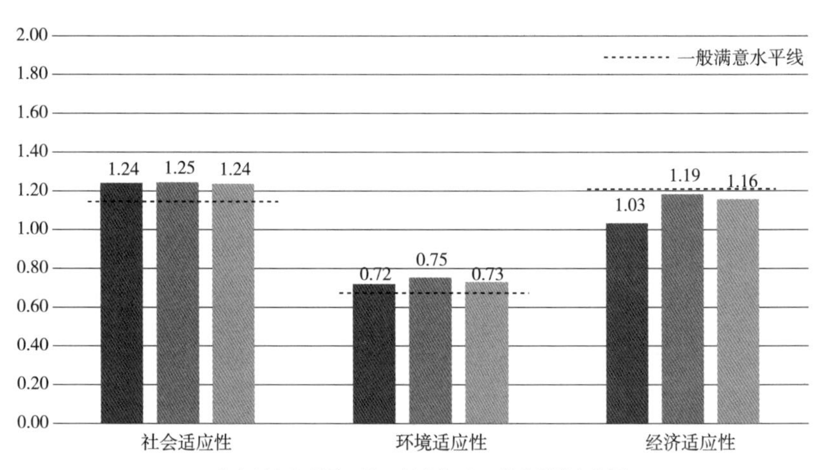

图 6-20 天津各项目一级指标加权得分统计图

（图片来源：作者自绘）

方面，三个项目得分均低于一般满意水平线，意库创意产业园在该方面适应性明显低于其他两个项目。

在社会适应性方面，“棉三创意街区”和“意库创意产业园”得分非常接近，分别得到 3.30 分和 3.29 分的高分，“巷肆创意产业园”也得到了 3.27 分，与其他两个项目分数相差甚微，受权重影响，使得三个项目加权后得分更为相近。据作者了解，公众对这三个项目的认可度基本相似。在环境适应性方面,“棉三创意街区”获得了 3.38 的高分,但由于该指标权重较低,故加权得分只得到 0.38 分,“意库创意产业园”和“巷肆创意产业园”得分略低于“棉三创意街区”,分别得到 3.25 分和 3.28 分,“意库创意产业园”建设较早,目前建筑和环境都较为破旧,而“巷肆创意产业园”近年才成立,无论在改造手法和环境营造方面都更为合理有序,两个项目加权后得分更为接近,分别为 0.72 分和 0.73 分,刚刚达到一般满意水平以上。在经济适应性方面,天津这三个项目分数均未达到一般满意水平,说明这些园区没有在经济方面给城市和市民带来较好的收益。“棉三创意街区”得分较高,为 2.96 分,加权后得分为 1.19 分,“意库创意产业园”在这方面依然得到较低分数,为 2.58 分,虽然该指标权重较高,但加权后得分依然较低,为 1.03 分,与一般满意水平线相差较远。

总体来看,这三个项目在社会适应性和环境适应性方面均能较好地适应该城市与市民,而经济适应性方面相对不太尽如人意。“棉三创意街区”在“社会适应性”“环境适应性”“经济适应性”三个一级指标中均高于其他两个项目,与其规模、业态多元化和政府支持均有关系。而“意库创意产业园”在“环境适应性”和“经济适应性”两方面得分均为三个项目中的最低分,想要分析其中原因,就要从二级指标的得分结果入手,进一步分析其规律。

从图 6–21 ~ 图 6–23 可以看出,天津各项目在“社会适应性”“环境适应性”和“经济适应性”这三个准则层下的二级指标得分中也体现出一定差异。“社会适应性”各二级指标高于一般满意水平线较多,“环境适应性”各二级指标大多刚刚达到一般满意水平,“经济适应性”各二级指标大多都没有达到一般满意水平。除个别二级指标以外,三个项目在各二级指标得分方面较为相近。

图 6–21 所示,在“社会适应性”方面各项指标得分存在一定差异。“C_{17} 社会资源的整合程度”对于天津三个项目均为得分最高的一项指标,与其所占权重(0.086)较高有关,但也高于一般满意水平线较多。其中“意库创意产业园”拿到了 0.29 的高分,虽然该园区整体建筑环境较为老旧,但其业态种类较为多元化,包括摄影、游泳馆、品牌折扣店、建筑设计公司等。通过对这些社会资源的整合优化,给该城市和市民带来一定积极的社会影响。“棉三创意街区”和“巷肆创意产业园”在该指标中得分与“意

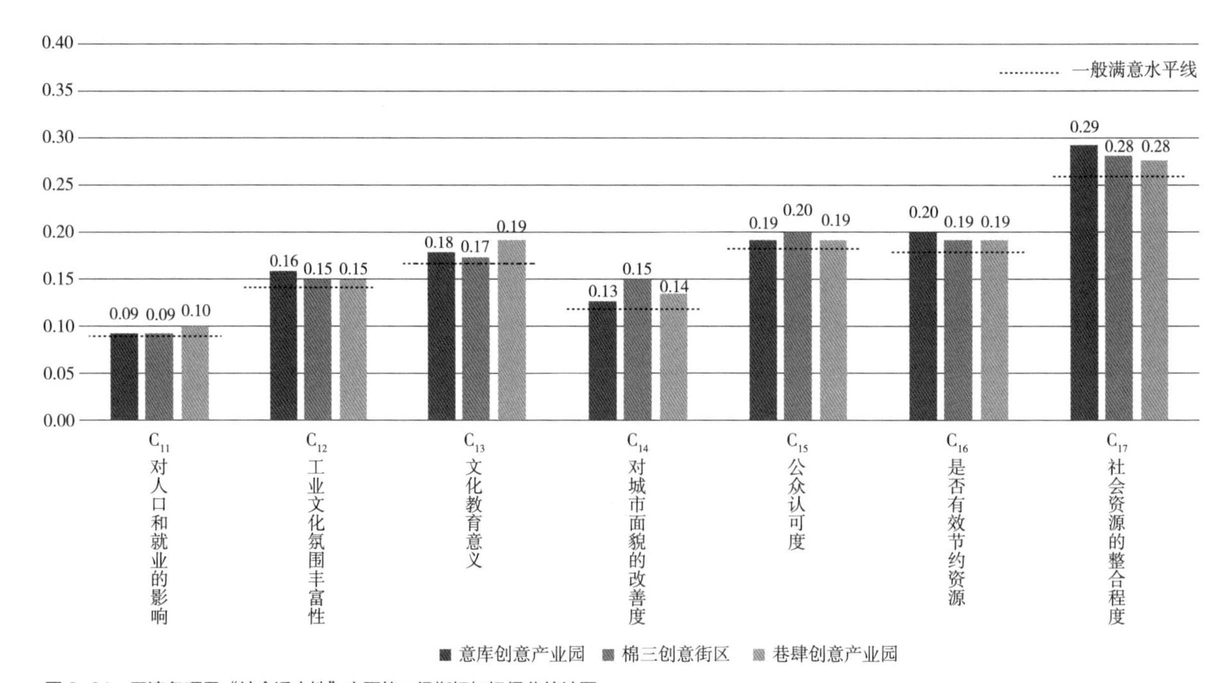

图 6-21 天津各项目“社会适应性”方面的二级指标加权得分统计图

（图片来源：作者自绘）

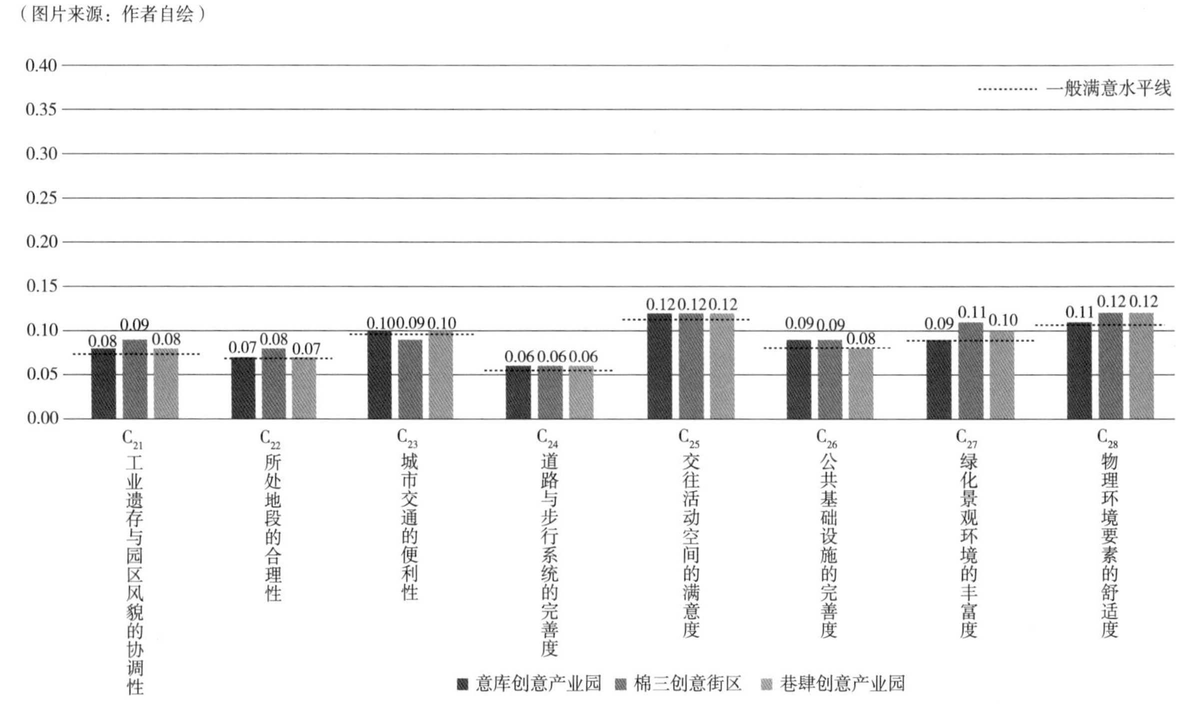

图 6-22 天津各项目“环境适应性”方面的二级指标加权得分统计图

（图片来源：作者自绘）

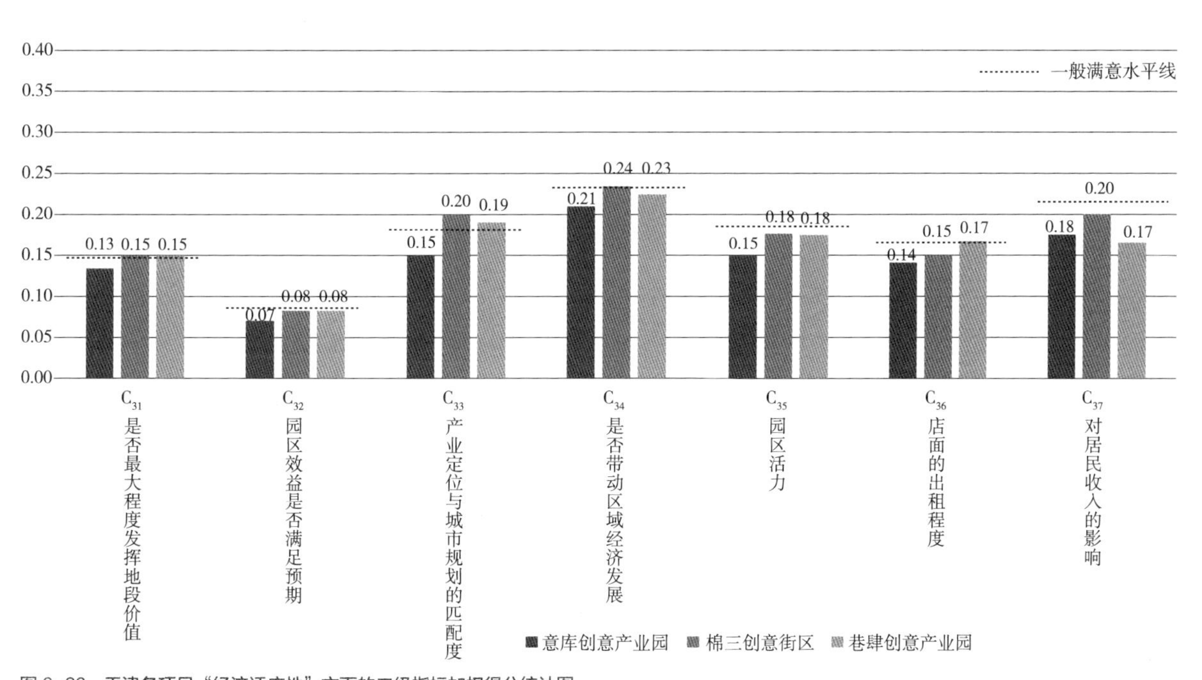

图 6-23　天津各项目“经济适应性”方面的二级指标加权得分统计图
（图片来源：作者自绘）

库创意产业园”不相上下，说明在这方面也得到了公众的认可。“C_{11} 对人口和就业的影响”指标相对得分最低，三个项目得分均在 0.09~0.1 分之间，仅达到一般满意水平。“意库创意产业园”虽然在早期确实为人们提供了许多就业岗位，但随着园区管理不善，后续并没有新的企业入驻，无法持续提供就业机会，人口流动性也很小。而“棉三创意街区”和“巷肆创意产业园”以“互联网 +”和时尚艺术为主要业态，更适合年轻一代。三个项目在“C_{14} 对城市面貌的改善度”上所得分数差异较为明显，“棉三创意街区”得分最高。该园区位于海河沿岸，带有工业风的厂区建筑与周边环境和谐统一的同时，也带来更有层次的城市面貌。而“意库创意产业园”得分最低，其相对死板的空间布局和破旧的建筑环境并没有给城市面貌带来改善。

如图 6-22 所示，在“环境适应性”方面，加权得分基本达到一般满意水平线，三个项目得分差异很小。“C_{25} 交往活动空间的满意度”和“C_{28} 物理环境要素的舒适度”是得分相对较高的两项指标，三个项目均得到 0.12 分左右，表现都较突出。其中对于“棉三”旧址的改造，是在完好继承其历史文化底蕴的同时赋予新的时代意义，让棉三创意街区保留了具有历史价值的工业厂房和德式建筑风格，改造后，被保留下来的厚重的砖墙、林立的管道、斑驳的地面使整个空间充满了工业文明时代的沧桑韵味。同时植入了文化创意元素，更为注重建筑的艺术性与实用性的兼容，恢复历史风貌的棉三老厂房也成为国内外艺术家和知名品牌创意设计公司青睐的办公场所。"C_{24} 道路与步行系统的完善度"是相对得分较低的一项指标，三个项目都只得到 0.06 分，其中"意库创意产业园"里随处停放机动车和自行车，没有明确的步行道路划分，有的步行道则被车占道，道路系统极其混乱。此外，"C_{21} 工业遗存与园区风貌的协调性""C_{22} 所处地段的合理性""C_{26} 公共基础设施的完善度""C_{27} 绿化景观环境的丰富度"四个指标上得分在 0.07~0.11 之间，与一般满意水平线基本齐平。三个项目均在一定程度上注重了景观绿化的营造，例如"意库创意产业园"建筑周边大面积的行道树，"棉三创意街区"带有工业印记的景观小品，都能够给人们带来较好的体验。

如图 6-23 所示，在"经济适应性"方面，各指标之间的加权得分差异较大，只有几项指标达到一般满意水平之上。"C_{34} 是否带动区域经济发展"对于天津三个项目均为得分较高的一项指标，其中"棉三创意街区"得分最高，为 0.24 分，不过也仅仅达到一般满意水平线。因为"棉三创意街区"是政府扶持力度较大、规模较大的一个项目，据作者了解，园区建设初期经过两年多的开发建设和招商运营，已经入驻了 160 多家企业，每年为天津市在税收方面创收将近 1 亿元，有效推动了区域经济发展。"巷肆创意产业园"和"意库创意产业园"都没有达到一般满意水平，得分分别为 0.23 分和 0.21 分，规模过小和入驻企业过于传统，都不能有效带动区域经济发展。但从"C_{32} 园区效益是否满足预期"的加权得分来看，"棉三创意街区"的经济发展并没有达到预期，据园区使用者反映，近年来政府的支持逐步下降，天津创意产业园整体气氛未能营造出来，"棉三"主打文化美术类主题，靠举办活动多支撑，2017 年累计举办 45 场文创类活动，但平时人流根本不足，无法进行效益转换。此外，"C_{35} 园区活力""C_{36} 店面的出租程度""C_{37} 对居民收入的影响"几项指标得分均未达到一般满意水平，作者在走访过程中发现这三个园区人流量很小，大多都是园区内企业工作人员。

（3）唐山地区各项目适应性后评价结果比较

唐山该类项目适应性较弱，两个项目均未达到一般水平。如图 6–24 所示，启新 1889 得分稍高，为 2.53 分。陶瓷文化创意中心与其相差甚微，为 2.51 分，可见该类项目对于唐山城市和市民的适应性较差。这个分数与最初“启新 1889 文化创意产业园”项目的改造给作者带来的震撼不相符。但其适应性分数之低，一定程度上说明项目并没有为该城市或市民做出很大贡献。

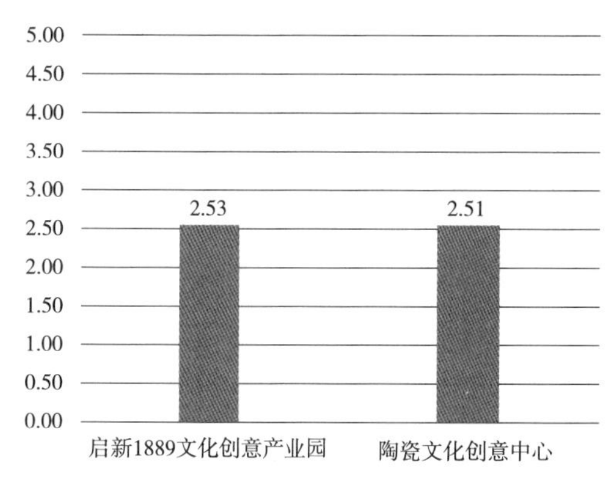

图 6–24　唐山地区各项目适应性总分
（图片来源：作者自绘）

从图 6–25 和图 6–26 可以看出，唐山这两个工业遗产类创意产业园项目的一级指标得分都没有达到一般满意水平，在 2.14~2.91 分之间。图 6–25 显示两个项目在社会适应性、环境适应性和经济适应性这三方面得分比较平均，环境适应性方面得分相对较为突出。

在社会适应性方面，唐山这两个项目都没有达到一般满意水平，陶瓷文化创意中心得分较高。启新 1889 文化创意产业园在这方面略低，得到 2.72 分。据作者了解，当地市民对“启新 1889”带来的社会影响认可度不高。在环境适应性方面，启新 1889 文化创意产业园得分明显高于陶瓷文化创意中心，得到 2.91 分，但由于该指标权重较低，故两个项目加权得分相差不多，分别为 0.64 分和 0.58 分。在经济适应性方面，两者相差无几，得分上陶瓷文化创意中心略高，为 2.16 分，加权后两者分数相近，均为 0.86 分，但从图中可以看出，这两个项目在经济适应性方面远远达不到一般满意水平。

总的来看，这两个项目整体适应性较差，没有给城市和市民带来太多

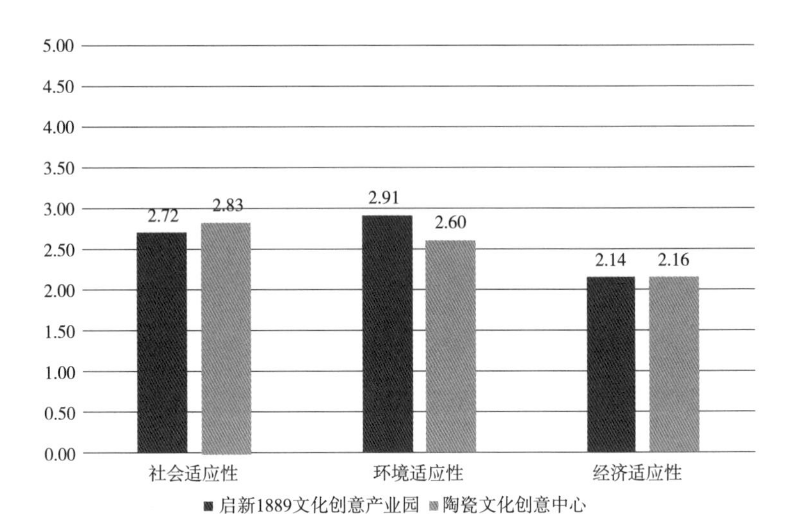

图 6-25 唐山各项目一级指标得分统计图

（图片来源：作者自绘）

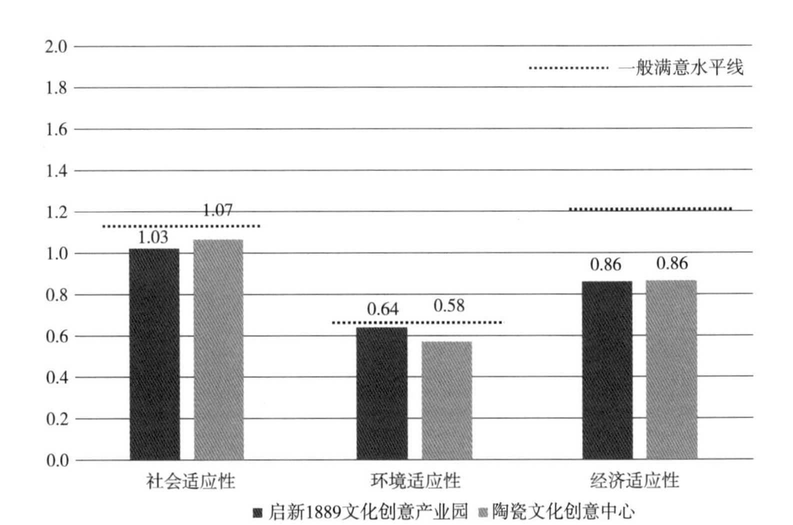

图 6-26 唐山各项目一级指标加权得分统计图

（图片来源：作者自绘）

正面的反馈。“启新 1889”虽然是规模较大且比较有名的项目，但是“社会适应性”和“经济适应性”两方面得分并不高，甚至略低于“陶瓷文化创意中心”，想要分析其中原因，就要从二级指标的得分结果入手，进一步分析其规律。

从图 6-27 ~ 图 6-29 可以看出，唐山各项目在“社会适应性”“环境适应性”和“经济适应性”这三个准则层下的二级指标得分中体现出一定

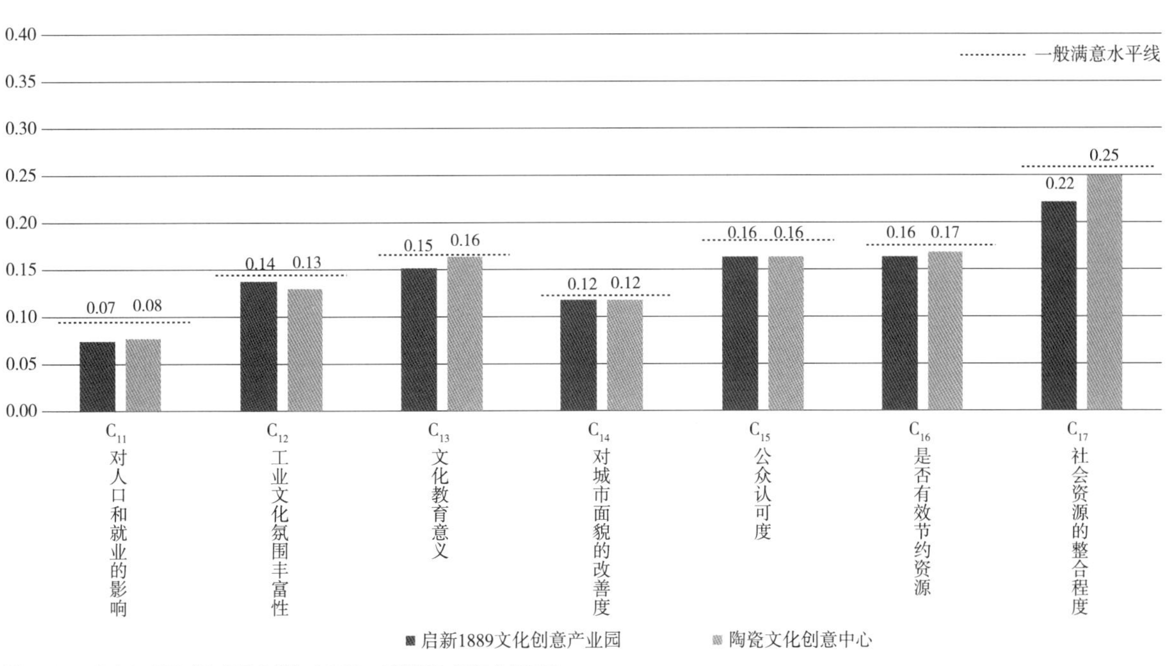

图 6-27　唐山各项目“社会适应性”方面的二级指标加权得分统计图
（图片来源：作者自绘）

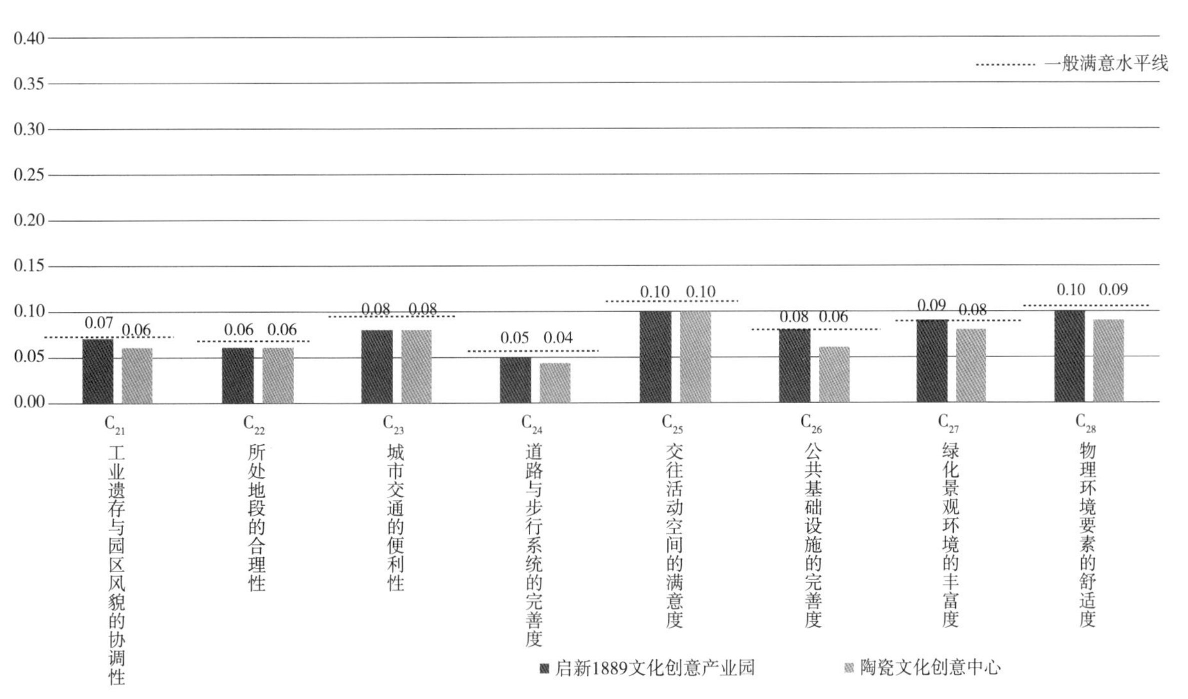

图 6-28　唐山各项目“环境适应性”方面的二级指标加权得分统计图
（图片来源：作者自绘）

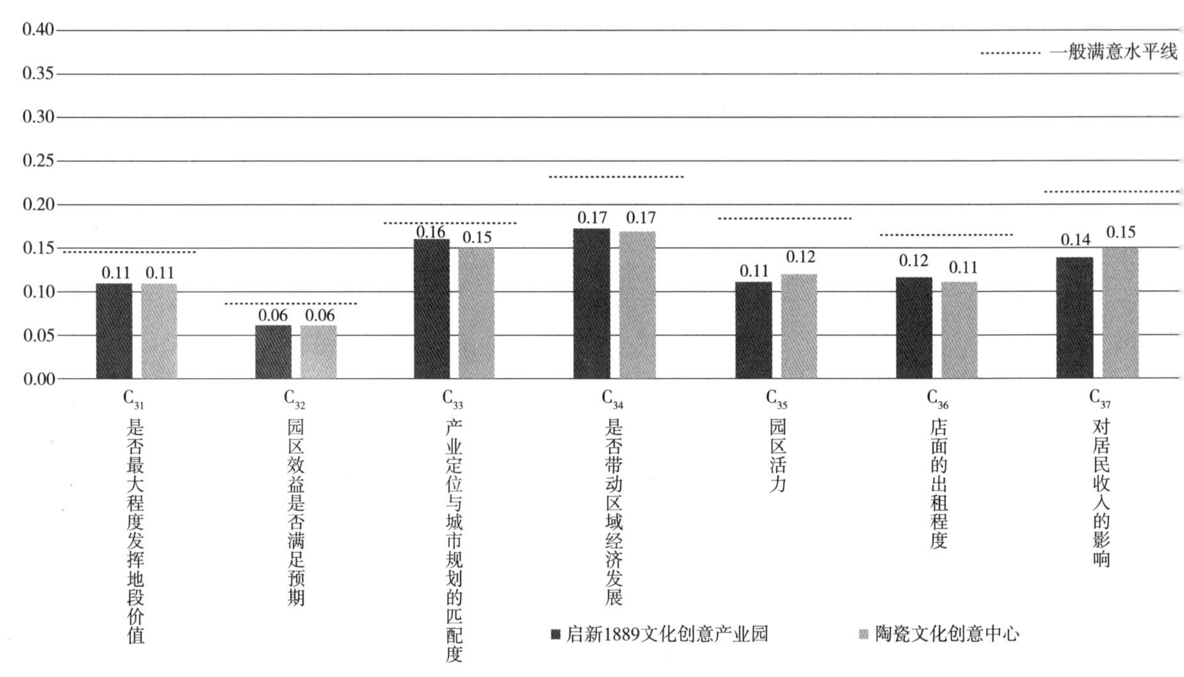

图 6-29　唐山各项目“经济适应性”方面的二级指标加权得分统计图

（图片来源：作者自绘）

差异。“社会适应性”和“环境适应性”中还有个别二级指标得分刚刚达到一般满意水平，经济适应性无一指标得分达到一般满意水平，且与一般满意水平线相差较多。两个项目之间得分结果大体相近。

如图 6-27 所示，在“社会适应性”方面，各项指标虽然得分存在一定的差异，但大多数是低于一般满意水平线的。“C_{17} 社会资源的整合程度”对于唐山的两个项目均为得分稍高的一项指标。“启新 1889”虽然规模大，主打以博物馆为首的工业遗产文化旅游主题，但是并没有引入其他企业，导致该项目的业态种类比较单一，受众人群少，没有充分地整合社会资源。最为接近一般满意水平线的两项指标是“C_{12} 工业文化氛围丰富性”和“C_{14} 对城市面貌的改善度”。“启新 1889”最大程度地保留了水泥厂原貌，随处可见的水泥厂废弃管道和斑驳残破的墙体被保留下来，走在其中，每个角落都能感受到旧工业文化的气息，整个园区被打造成唐山的新名片。据作者走访中对“陶瓷文化创意中心”周边的常住居民了解到，之前这里是一片废墟，后来政府有意打造唐山环湖陶瓷文化创意小镇，从陶瓷公园到创意文化中心的建设，为改善唐山城市形象做出了贡献。另外，来“启新1889”参观的人以成团形式居多，比如有党建学习小组来此了解城市工业历史，或者学校组织老师同学参观水泥博物馆，亲身体验水泥和陶瓷的制作过程，而“陶瓷文化创意中心”三楼则有大空间展厅进行陶瓷艺术品的展览,园区里更有“李明久艺术馆”供人们参观以更加了解陶瓷的历史文化，这些都具有一定文化教育意义,因此在“C_{13} 文化教育意义”意向的分较高。

如图 6–28 所示，在“环境适应性”方面，唐山各项目指标均未达到一般满意水平，加权得分均在 0.08 分上下。“C_{25} 交往活动空间的满意度”方面由于权重占比较高，加权后得分较高，两项目均为 0.10 分，但与一般满意水平线相差较多。“启新 1889”因打造工业旅游文化，规模宏大，但是因为其场地过为空旷，少有能够满足使人驻足的活动空间，未能形成良好的交流场所。“陶瓷文化创意中心”较为商业化，园区内的交流休憩空间明显不足，餐厅、超市之类的基础设施也不够完善。作者从实地走访中了解到，一些市民对“启新 1889”项目还是比较认可，但普遍认为“C_{22} 地段的合理性”方面有些可惜，园区所在位置较为偏僻，并且被周围的立交桥和高层住宅所遮挡，“C_{23} 城市交通的便利性”也较差，距离最近的公交站也要 1.2km 左右，开车需要从立交桥上绕更远的路，导致市中心的人们不太愿意到这里游览。“陶瓷文化创意中心”园区内保留下来的旧工业遗迹非常少，已经很难看出来是工业遗产改造的了，故“C_{21} 工业遗存与园区风貌的协调性”很差，仅有 0.06 分。

如图 6–29 所示，在“经济适应性”方面，唐山各指标的加权得分之间差异较大，两项目分数之间相差很小，但都低于一般满意水平线很多，说明在经济适应性方面，这两个项目并没有为城市和市民带来积极的影响。“C_{35} 园区活力”方面，加权得分在 0.11~0.12 之间，在作者多次实地走访中明显可以看出，两个项目都是人迹罕至，“陶瓷文化创意中心”里大多都是艺术陶瓷经营者、资深书画鉴赏家和陶瓷收藏家，极少看到买家和参观者来访。“启新 1889”也大多是园区的管理人员或古玩城里的商家，来访者一般是来此参加培训或考察，周边居民很少来这里闲逛，园区中的餐厅和展馆利用率也很低。这也一定程度上说明这两个项目与唐山的经济发展不能形成良好的互动，故在“C_{34} 是否带动区域经济发展”方面加权得分离一般满意水平相差甚远，两项目均为 0.17 分。从“C_{32} 园区效益是否满足预期”的加权得分（0.06 分左右）来看，离人们预期差得很远，“启新 1889”当初政府大力支持改造建设，甚至请知名设计团队进行改造设计，虽然作为外地参观者多次被这些改造后的工业遗迹所震撼，但其并没有给当地市民和所在城市带来良好的经济发展，经济适应性很差。

6.5.3　各城市之间的适应性各评价指标比较

（1）总体评价结果比较

从图 6-30 中可以看出，在满分 5 分的情况下，北京地区工业遗产类创意产业园适应性平均得分最高，有 3.46 分，接近“比较满意”（4 分）程度。天津地区该类项目适应性平均得分 3.10 分，处于中等水平。而唐山地区该类项目适应性平均得分 2.52 分，相对较低。

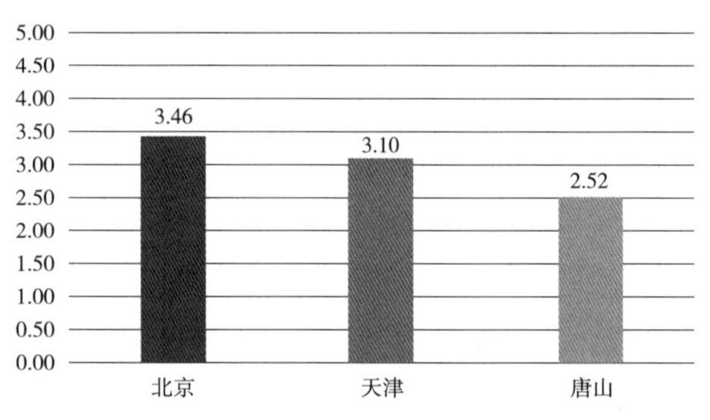

图 6-30　工业遗产类创意产业园适应性后评价各城市得分

由此说明，就适应性方面来看，北京地区的工业遗产类创意产业园适应性较强，在北京发展这类项目比较适合，能为该城市发展带来积极正面的影响并得到当地市民的认可。天津地区的工业遗产类创意产业园从规模来看明显不如北京大，适应性一般，如果政府支持和宣传力度再大一些，也许能更好发展。而唐山地区的工业遗产类创意产业园项目则受城市等级影响较大，可控性较差，导致适应性较弱，普遍得不到公众的认可。

进一步比较分析，从图 6-31 和图 6-32 中可以看出，京津唐地区在社会适应性、环境适应性和经济适应性三个方面的得分依次呈现出递减的状态。在“社会适应性”和“经济适应性”两方面，北京地区显然更有优势，

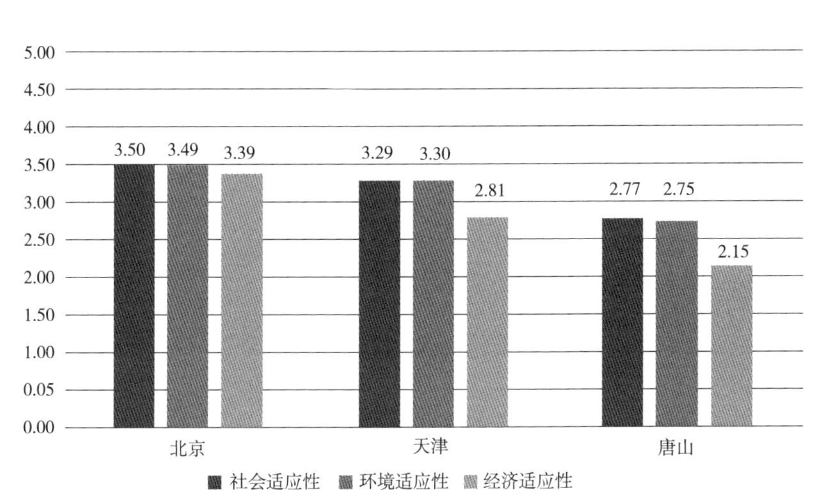

图 6-31　京津唐地区工业遗产类创意产业园适应性各准则层得分
（图片来源：作者自绘）

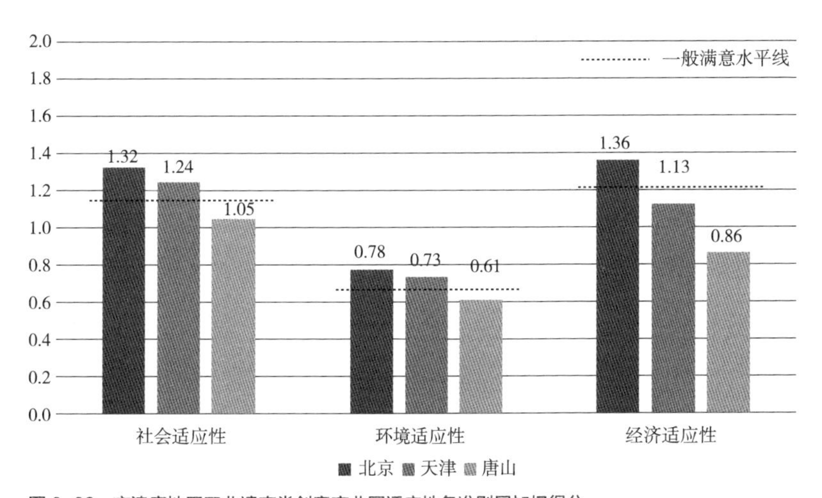

图 6-32　京津唐地区工业遗产类创意产业园适应性各准则层加权得分
（图片来源：作者自绘）

天津地区次之，均都超过了一般满意水平，唐山地区则相对处于劣势，均未达到一般满意水平，尤其是在“经济适应性”方面，和其他两地区的差距较大。在“环境适应性”方面，各城市差异较小，是三个方面中最可控的一项，但北京地区依然要稍好一些。

（2）社会适应性方面各指标评价结果比较

通过图 6-33 发现，京津唐地区在社会适应性二级指标中得分均呈现出阶梯递减的趋势，说明整体来看，该类项目对于北京的社会适应性最好，

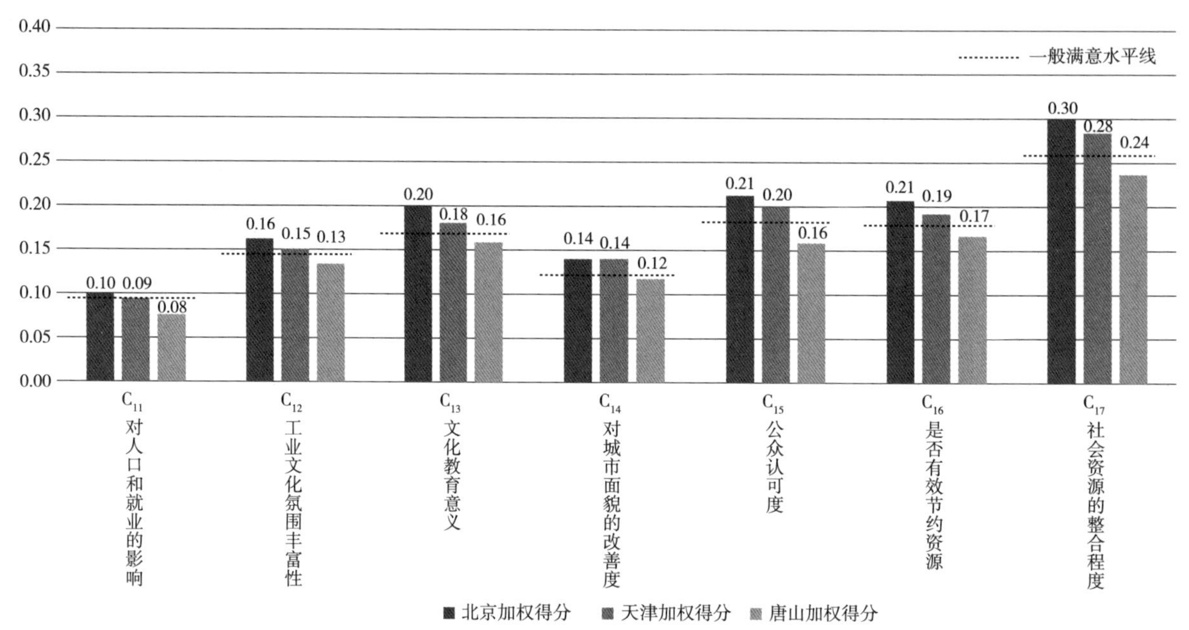

图 6-33　京津唐地区该类项目“社会适应性”方面的二级指标加权得分统计图

（图片来源：作者自绘）

其次是天津地区，唐山地区稍显落后。北京和天津地区社会适应性二级指标中的得分均处于一般满意水平线之上，说明该类项目对北京和天津的社会适应性良好。而唐山地区得分均处于一般满意水平线之下，说明该类项目对唐山地区的社会适应性较差，没有给城市带来积极正面的社会影响，得不到当地市民的认可。

“C_{11} 对人口和就业的影响”方面，三个城市得分均较低，京津地区得分均与一般满意水平线齐平，唐山地区得分则略低于一般满意水平线。说明工业遗产改造项目中发展创意产业园应自身业态类型的局限性，无法为城市提供太多的就业机会和条件。而唐山地区相较于京津地区较为落后，更加缺乏创意产业方面的人才，因此在该指标中得分更低一些。

“C_{13} 文化教育意义”和“C_{17} 社会资源的整合程度”方面，北京地区项目得分较为突出，据作者走访过程中了解到，北京在文化创意方面的优秀人才较多，加之政府支持力度较大，所以在发展该类项目时充分考虑到现有社会资源的优劣势，对其进行合理利用和整合，许多园区会定期举行文化活动或者艺术展览，吸引了各地游客参观，年轻父母也会带孩子来此感受艺术氛围，该城市营造出较好的文化氛围。北京许多工业遗产类创意产业园项目在全国较为知名，并得到当地市民的认可，故“C_{15} 公众认可度”得分较高。而唐山在文化创意方面的人才较为匮乏，加之很大一部分市民对文化创意产业并不关注和了解，城市缺乏文化氛围，因此在社会方面不能良好地适应城市和市民。而天津的社会适应性各二级指标得分介于北京和唐山之间。

（3）环境适应性方面各指标评价结果比较

通过图 6-34 发现，各城市在环境适应性方面的影响较为一般且差异性较小，说明环境适应性受城市等级和社会文化影响较小，更多体现在设计层面，较为可控。但依旧可以看出北京地区各指标得分最高，且均高于一般满意水平；天津地区各指标得分稍低，但也都基本达到一般满意水平；而唐山地区各指标得分最低，均处于一般满意水平之下，但与京津地区得分相差不多。

“C_{25} 交往活动空间的满意度”是三个城市加权得分最高的一项指标，

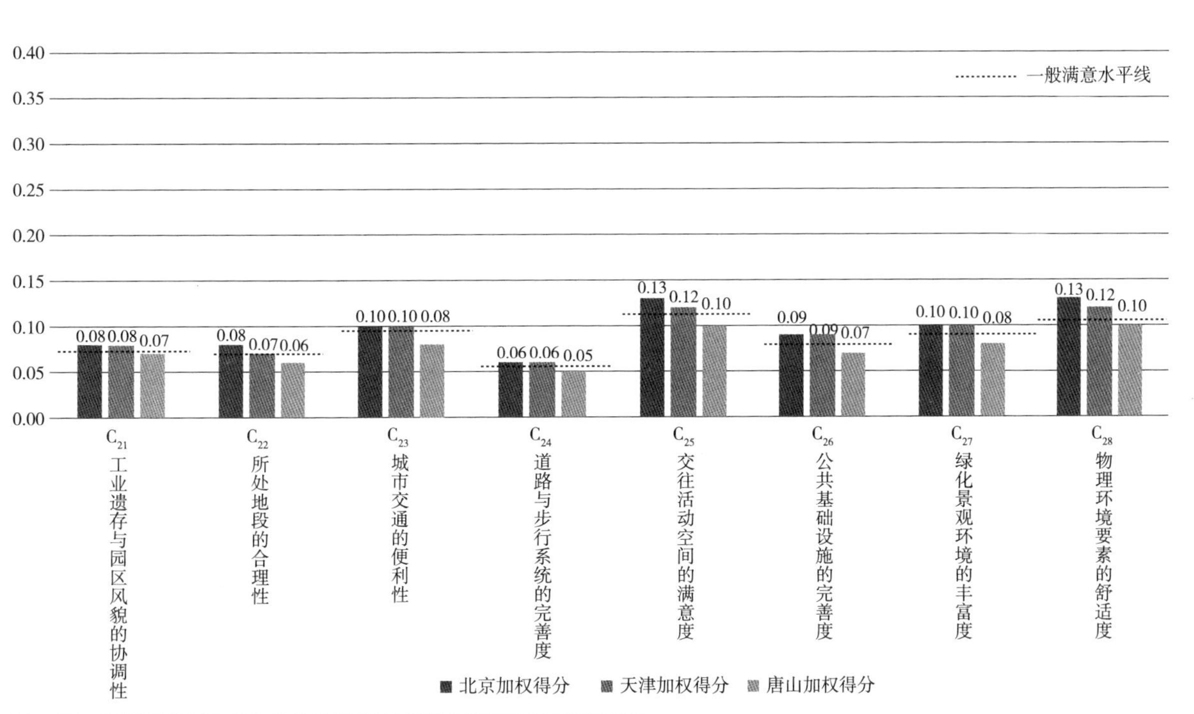

图 6-34　京津唐地区该类项目“环境适应性”方面的二级指标加权得分统计图

（图片来源：作者自绘）

说明在旧工业遗产改造中，人们较为注重公共空间的塑造，而北京地区的创意产业项目发展较为成熟，在改造设计手段上更为丰富，不仅有明显的小广场供人们活动，还经常看到高低错落的空中连廊和平台，促进人们之间交流，天津在这方面做得也比较好。而唐山项目在设计交往活动空间时，手法较为单一，通常只在建筑与建筑之间留有一片空地，空间流动感较弱，故公众对其的满意度较低。

“C_{23} 城市交通的便利性”方面，北京和天津地区的加权得分稍高并相似，为 0.10 分，天津项目的原厂址大多位于市内六区，公共交通的种类和线路较多，可达性较好。而北京地区在该指标得分并未如预期中突出，北京的公共交通系统本该较为发达，但作者走访过程中发现，有的项目位于距市中心较近位置，较大的客流和车流容易造成拥堵，从而大大降低了城市交通的便利性。

“C_{24} 道路与步行系统的完善度”是三个城市加权得分最低且最接近一般水平线的一项指标。北京地区虽然公共交通便利性有待改善，但园区内部道路系统管理较好，大多园区规模较大，能提供充足的室外空间满足停车需求，不占用步行道路，很好地实现人车分流，保证了内部交通的畅通。而天津和唐山项目的内部道路系统规划不够完善，常出现车辆随意停在步行道路或园区入口处，使内部交通较为混乱。

（4）经济适应性方面各指标评价结果比较

通过图 6–35 发现，各城市在经济适应性方面二级指标的得分普遍较差且差距较大，个别指标之间也存在较大差异。北京地区各指标得分明显优于天津和唐山地区，经济适应性较为突出，该类项目在经济层面对城市起到相互促进作用；天津地区各指标得分未达到一般满意水平，但比较接近一般满意水平线；而唐山地区各指标均未达到一般满意水平，并且距离一般满意水平线较远，说明在经济层面，唐山的经济发展水平无法使该类项目适应该城市和市民，并发挥出其经济效益。

“C_{32} 园区效益是否满足预期”这项指标中三个城市的加权得分均偏低，说明人们普遍对创意产业园产生效益的预期较高，但实际上文化创意产业持续成活率较低。因为其没有形成大规模的产业链，加之普及范围还不够广泛，故很难使建成后园区达到预期目标，即使是作为一线城市的北京也刚刚达到一般满意水平线，而天津和唐山均未达到一般满意水平。

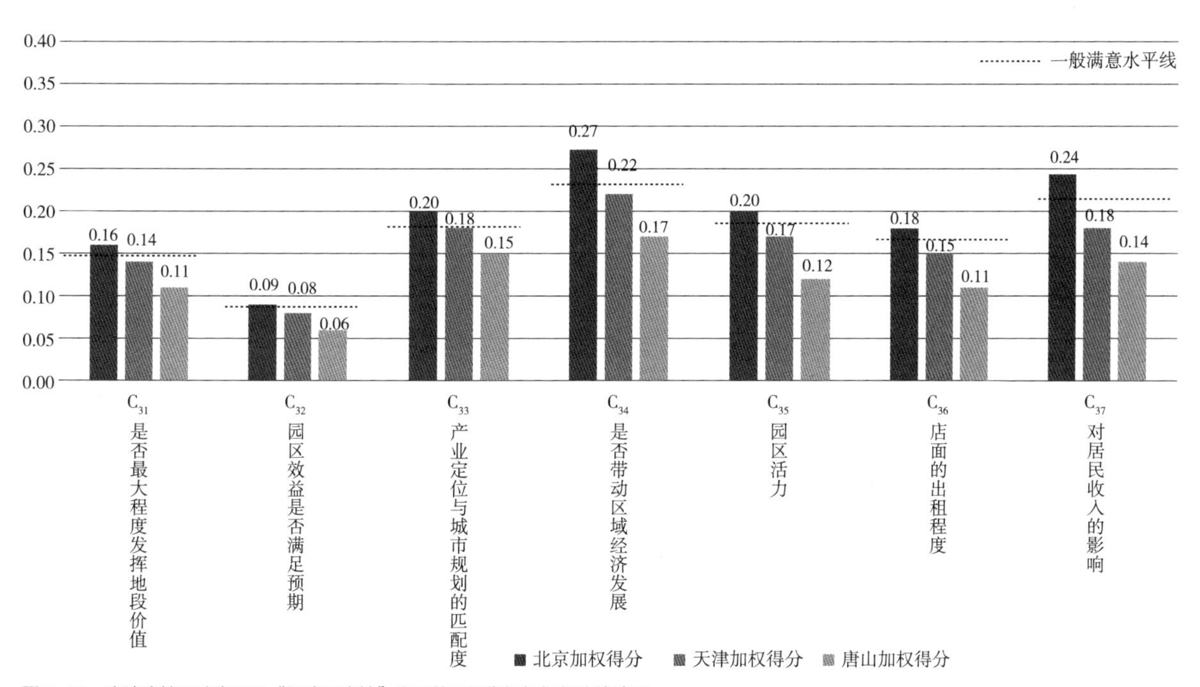

图 6-35　京津唐地区该类项目“经济适应性”方面的二级指标加权得分统计图
（图片来源：作者自绘）

“C_{34} 是否带动区域经济发展”一项指标中只有北京超过一般满意水平线，且得分较为突出，说明凭借北京一线城市的经济实力，加之政府的大力支持，使当地工业遗产类创意产业园项目可以更好运转，从而带动周边区域经济发展，形成一种良好循环。天津紧随其后，但未能达到一般满意水平，天津地区这类项目发展较晚，包括创意人才和运营模式等各方面支持不够，但近年来天津政府大力号召发展文化创意产业，使得以工业遗产改造为首的文化创意产业项目处于蓄力状态，呈现缓慢好转的趋势。

天津和唐山地区在经济适应性各二级指标中得分均未达到一般满意水平，一是说明二、三线城市不能很好支撑工业遗产类创意产业园项目的持续发展；二是说明这类项目也不能给城市和市民带来更好的经济效益。

结 语

从20世纪90年代后期开始至今，工业遗产的更新已在我国发展了二十余年的时间。在这一期间，已有几百项工业遗产得到了更新。在这从无到有的发展历程中，有曲折，有失败，当然更多的是创新与宝贵的经验。如何将这二十余年实践的经验与教训系统地总结出来是我们一直在思考的问题。为此，我们尝试将建筑后评价的方法引入工业遗产更新中来，从而为今后更多的实践提供有益的借鉴。在可预见的一段时间内，工业遗产的更新还将是国内很多城市中的一项重要的工作，因而本项工作具有重要的实践价值。

在本书的写作过程中我们体会到：对工业遗产更新项目进行后评价的关键在于确保评价方法的科学性。在本研究中，我们借鉴建筑使用后评价理论与方法的发展，将其与工业遗产更新的特点相结合，确定了主观与客观相结合、定性与定量相结合的评价方法，并参考专家、公众的意见以及相关软件的监测结果对评价模型进行了多次修正；同时我们还借鉴了相关学科的最新发展，将大数据的相关技术应用于工业遗产更新项目的相关评价中，尽可能地降低评价过程中的主观成分。在今后的研究中，如何进一步提高评价方法的客观性，强化评价方法与工业遗产更新项目的关联性将是本领域的重要发展方向，这也需要本专业以及相关学科更多学者的共同努力。

此外，对工业遗产更新项目进行后评价的目的在于发现已有实践中的经验及教训。将相关后评价的方法应用于某一特定项目，可以发现该项目实施过程中的相关问题，有利于设计师及时总结经验；而对某一类具有相同特征的项目进行后评价，则可以发现该类项目的共性，为城市的管理者在决策的时候提供依据，从而科学地预测项目实施后的效果，避免出现同类项目的相同问题。同时，新的实践项目陆续完成，不断丰富可供评价的对象范畴，从而形成“后评价—实践—后评价”的良性循环。

总之，工业遗产更新项目的后评价是一个牵涉面广、内容复杂的领域，由于能力所限，本书的写作难免存在不足，欢迎各位专家学者给予批评指正。

参考文献

[1] 王建国，蒋楠．后工业时代中国产业类历史建筑遗产保护性再利用 [J]. 建筑学报，2006（10）：23–26.

[2] 刘伯英，李匡．北京工业遗产评价办法初探 [J]. 建筑学报，2008（12）：12–15.

[3] 俞孔坚，方琬丽．中国工业遗产初探 [J]. 建筑学报，2006（8）：12–15.

[4] 刘家琨．传统的创造性转换——水井坊遗址博物馆 [J]. 室内设计与装修，2016（3）：103–107，101.

[5] 朱羿郎．为了艺术而转身——浅析上海当代艺术博物馆的设计策略 [J]. 西安建筑科技大学学报（社会科学版），2018，37（2）：72–82.

[6] 章明，张姿．章明 / 张姿・2012 年上海当代艺术博物馆建筑创作感悟 [J]. 城市环境设计，2013（Z2）：110–111.

[7] 胡建新，张杰，张冰冰．传统手工业城市文化复兴策略和技术实践——景德镇“陶溪川”工业遗产展示区博物馆、美术馆保护与更新设计 [J]. 建筑学报，2018（5）：26–27.

[8] 李佳．工业遗产视野下的成都“东郊记忆”文化景观解读及旅游意义 [D]. 成都：四川师范大学，2013.

[9] 郭艳云．文化创意产业与城市文化品牌塑造研究——以打造广州“创意之城”为例 [D]. 广州：广州工业大学，2015.

[10] 万晗．创新理念引领，方有创意发展——广州 T.I.T 国际服装创意园追寻纺织服装强国梦 [J]. 纺织服装周刊，2011.

[11] 聂波．上海近代混凝土工业建筑的保护与再生研究（1880–1940）——以工部局宰牲场（1933 老场坊）的再生为例 [D]. 上海：同济大学，2008.

[12] 任军，王重，丘地宏，等．超低能耗既有建筑绿色改造的实验——天友绿色设计中心改造设计 [J]. 建筑学报，2013（7）：91–93.

[13] 北京墨臣建筑设计事务所．北京墨臣建筑设计事务所办公楼 [J]. 世界建筑导报，2006（7）：58–65.

[14] 武勇．在岁月的长河中徜徉——北京墨臣建筑事务所办公楼改造项目 [J]. 时代建筑，2010（6）：78–83.

[15] 陈世华，田大佑．黄石市矿山公园建设初探 [J]. 资源环境与工程，2005（3）：252–255.

[16] 李军，胡晶．矿业遗迹的保护与利用——以黄石国家矿山公园大冶铁矿主园区规划设计为例 [J]. 规划设计，2007（11）：45–48.

[17] 李瑞琪，王琴．矿山废弃地生态恢复与景观设计初探——以上海辰山植物园矿坑花园为例 [J]. 现代园艺，2016（12）.

[18] 清华大学建筑学院景观学系 / 北京清华同衡规划设计研究院有限公司．辰山植物园矿坑花园，

上海，中国 [J]. 世界建筑，2014（2）.
[19] 张松 . 上海黄浦江两岸再开发地区的工业遗产保护与再生 [J]. 城市规划学刊，2015.
[20] 张强，谭柳 . 滨水工业遗产街区城市更新策略研究——以上海杨浦滨江地区为例 [J]. 中国城市规划设计研究院，2015.
[21] 董功，何斌，王楠，等 . 阿丽拉阳朔糖舍酒店 [J]. 城市环境设计，2018.
[22] 曹阳 . 工业遗址利用实践——以“仓阁”首钢工舍精品酒店改造为例 [J]. 城市住宅，2019.
[23] 任治国，杨佩燊，刘振，等 . 时光之钥——天津拖拉机厂融创中心 [J]. 建筑与文化，2016（4）：21-31.
[24] 天津万科水晶城 [J]. 城市环境设计，2006（1）：88-105.
[25] 周雯怡，皮埃尔·向博荣 . 工业遗产的保护与再生——从国棉十七厂到上海国际时尚中心 [J]. 时代建筑，2011.
[26] 蒋红妍，李慧民 . 城市旧工业厂区改建项目及其价值分析 [J]. 建筑经济，2008（11）：49-51.
[27] 刘力，徐蕾，刘静雅 . 国内旧工业地段更新已实施案例的统计与分析 [J]. 工业建筑，2016（1）：51-55.
[28] Barnch K. Guide to Social Assessment-a Frame Work for Assessing Social Change[M]. London：West View Press，1984：33-40
[29] Mendoza C，Levi C. Social impact assessment of technological water projects[J]. Sustainable Development and Planning，2005，84（1）：1271-1279.
[30] World Bank. Performance Monitoring Indicators——a Handbook for Task Managers[M]. Washington，D. C：the World Bank，1996：109.
[31] Becker A. Social impact assessment[J]. European Journal of Operational Research. 2001，128（2）：311-321.
[32] Francis P，Jacobs S. Institutionalizing social analysis at the world bank[J]. Environmental Impact Assessment Review. 1999，19（3）：341-357.
[33] Becker D R，Harris C C，McLaughlin W J，et al. A participatory approach to social impact assessment：the interactive community forum[J]. Environmental Impact Assessment Review，2003，23（3）：367-382.
[34] Wilson P W. Economics analysis of transportation：A twenty-five year survey[J]. Transportation，1998，26（1）：116-131.
[35] 张登文 . 旧工业建筑改造再利用项目社会影响评价研究 [D]. 西安：西安建筑科技大学，2011：8-15.
[36] Rabel J Burdge. The Concepts，Process and Methods of Social Impact Assessment[M]. London：

Macmillan，1995：12-15.

[37] 孙丽 . 基于可持续发展理论的高速公路社会影响后评价研究 [D]. 天津：天津理工大学，2009：34.

[38] Taylor C N，Bryan CH，Goodrich C C. Social assessment：theory，process and techniques[M]. New Zealand：Center for Resource Management，Lincoln University，1990：256-288.

[39] Burdge R. A.Community guide to social impact assessment[J]. Social Ecology Press，1994：89-94.

[40] Frank Vanclay. Conceptualising social impact[J]. Environment Impact Assessment Review，2002：183-211.

[41] 王朝刚，李开孟 . 投资项目社会评价专题讲座（系列）[J]. 中国工程咨询，2004（3）：56-60.

[42] 施国庆，董铭 . 投资项目社会评价研究 [J]. 河海大学学报（哲学社会科学版），2003（2）：16-19.

[43] 樊胜军 . 旧工业建筑（群）再生利用项目后评价体系的应用研究 [D]. 西安：西安建筑科技大学，2008：53.

[44] 陆培 . 电网建设项目社会影响评价研究 [D]. 北京：华北电力大学，2010：22-29.

[45] 张飞涟 . 铁路建设项目后评价理论与方法的研究 [D]. 长沙：中南大学，2004：43-46.

[46] 李强，史玲玲 .“社会影响评价”及其在我国的应用 [J]. 学术界，2011（5）：19-27.

[47] 张飞涟 . 城镇市政设施投资项目社会影响后评价内容及指标体系的构建 [J]. 经济与制度研究，2006（11）：7-8.

[48] 朱文一，赵建彤 . 启新记忆——唐山启新水泥厂工业遗存保护更新设计研究 [J]. 建筑学报，2010（12）：33-38.

[49] 张骁鸣，陈熙 . 北京 798 艺术区旅游发展背景下的边缘化现象及其解释 [J]. 旅游学刊，2012（9）：84-90.

[50] 赵轶 . 中国民营当代美术馆策展机制分析 [D]. 北京：中央民族大学，2010.

[51] 王丹 . 基于人流量断面统计的商业地价区段划分方法——以扬州市区为例 [J]. 低于研究与开发，2015（10）：157-160.

[52] 甄峰，王波，等 . 基于大数据的城市研究与规划方法创新 [M]. 中国建筑工业出版社，2015.

[53] 芮光晔,李睿 . 城市工业遗产改造使用后评价——以广州红砖厂创意产业园区为例 [J]. 南方建筑，2015（2）：118-123.

[54] 梅芸 . 反思以创意产业为导向的历史文化街区改造——以武汉昙华林历史文化街区为例 [J]. 华中建筑，2013（12）：158-160.

[55] 朱小雷 . 建成环境主观评价方法研究 [M]. 南京：东南大学出版社，2005.

[56] 霍珺 . 城市公共空间使用后评价因素分析与方法的初探 [D]. 无锡：江南大学，2008.

[57] Charles Landry. The Creative City：A Toolkit for Urban Innovators[M]. London：Earth Scan，2002.

[58] Charles Landry. London as a Creative City[M]. London：Earth Scan，2002.

[59] Riken Yamamoto. Architecture's Social Nature[M]. Japan，2003.

[60] 张政 . 西安曲江池遗址公园园林建筑小品使用后评价（POE）及改进建议 [D]. 西安：西安建筑科技大学，2014.

[61] 李瑞君 . 大唐西市博物馆用后评价 [D]. 西安：西安建筑科技大学，2014.

[62] 谭新建 . 科研院所建成环境主观评价方法研究——以中国林业科学研究院为例 [J]. 北京林业大学学报（社会科学版），2015（4）：73-77.

[63] 马冬梅 . 大中型商场建成环境使用后评价的理论及应用研究 [D]. 太原：太原理工大学，2008.
[64] 石谦飞，马冬梅 . 商业建筑建成环境使用后评价指标体系研究 [J]. 太原理工大学学报，2008（2）：221-225.
[65] 蔡杰 . 以“四化融合”为核心，“四个建造”为驱动——常州、镇江、连云港推进“四种新型建造方式”的调查与思考 [J]. 建筑企业管理，2019，365（1）：69-71.
[66] 杨超 . 工业遗产在“临时性使用”过程中多角度规划研究 [D]. 邯郸：河北工程大学，2017.
[67] 夏笑笑 . 大连金家街工业建筑遗产的保护与利用研究 [D]. 长春：吉林大学，2018.
[68] 袁玮，张青，徐大海 . 中心城区创意产业发展策略研究——以天津河北区为例 [J]. 天津科技，2009，36（2）：82-84.
[69] 刘菲菲，赵建中 . 文化携手生态——天津老城华丽转身 [EB/OL]. [2018-12-07]. http：//www.dzwww.com.
[70] 吕贺 . 旧工业地段更新项目社会影响后评价研究 [D]. 天津：天津城建大学，2016.
[71] 陈长珍 . 食品安全监管工作公众满意度指标体系构建及实证研究 [D]. 杭州：杭州师范大学，2017.
[72] 鲍诚 . 食品安全监管工作管理相对人满意度指数模型构建与实证研究 [D]. 杭州：杭州师范大学，2016.
[73] 王梦妮 . 重庆市公租房社区服务满意度研究 [D]. 重庆：重庆大学，2015.
[74] 戴庆锋，刘慧 . 中部地区城镇居民社会满意度研究——以南昌为例 [J]. 江西农业大学学报（社会科学版），2010，9（3）：119-124.
[75] 贺海芳，郑侃，黄惠贞，等 . 城市工业遗产再利用后满意度综合评价研究——以南昌文化创意园为例 [J]. 城市发展研究，2017，24（2）：129-134.
[76] 张书婷 . 后工业类型的深圳市创意产业园景观满意度调查研究 [D]. 西安：长安大学，2016.
[77] 徐珊珊，张慧，康蕾 . 洛阳市涧西区工业遗产街区环境满意度评价 [J]. 山西建筑，2016，42（22）：27-28.
[78] 何亮，李军 . 行政服务满意度测评研究综述 [J]. 时代金融，2010（7）：56-58.
[79] 刘骏鹏 . 北京工业遗产类创意产业园建成环境后评价 [J]. 天津城建大学学报，2018，24（2）：81-87.
[80] Burdge R J. The Concepts，Process and Methods of Social Impact Assessment[M]. London：Macmillan，1995.
[81] R G. Environment Psychology[M]. Boston：Allyn and Bacon，1987.
[82] W. F. E. Preiser H Z R E. Post-Occupancy Evaluation[M]. Van Nostrand Remhold Company，1988.
[83] Bechtel. R. B M. Methods in Environmental Behavioral Research[M]. New York：Van Nostrand Reinhold，1987.
[84] 杨楠 . 工业遗产类创意产业园建成环境后评价体系研究 [D]. 天津：天津城建大学，2017.
[85] 郭洋 . 上海创意产业园建成环境的使用后评价研究 [D]. 上海：上海交通大学，2011.
[86] 张姝悦，包涵彤，武志东 . 大学校园中旧工业建筑改造与再利用 [J]. 建筑技术开发，2019（4）：27-28.
[87] 刘力 . 资源型城市工业地段更新研究 [D]. 天津：天津大学，2012.
[88] 刘婧 . 历史文化遗产保护中的公众参与 [D]. 重庆：重庆大学，2007.
[89] 徐伟 . 公众参与制度在环境影响评价中的影响 [J]. 生态经济，2013（1）：147-150.

[90] 孔雪静 . 城市中心区大规模工业遗产改造再利用研究 [D]. 邯郸：河北工程大学，2014.

[91] 董慧娟 . 废旧厂房建筑改造的表皮更新 [J]. 工业建筑，2013，43（11）：153–155.

[92]（美）凯文·林奇 . 城市意象 [M]. 方益萍，何晓军，译 . 北京：华夏出版社，2001.

[93] 田骁祎 . 成都市文化创意产业园外部公共空间适应性研究 [D]. 成都：西南交通大学，2017.

[94] John. H. Holland. Hidden Order[M]. Basic Books，2011.

[95] 陈玮 . 现代城市空间建构的适应性理论研究 [M]. 北京：中国建筑工业出版社，2010.

[96] 高佳 . 成都市历史文化名镇公共空间适应性更新研究 [D]. 成都：西南交通大学，2016.

[97] 李咏瑜 . 大学整体式公共教学楼建筑空间适应性设计研究 [J]. 黑龙江科技信息，2010（23）：190–270.

[98] 张宇 . 旧工业建筑的适应性再利用研究 [D]. 杭州：浙江大学，2007.

[99] 王斐 . 北京历史街区院落型建筑适应性再利用研究 [D]. 北京：北京建筑大学，2014.

[100] 张辉，董慧娟 . 创意产业园内废旧厂房改造适应性改造策略探析 [J]. 山西建筑，2013，39（30）：2–4.

[101] 刘伯英，李匡 . 北京工业遗产评价办法初探 [J]. 建筑学报，2008（12）：10–13. 2017.

[102] 毛颖，陈岗 . 成都市东郊记忆空间形态分析 [J]. 城市建设理论，2014（9）.

[103] 欧阳铭骏 . 融合与共生——浅析成都“东郊记忆”旧工业建筑更新与再利用 [J]. 艺术科技，2013（9）：232.

[104] 章明，王维一 . 原作设计工作室，上海 . 中国 [J]. 世界建筑，2015（4）：70–76，137.